気候変動と子どもたち

懐かしい未来をつくる大人の役割

丸山啓史　Maruyama Keishi

Climate Change and Children

The Role of Adults for “Ancient Futures”

かもがわ出版

目次

気候変動と子どもたち

懐かしい未来をつくる大人の役割

イラスト：近藤未希子
装丁：大津千秋
DTP：小國文男

序章 9

第Ⅰ部

第1章 気候危機の現在 28

序章

1　子どもの役割ではなく大人の役割を考える

本書は、「気候変動と子ども」を主題とするものだ。けれども、気候変動を止めるための取り組みを子どもたちに求めるものではない。本書で考えるのは、私たち大人の役割だ。

気候危機が深刻化するなか、近年の日本では、気候変動に関する子ども向けの書籍が少なからず刊行されている。(1)気候変動の問題を平易に伝える本は、大人にもわかりやすく、意義が大きい。

しかし、私は、「子どもたちが地球を救う」といった言い方や考え方には同意できない。「子どもたちにできること」を強調するのにも抵抗がある。気候危機に立ち向かって行動する子ども・若者の存在は心強いものだが、私たち大人は子どもたちに過度の期待をするべきではないと思う。気候変動の問題に取り組む子どもたちを称賛するばかりで、自分たちが十分に行動しないのであれば、それは大人の責任放棄だ。

気候変動に関して、責任を子どもたちに押し付けてはならない。気候変動の進行を止められなかった責任も、気候変動を解決する責任も、主には私たち大人にある。いわゆる「先進国」に暮らす大人は、とりわけ大きな責任を負っている。

子ども・若者の活動に注目すること自体が悪いわけではないが、大人の活動の課題にもっと目を向けるべきではないだろうか。子どもたちより責任が重いはずの壮年世代・高齢世代は、率先して気候変動の問題に取り組まなければならない。

気候変動対策を求める運動の先頭に立つようになったグレタ・トゥーンベリの訴えに耳を傾けてみよう。２０１９年9月23日、国連気候行動サミットの場に立ったグレタ・トゥーンベリ（当時16歳）は、各国の首脳らに対して、次のように語った。[2]

私が伝えたいことは、私たちはあなた方を見ているということです。そもそも、すべてが間違っているのです。私はここにいるべきではありません。私は海の反対側で、学校に通っているべきなのです。

あなた方は、私たち若者に希望を見いだそうと集まっています。よく、そんなことが言えますね。あなた方は、その空虚なことばで私の子ども時代の夢を奪いました。

それでも、私は、とても幸運な一人です。人々は苦しんでいます。人々は死んでいます。生態系は崩壊しつつあります。私たちは、大量絶滅の始まりにいるのです。なのに、あなた方が話すことは、お金のことや、永遠に続く経済成長というおとぎ話ばかり。よく、そんなことが言えますね。

30年以上にわたり、科学が示す事実は極めて明確でした。なのに、あなた方は、事実から目を背け続け、必要な政策や解決策が見えてすらいないのに、この場所に来て「十分にやってきた」と言えるのでしょうか。

あなた方は、私たちの声を聞いている、緊急性は理解している、と言います。しかし、どんなに悲しく、怒りを感じるとしても、私はそれを信じたくありません。もし、この状況を本当に理解しているのに、行動を起こしていないのならば、あなた方は邪悪そのものです。

これは、直接的には各国の首脳らに向けられた言葉だ。しかし、私たちも受けとめるべき言葉ではないだろうか。

私たちには(「若者に希望を見いだそう」とする前に)するべきことがある。

何をしなければならないのか。本書では、そのことを考えたい。

2 保育者・教育者・保護者の取り組みを考える

気候危機の克服を考えるうえで、本書では、保育者・教育者・保護者の役割を特に意識する。「気候変動と子ども」をめぐる問題については、子どもたちと関わりの深い大人が特に積極的に取り組むべきだからだ。

現在の社会においては、本来、気候変動の問題を抜きにして保育・教育・育児を考えることはできない。本書の第I部で確認するように、気候変動が進めば、人間社会や生態系に甚大な影響が及び、現在と未来の子どもたちが受ける被害は計り知れないものになる。気候変動を止めないかぎり、どれだけ豊かな保育・教育・育児が展開されたとしても、子どもたちにまともな未来はない。保育・教育・育児の営みを真に意義深いものにしようと思うなら、私たちは気候危機の克服に向けて行動しなければならない。

崖に向かって疾走する自動車の中で、子どもたちといっしょに歌ったり、子どもたちが喜ぶ物語を話して聞かせたりしているとしよう。おぞましい光景ではないだろうか。自動車に乗っている大人は、まず何よりも、ブレーキをかける努力をするべきではないか。崖から転落するまで、ただ恐怖に震えているよりは、子どもたちが楽しく過ごせるほうがよいのかもしれない。しかし、ブレーキをかけて自動車を止めるなりハンドルを回して自動車の方向を変えるなりしなければ、みんな崖から落ちてしまう。

気候危機を放置したまま保育実践や教育実践の充実を追求することは、結局のところ、子どもたちに対しても実践に対しても不誠実だ。ましてや、環境に大きな負荷をかけるような実践は、短期的・直接的には子どもたちの発達を促すものであったとしても、広い視野でみると、子どもたちの生活と発達の侵害に手を貸している。

豊かな保育・教育・育児は、気候危機の克服と合わせて追求されなければならない。このことが、保育者・教育者・保護者の役割を重視する理由の一つだ。

そして、もう一つの理由は、気候変動の問題を解決していくうえで、保育・教育・育児の領域に大きな可能性があることだ。

本書でみていくように、気候危機の克服のためには、さまざまな気候変動対策が求められる。再生可能エネルギーの活用だけが気候変動対策なのではない。保育・教育・育児の領域でできること、すべきことは少なくない。

また、日本の社会をみても、保育・教育・育児に携わる人は数多い。保育・教育・育児の領域に変化が生まれれば、その変化は社会全体に波及していくかもしれない。少なくない保育者・教育者・保護者が気候変動の解決に向けて行動を始めれば、本格的な気候変動対策を推し進める力になる。
私たち一人ひとりの力は小さくても、私たちの潜在的な力は大きい。本書は、その潜在力が眠る領域に光を当てる。

3 「省エネ・再エネ」にとどまらない気候変動対策を考える

保育・教育・育児の領域での取り組みに着目するということは、気候変動対策を考えるうえで「省エネルギー」や「再生可能エネルギー」ばかりに目を向けないということでもある。本書では、幅広い気候変動対策を視野に入れたい。

そもそも、「省エネルギー」や「再生可能エネルギー」に関心を集中させることには、見過ごせない危険性がある[3]。

第一に、太陽光発電や風力発電には否定的側面がある[4]。第5章でも触れるように、発電設備に用いられるレアメタルの採掘や製錬・精錬は、著しい環境負荷をもたらす。また、大規模な太陽光発電施設の設置による環境破壊が各地で問題になっており、太陽光発電施設のために森林が開発されることで実際に生態系に悪影響が及んでいる[5]。風力発電についても、発電設備を設置するための山林の破壊、周辺地域への騒音、バードストライクによる鳥類への影響、洋上風力発電による海洋生態系への影響などが懸念されている(6)。

第二に、気候変動対策にとって、再エネの活用は必ずしも本質的な取り組みではない。より本質的なのは、温室効果ガスの排出を減らすことであり、化石燃料の採取と使用をなくしていくことだ。再エネの活用が広がっても、化石燃料の採取と使用が減らなければ、気候変動は止まらない。しかし、再生可能エネルギーが大幅に増加したとしても、そのぶんだけ化石燃料の使用が減少する保証はない(7)。そのことを直視する必要がある。太陽光発電や風力発電の適正な活用が当面は重要であるとしても、再エネに注目することで問題の本質から目をそらしてはならない(8)。

第三に、気候危機の切迫度を考えても、「省エネ・再エネ」だけでなく、幅広い気候変動対策を追求したほうがよい。保育・教育・育児の領域でのさまざまな気候変動対策を含め、ありとあらゆる手を尽くすことが求められる。エネルギー消費に関しても、「エネルギーを効率よく使う」という意味での「省エネ」にとどまらず、できる限りの対策をするべきだ。省エネ型の自動販売機を増やすよりも、自動販売機を減らすほうが、エネルギー消費は少なくてすむ。省エネ型の高層ビルを建設するよりも、高層ビルを建設せずにすませるほうが、消費するエネルギーは少なそうだ。「再エネ100%」をめざすにしても、全体として消費されるエネルギーを最小限にしていくことが重要になる。

第四に、国内の「省エネ・再エネ」を考えるだけでは、国外における温室効果ガスの排出が見落とされてしまう。国単位の問題として「省エネ・再エネ」による排出量削減が議論される傾向がみられるものの、気候変動は地球規模の問題だ。世界全体の排出量の削減が求められるのであり、輸入品が国外でもたらしている温室効果ガスの排出を無視することはできない。そして、日本は、衣類の98%[9]、食料の63%[10]、木材の58%[11]をはじめ、多くのものを輸入に頼っている。仮に日本国内で「再エネ100%」が達成されたとしても、日本の経済活動に起因する排出量は依然として大きいかもしれない。

第五に、「省エネ・再エネ」に関心を集中させることは、気候変動を科学技術によって解決しようとする考え方に親和的だ。実際には「省エネ・再エネ」を推進するためにも民主主義や社会運動が大切だが、「省エネ・再エネ」の技術に頼る発想が強くなると、民主主義や社会運動の軽視に結びつく可能性がある。「省エネ・再エネ」の技術の強調は、少数の科学者・技術者・専門家だけで気候危機を解決できるかのような幻想を生みかねない。

第六に、「省エネ・再エネ」だけでは、温室効果ガスの排出のすべてを解消することはできない。エネルギー由来ではない温室効果ガスも少なくないからだ。第5章でも触れるように、製鉄やセメント製造にともなうCO_2排出は、「省エネ・再エネ」ではなくすことができない。再生可能エネルギーを使って畜産を営んだからといって、牛がメタンを吐き出さなくなるわけではない（第4章を参照）。化石燃料の使用を止めることができても、森林破壊が進めば二酸化炭素が排出される。また、冷蔵庫やエアコンの冷媒として使用される代替フロンは極めて強い温室効果をもっており、代替フロンへの対応も気候変動対策として重要だ[12]。

第七に、「省エネ・再エネ」によって温室効果ガスの排出が大幅に抑えられたとしても、森林の伐採、鉱山の採掘、道路の建設、魚の乱獲、農薬や化学肥料を多用する工業的農業、地下水の過剰揚水などが再エネによって行われることが考えられる[13]。再エネを用いての大量生産・大量消費・大量廃棄は、巨大な環境負荷をもたらす。「省エネ・再エネ」ばかりに意識を向けるのは危険だ。

第八に、「省エネ・再エネ」を推進するだけでは、環境問題のほかにも多くの社会問題が残り続ける。そのことを看過するべきではない。私たちは、再エネ転換された格差社会を無批判に歓迎することはできない。再エネの電灯のもとで深夜にまで及ぶ長時間労働が強いられてよいわけではない。再エネを用いて地球の反対側にバナナやアボカドを運ぶことが望ましいわけでもない。再エネで走る戦車や再エネで飛ぶ戦闘機は、推奨されるべきものではない。

そして、第九に、気候危機を克服するためには、たくさんの人が力を合わせて取り組む必要がある。「省エネ・再エネ」ばかりに関心を向けることは、気候変動対策の幅を狭くしかねず、そのことによって協力の輪も小さくしかねない。一方、「省エネ・再エネ」にとどまらない気候変動対策を考えることで、保育者・教育者・保護者が果たすべき役割がみえやすくなる。

気候危機の克服にとっては、保育・教育・育児の領域での多様な気候変動対策も重要であり、保育者・教育者・保護者には大切な役割がある。そのことを強調しておきたい。

4 なるべく問題を突きつめて考える

考えれば考えるほど、気候変動の解決を「省エネ・再エネ」ばかりに期待することの危険性は明らかになる。気候危機に正面から向き合い、真に持続可能な社会を築いていくうえでは、よく語られる解決策を過信することなく、問題を突きつめて考えようとする姿勢が求められるのではないだろうか。

太陽光発電にしても、太陽光パネルの素材・材料はどのように集められているのだろう。どこで誰がどうやって太陽光パネルを製造しているのだろう。寿命を迎えた太陽光パネルはどこへ行くのだろう。太陽光発電を推進する人、太陽光パネルを設置する人は、それを知っているのだろうか（私はよく知らない）。

太陽光発電の意義を否定しているのではない。ただ、後先に目をつぶって化石燃料を使うことと、製造や廃棄の過程を十分に理解しないまま無邪気に太陽光パネルを使うことの間には、どこか共通する無責任さがあるように思う。

この世のすべてを理解することなど絶対にできないのだけれど、大事なものごとをできるだけ理解しようとする姿勢は大切にしたい。突きつめて考えていくと、「エコ」に見えるものも、真に持続可能なものではないかもしれない。

水筒を例に考えてみよう。ペットボトル飲料を買わずにマイボトルを持ち歩くことが「エコ」だと言われる。基本的には、その通りだと思う。私も、ペットボトル飲料は長らく口にしていないし、出かけるときには水をステンレスの水筒に入れていく。ただ、そのことが真に持続可能だとは思っていない。金属の水筒を製造して輸送するのには化石燃料が使われているだろうし、金属の水筒にもプラスチックの部品が付いている。また、現代社会の水道水については、エネルギーを使って浄水処理や送配水がされている。蛇口から出る水は、温室効果ガスの排出と無縁ではない。本当は、川の水か井戸の水を手で汲んで自作の竹の水筒に入れたいところだ。

同じような例は、いろいろとある。学校給食に関することでは、牛乳を飲むためのストローをめぐる問題が思い浮かぶ。近年、プラスチック製のストローが問題視されるなかで、日本でも、紙製のストローを使うようにした、ストローを使わなくても飲める紙パックにした、という例がみられる。たしかに、プラスチック製のストローを使い続けるよりは「エコ」かもしれない。しかし、紙製の使い捨てストローも環境に負荷をかける。使い捨てストローの使用をやめても、牛乳パック自体が使い捨てであることに変わりはない。そもそも、牛乳そのものが温室効果ガスの大量排出につながっており、学校で毎日のように子どもたちが牛乳を飲むことの妥当性は疑わしい（第4章を参照）。プラスチック製のストローをなくせばよい、という単純な話ではない。

気候変動に関連する一つひとつの問題について、なるべく突きつめて考えたい。

ガソリン車をなくして電気自動車を普及させれば、自動車についての「脱炭素」が実現するのか。電気自動車は二酸化炭素の排出をともなわないのか。

石炭火力発電を早急に廃止しなければならないのは当然だが、天然ガス火力発電は止めなくてよいのか。「脱石炭」のためには、石炭を大量に使用する製鉄を急いで終わらせる必要があるのではないのか。

工業製品を使って（ときにはプラスチックを使って）建物の断熱を進めることは、昔ながらの土壁をつくることよりも環境負荷が小さいのか。断熱材は、どのように製造されているのか。建物が解体されるとき、断熱材はどうなるのか。

農薬や化学肥料を使用しない農業が広がれば、農業の環境負荷はなくなるのか。ビニールハウスに暖房を効かせて季節外れの野菜を作ることは、おそらく将来的にも真に持続可能なものにはならない。有機栽培のコーヒー豆を世界中に行き渡らせることも、真に持続可能なものにはなりにくい。

ＩＣＴ機器を利用してペーパーレス化を進めることは、どれくらい「エコ」なのか。「ＩＣＴ

の活用」は、温室効果ガスの排出をもたらさないのか。廃棄されるICT機器は、どこへ行くのか。

もちろん、「真に持続可能」でなくても、「より持続可能」なものは、気候危機・環境危機の進行を緩和する。気候危機の切迫度を考えるなら、「時間稼ぎ」は重要だ。

しかし、「時間稼ぎ」は、あくまで「時間稼ぎ」だ。真に持続可能でないものは、遅かれ早かれ破綻する。私たちは、「時間稼ぎ」に真剣に取り組みながらも、真に持続可能な社会を展望していくべきではないだろうか。

5　気候危機の克服に向けて社会の未来像を考える

気候変動の問題を突きつめて考えていくと、社会変革の課題に突き当たる。

IPCC（気候変動に関する政府間パネル）も、気候変動に関して国際的に合意された目標（地球温暖化を1・5度以内に抑える）を達成するためには、「エネルギー、土地利用、都市、インフラ（交通と建物を含む）、産業」のシステムについて「急速かつ広範な移行」が求められると指摘している[14]。そして、そうした社会変革の規模は前例のないものであることを書き添えている。

本書は、「エコ生活の手引き」ではない。一人ひとりの個人的努力で気候変動を止められるとは思っていない。(私の職場である)研究室の蛍光灯を間引きしてみても、大学の外に出れば、たくさんの自動車が道路を走っている。遠くの海では、二酸化炭素を放出しながら軍事演習が展開されている。一人ひとりが「エコ生活」を心がけるだけでは、気候危機を解決できない。

もっとも、一人ひとりが日常生活のなかで環境負荷を意識することも大切だと思っている。私自身も、環境負荷の小さい生活を心がけてはいる。しかし、買いものに容器を持参したり家の照明をLEDにしたりすることで気候変動が止まるとは考えていない。さらに言えば、ささやかな効果さえも特に期待していない。それでも「心がけ」を捨てない背景には、「しないよりは、したほうがよい」という思いもあるけれど、「試している」という感覚がある。環境負荷を減らした暮らしがどのようなものなのか、温室効果ガスを排出しない生活をするためには何が求められるのか、実際の生活を通して感じたり考えたりすることができる。

本書で述べていくことになるが、現代社会の環境負荷を小さくしていくためには、一人ひとりの生活に直結することだけを考えても、かなりの社会変革が必要になる。たとえば、自分たちで穀物や野菜を育てて食べていくためには、家の近くで田畑の世話をしながら暮らせる社会が求められる。乗りものに頼らずに生活するには、頻繁に長距離を移動しなくてすむ社会をつくらなければならない。飲食店や加工食品や宅配サービスに依存しないようにするには、労働時間の短い、ゆとりのある社会が望ましい。

気候危機を克服するためには、社会全体の大規模な変革が求められる。本書でみていくように、子どもたちに関係の深い、衣食住の各領域でも、さまざまな変革が必要になる。社会全体としては、商品・サービスの生産と消費を減らすこと、標準的な労働時間を大幅に短縮することも課題になるだろう。人や物の移動・輸送を減らし、自動車を減らすことも迫られるはずだ。また、求められる変革について、みんなが学び考えられるようにすることも、一つの大きな変革だ。

そうした大規模な社会変革を短期間で成し遂げようとすることは、非現実的に思われるかもしれない。

しかし、「現実的」とは何だろう。巨大な危機を少々の工夫で回避できると考えることは、果たして現実的だろうか。今の生活様式を大きく変えなくても技術革新（イノベーション）が気候危機を何とかしてくれると期待することは、現実的だろうか。有限の地球で無限の経済成長を求め、同時に環境危機を解決しようとすることは、現実的と言えるのか。

気候変動対策が国際的な課題になってから、ずいぶん長い時間が経過してきた。1992年に気候変動枠組条約が成立してから、30年が経っている。その30年の間に、いろいろな議論や行動がなされ、気候変動対策についての国際協定も生まれたが、地球温暖化が止まらないどころか、世界の温室効果ガス排出量は大きく増加した。気候危機は、解決の見通しさえ立っていない。

これまでの取り組みの延長線上には、気候変動による破局が待っている。並大抵の「システム・

チェンジ」では、気候危機を克服することはできない。そう考えるのが「現実的」だろう。それでは、私たちは、どのような社会変革をめざせばよいのか。本書では、社会の未来像も探りたい。

6　本書の構成

第Ⅰ部では、気候危機の現状を確認し、気候変動が子どもたちに及ぼす影響をみる。第1章では、現代の気候変動の問題を概観し、気候変動をめぐる国際的な取り組みの経過を振り返る。第2章では、国連の機関による報告書をもとに子どもの権利にとっての気候変動の脅威をみたうえで、日本の子どもたちに対する気候変動の影響についても考える。

第Ⅱ部では、子どもたちの日常に即して、求められる気候変動対策を考える。第3章では、おむつや靴の環境負荷にも視野を広げながら、「着るもの」をめぐる課題をみる。第4章では、「食べもの」に焦点を当て、現代の農業の歪みを顧みながら、保育園や学校の給食がもつ可能性を探る。第5章では、保育園や学校の「建てもの」を念頭に置き、「木の学校づくり」の意義と課題、再生可能エネルギー設備の意義と課題、「トイレと物質循環」といった問題を扱う。第6章では、ＩＣＴ機器の環境負荷、プラスチックの問題性、紙の使い捨て、乗りものからのCO_2排出などに着目し、「使うもの」について考える。第7章では、気候変動に関しての人びとの知識や意識の実態をふまえつつ、気候危機を克服するための教育・学習の課題を示す。

第Ⅲ部では、気候変動の背景にある大量生産・大量輸送・大量消費に目を向け、社会変革の課題に迫る。第8章では、車社会と子どもの関係を見据えながら、「電気自動車の普及は気候危機の解決策になるのか」という問題を軸に、自動車の行く末を考える。第9章では、子どもたちを標的にした産業・商業を批判的に問い、商品の消費をめぐる問題を議論する。第10章では、長時間労働と気候変動の関係性に触れ、「4時間労働の社会」について述べる。

終章では、気候危機を乗り越えていく社会変革の方向性を整理しながら、めざすべき社会を問い、「懐かしい未来」の輪郭を描く。第3章~第10章で考えることがどのような未来像と結びついているのか、終章を読むことで理解していただけると思う。そういう意味では、先に終章から読んでいただいてもかまわない。

第Ⅰ部

第1章
気候危機の現在

1　気候非常事態

２０２０年11月、日本の国会で「気候非常事態宣言」が採択された。その決議文では、次のように述べられている。

世界は、パリ協定の下、温室効果ガスの排出削減目標を定め、取組の強化を進めているが、各国が掲げている目標を達成しても必要な削減量には大きく不足しており、世界はまさに気候危機と呼ぶべき状況に直面している。

決議文のなかにある「パリ協定」は、２０１５年にパリで開催されたＣＯＰ21（気候変動枠組条約第21回締約国会議）で成立した国際協定だ。産業革命前からの地球平均気温の上昇を２度より十分に低い水準に抑えること（１・５度に抑える努力をすること）を目標に掲げている。２０２１年末のＣＯＰ26では、地球温暖化を１・５度に抑えるという目標の追求が確認された。

ＩＰＣＣ（気候変動に関する政府間パネル）が２０１８年に発表した「１・５℃特別報告書」は、産業革命前からの地球温暖化が２度に及ぶ場合と１・５度にとどまる場合とを比較し、前者の場合には気候変動によって引き起こされる問題が特に大きくなることを示している。[1] そして、地球温暖化を1・5度に抑えるためには、CO_2排出量を2030年までに（2010年比で）45％削減し、2050年頃にゼロにする必要があると指摘している。[2]

一方で、世界を全体としてみたとき、地球温暖化を1・5度（あるいは2度）に抑えるための取り組みが実行されるどころか、各国の政府はパリ協定に見合う排出削減目標を設定することさえしていない。前掲の決議文で言及されているのは、そのことだ。

そして、世界の平均気温の上昇は、すでに約1・1度に及んでいる。IPCCの「1・5℃特別報告書」は、早ければ2030年にも1・5度の上昇に到達してしまうことを指摘していた。世界の温室効果ガス排出量を減少に転じさせることができたとしてさえ、2040年までに地球温暖化が1・5度に達してしまう可能性がある。[3] しかも、本書でみていくように、気候変動対策のなかには時間のかかるものもある。本格的な気候変動対策が始まったとしても、次の日から急に排出量が激減するということにはならない。気候変動による生態系や人間社会の破局を避けるために残された時間は少ない。まさに非常事態だ。

そうした危機感が高まるなか、2016年12月に、オーストラリアのデビアン市が世界で初めて気候非常事態宣言を行った。[4] その後、欧米の自治体での気候非常事態宣言が積み重なり、2019年5月には英国が国としての気候非常事態宣言を行っている。日本でも、2019年の後半から、長崎県壱岐市を先駆として、気候非常事態宣言を発する自治体が増えてきた。日本の国会で気候非常事態宣言が採択された背景には、そうした流れがある。

もっとも、日本政府が「気候非常事態」という状況を十分に認識しているかどうかは疑わしい。政府が２０２１年４月に発表した温室効果ガス排出削減目標は、２０３０年度の排出量を（２０１３年度比で）46％削減するというものだ。２０３０年までに世界全体の排出量を（２０１０年比で）およそ半減させることが求められているにもかかわらず、日本政府の排出削減目標は低い。[5] ２０２０年10月には首相が「２０５０年までに（中略）脱炭素社会の実現を目指すこと」を宣言したものの、その宣言は具体策をともなっていない。それどころか、政府は、大量の二酸化炭素を排出する石炭火力発電所の存続を図っている。[6] 日本政府が気候変動を「非常事態」として真剣に受けとめているとは考えにくい。

しかし、別の角度から見ると、気候変動対策に消極的な政府でさえ「非常事態」と認めざるを得ないほど、気候変動をめぐる状況は「非常事態」になっているということだ。

世界各地で、気候変動対策を求める人びとが声を上げている。近年では、２０１８年８月にグレタ・トゥーンベリが「気候のための学校ストライキ」を行ったことを契機として、多くの若者が参加するFridays for Future（未来のための金曜日）の活動が世界に広がった。

ただし、気候変動をめぐる状況が具体的に大きく好転しているわけではない。温室効果ガスの排出が減少に向かう流れは未だ見えてこない。気候危機の克服は、その兆しさえもおぼろげだ。私たちの声は、今のところ、危機に見合うほど大きくなってはいない。

気候非常事態宣言が広がっても、本格的な気候変動対策が具体的に実行されなければ、気候変動が止まることはない。ただ悲観的になっても仕方ないけれど、楽観的になるのは危険だ。気候変動は、今この瞬間にも進み続けている。

2　気候変動の進行

ＩＰＣＣは、「人間の影響が大気、海洋及び陸域を温暖化させてきたことには疑う余地がない」と述べている。[7] 人間の社会は、特に20世紀の半ば以降、二酸化炭素をはじめとする温室効果ガスを大量に排出してきた。そのことによって、急激な気候変動が起こっている。

産業革命前と比べて、世界平均気温はすでに1度以上も上昇してきた。「1度」と聞くと些細なものに感じるかもしれないが、その「1度」によって、この後みるように、すでに多大な影響が世界に生じている。1度の変化は重大だ。

ＩＰＣＣが２０２1年8月に公表した第６次評価報告書（第1作業部会報告書）では、「気候システム全般にわたる最近の変化の規模と、気候システムの側面の現在の状態は、何百年も何千年もの間、前例のなかったものである」と述べられている。[8]

２０１９年の大気中の二酸化炭素濃度は、過去２００万年間のどの時点よりも高い。[9]産業革命前には約２８０ppmであった二酸化炭素濃度が、２０１９年には４１０ppmに達している。[10]

そして、「世界平均気温は、１９７０年以降、少なくとも過去２０００年間にわたり、他のどの50年間にも経験したことのない速度で上昇」している。[11]２０１１年〜２０２０年の世界平均気温は、19世紀後半に比べて１・09度も高く、[12]「数百年にわたり温暖だった直近の時期である６５００年前よりも高かった」とされる。[13]近年と同じくらい温暖な時期を見つけるためには、約12万５０００年前までさかのぼることになる。[14]

しかも、そうした変化は、加速しながら現在も進んでいる。最も排出量が少ないシナリオでさえ、２０５０年頃には19世紀後半からの気温上昇が1・5度を超えている可能性が高い（**表１**）。

そして、気候変動が進行するなかでは、気温上昇がさらなる地球温暖化を引き起こすような悪循環も起きる。

たとえば、北極海の氷が融けると、海の表面が暗い色になる。白い氷が太陽光をよく反射して温まりにくいのに対して、氷のない海は太陽光を受けて温まりやすい。地球温暖化によって海の氷が減ると、そのことがまた海水温や気温の上昇をもたらす。

また、シベリアやアラスカなどの永久凍土には、膨大な炭素が含まれている。永久凍土が融けると、温室効果ガス（二酸化炭素やメタン）が大気中に放出される。そのことによって地球温暖化が進めば、永久凍土はさらに融けてしまう。永久凍土がさらに融けると、温室効果ガスがさらに排出され、地球温暖化がさらに進む。こうした悪循環が始まってしまうと、それを人間が止めることは不可能に近い。

このまま地球温暖化が進めば、気候変動は引き返せない転換点（ティッピング・ポイント）を超えてしまう。気温上昇が1・5度や2度に到達してから本格的な気候変動対策を始めるのでは遅すぎる。

重要な点として確認しておきたいのは、温室効果ガスの排出量が減ったからといって世界平均気温が下がるわけではない、ということだ。

人間の活動によって排出された二酸化炭素は、長期間にわたり大気中にとどまる。たとえ一年あたりの排出量が減少しても、少なくない二酸化炭素が排出され

表1　19世紀後半からの世界平均気温の上昇の推定値

シナリオ	2021～2040年	2041～2060年	2081～2100年
地球温暖化が2℃を超える可能性が極めて低いシナリオ	1.5℃	1.6℃	1.4℃
地球温暖化が2℃を超える可能性が低いシナリオ	1.5℃	1.7℃	1.8℃
温室効果ガスの排出が中程度のシナリオ	1.5℃	2.0℃	2.7℃
温室効果ガスの排出が多いシナリオ	1.5℃	2.1℃	3.6℃
温室効果ガスの排出が非常に多いシナリオ	1.6℃	2.4℃	4.4℃

IPCCの第6次評価報告書をもとに作成

コラム▼厚くて難しい報告書

ＩＰＣＣ（気候変動に関する政府間パネル）の報告書は長い。２０２１年8月に公表された報告書は４０００ページ近い。内容は専門的で、日本語でもない。正直なところ、読む気力はわいてこない。そういう人のために（？）、ＩＰＣＣは要約版を用意してくれている。「要約」も英語で30ページくらいあるのだけれど、「本体」に比べるとはるかに読みやすい。気象庁が日本語訳を作成してくれていたりもする。本書の記述も、「要約」をもとにしている。

とはいえ、「要約」でさえ、簡単ではない。たとえば、本書の表1では「地球温暖化が2℃を超える可能性が低いシナリオ」と記している部分も、本当は「SSP1-2.6」とだけ書かれていて、一見しただけでは何のことかわかりにくい。

報告書は、科学的に厳密だ。「気温が3℃上昇すると、生物の20％が絶滅します」と言われると意味を理解しやすいけれど、「3％～29％が非常に高い絶滅のリスクに直面する可能性が高い」と書かれているので、単純な受けとめが難しい。

正確性を大切にすると同時に、たくさんの人が情報・知見を共有できるようにするのは、簡単ではないけれど、大事なことだと思う。みんなが気候危機の現状を直視できるようになれば、気候変動をめぐる社会の状況も大きく変わっていくはずだ。

ていれば、大気中の二酸化炭素濃度は増加する。

水槽に水を注いでいるようなものだ（私たちは、水槽の中にいる）。水の勢いが弱まっても、水を注ぎ続ける限り、水槽に水はたまっていく（そして、おぼれてしまう）。

ＩＰＣＣの第６次評価報告書でも示されているように、世界平均気温の上昇量は、CO_2の累積総排出量に概ね比例する。[15] 一年あたりの排出量と気温の上昇量とが比例関係にあるわけではない。一年あたりの排出量が横ばいになったとしても、地球温暖化は進行する。排出量が大きく減少しても、大気中の温室効果ガスの増加がゼロ以下にならなければ、やはり気温は上昇していく。

本格的な気候変動対策に緊急に取り組んだとしても、世界の排出量がゼロになる頃まで平均気温の上昇は続く。[16] ましてや、気候変動対策が不十分であれば、地球温暖化はどんどん進んでしまう。

3　気候変動の影響

それでは、地球温暖化が進むと、私たちの世界に何が起きるのか。[17] 気候変動は人間の社会にどういう被害をもたらすのか。ＩＰＣＣの報告書などをもとに、主要な問題を確認しておこう。[18]

【熱波】

１９５０年代以降、極端な高温の頻度や強度が増大してきた。地球温暖化が進むに従って、極端な高温の頻度は増すと考えられている（**表2**）。

高い気温の続く熱波が頻発するようになれば、熱中症の危険にさらされる人が増え、屋外での活動が制約されていく。また、大規模な森林火災が起こりやすくなる。

地球温暖化が進むことで、暑さのために人間の居住が難しい地域が広がっていく。

【豪雨・嵐】

地球温暖化が進むと、大気中に含まれる水蒸気の増加などにより、降水に影響が及ぶ。

１９５０年代以降、大雨の頻度や強度が増大してきた。地球温暖化が進むに従って、大雨の頻度は増すと考えられている（**表2**）。

強い熱帯低気圧の発生割合も過去40年間で増加しており、今後

表2　極端な高温、大雨、干ばつの頻度の予測

	1850～1900年	地球温暖化1℃（現在）	地球温暖化1.5℃	地球温暖化2℃	地球温暖化4℃
10年に1回の極端な高温	1回	2.8倍	4.1倍	5.6倍	9.4倍
10年に1回の大雨	1回	1.3倍	1.5倍	1.7倍	2.7倍
10年に1回の干ばつ	1回	1.7倍	2.0倍	2.4倍	4.1倍

IPCCの第6次評価報告書をもとに作成

も地球温暖化が進行すれば非常に強い熱帯低気圧の割合が増加すると予測されている。

【干ばつ・水不足】

地球温暖化が進むと干ばつの頻度が増すと考えられている（表2）。気候変動の影響による水不足が世界各地で観測されるようになっている。

水不足は、農業等に影響を与え、水をめぐる紛争の要因にもなる。

【食料不足】

地球温暖化によって、気温、降水量、干ばつの頻度、「害虫」の分布などが変化する。そうしたことは、作物の栽培に影響を及ぼす。気温の上昇や二酸化炭素濃度の増加が農業に有利に作用する場合もあるが、世界全体としては気候変動によって作物の収量が減少する。

【感染症】

地球温暖化にともない、マラリア・ジカ熱・デング熱など、蚊が媒介する感染症が広がりやすくなる。デング熱については、アジア・ヨーロッパ・中南米・サハラ以南アフリカにおいて21世紀末までに数十億人がリスクに直面する可能性が指摘されている。

永久凍土が融けることによって、そこに閉じ込められていた細菌・ウイルスが外に広がることも懸念されている。

【海面上昇】

地球温暖化によって海水の温度が上がると、海水が膨張する。また、陸上の氷河・氷床の融解が進むと、融けた水が海に流れ込む。それらの結果、海面水位は上昇する。

世界の平均海面水位は、1901年から2018年の間に約20㎝上昇した。しかも、上昇の勢いは強まっている（1971年～2006年は1・9㎜／年であるのに対し、2006年～2018年は3・7㎜／年）。数百年から数千年にわたる海面水位の上昇が避けられない。

海面上昇が進めば、海抜の低い土地は水没の危機にさらされ、高潮や浸水の危険性が高まり、飲用水や農業用水も脅かされる。

【海洋酸性化】

大気中の二酸化炭素が増えることで、海に溶け込む二酸化炭素の量も増え、海水が酸性化する。海洋酸性化が進むと、貝類・ウニ・サンゴなどが炭酸カルシウムの殻や骨格を形成しにくくなる。

この数十年間の外洋表層の酸性度は「直近の200万年でも異常な現象」であり[19]、海洋深層の酸性化は「数百年から数千年の時間スケールで不可逆」と考えられている。[20]

【生物多様性の消失】

気候変動だけが理由ではないものの、地球の歴史において第6回目の大量絶滅が始まっている。極めて高い絶滅のリスクに直面する生物種は、地球温暖化の気温上昇幅が1・5度で14%、2度で18%、3度で29%、4度で39%、5度で48%に及ぶ可能性がある。

【移住】

水不足が深刻になったり、作物の栽培が難しくなったり、海面が上昇してきたり、暑さが過酷になったり、気象災害が頻発したりすると、たくさんの人が移住を強いられてしまう。気候変動の影響によって2050年までに2億1600万人以上が国内移住を強いられる可能性があると指摘されている。[21]

【貧困】

地球温暖化が進むなか、災害の頻度や規模が増大したり、食料価格が高騰したり、健康への悪影響が広がったりすることは、人びとを貧困に陥れる要因となる。気候変動の影響によって

2030年までに1億3200万人が貧困に追い込まれる可能性があるとされている。[22]

【紛争・戦争】

干ばつ、水不足、食料不足、気象災害の頻発といった気候変動の悪影響は、紛争・戦争に結びつきかねない。[23] たとえば、シリアについては、2000年代後半の干ばつが2011年からの内戦の要因になったと言われる。「イスラム国（IS）」が勢力を拡大した背景には干ばつがあると指摘されている。[24] アフガニスタンに関しても、深刻な干ばつの影響を受けた人が家族を養うために傭兵になる状況が報告されてきた。[25]

以上のようなことは、単なる将来予測ではない。すでに起こってきていることだ。IPCCが2022年2月に公表した第6次評価報告書（第2作業部会報告書）では、「気候変動が人間と自然のシステムをすでに破壊していることは疑う余地がない」と述べられている。[26] そして、気候変動の影響について、すでに観測されている事象が地域ごとに示されている（世界全体に関しては**表3**の通り）。「水不足と食料生産への影響」「健康と福祉への影響」「都市、居住地、インフラへの影響」は、世界中にみられる。およそ33〜36億人が気候変動に対して非常に脆弱な状況下で生活していると考えられている。

そして、IPCCは、今後に関して、地球温暖化が1・5度を超える場合には「深刻なリスク」が増すことを指摘しつつ[27]、「地球温暖化は、短期のうちに1・5度に達しようとしており、複数の気候ハザードの不可避な増加を引き起こし、生態系や人間に対して複数のリスクをもたらす」と述べている[28]。また、「2040年より先、地球温暖化の程度に応じて、気候変動は自然と人間のシステムに数多くのリスクをもたらす」と述べ、「中期的及び長期的な影響は、現在観測されている影響の数倍までの大きさになる」としている[29]。

本格的な気候変動対策が大規模に

表3　人間システムにおいて観測された気候変動影響（世界全体）

人間システム	人間システムへの影響	気候変動への原因特定に関する確信度
水不足	良い影響と悪い影響の増大	中程度
農業／作物の生産	悪い影響の増大	中程度
動物・家畜の健康と生産性		証拠が限定的、不十分
漁獲量と養殖の生産量	悪い影響の増大	中程度
感染症	悪い影響の増大	中程度
暑熱、栄養不良、その他	悪い影響の増大	非常に高い／高い
メンタルヘルス	悪い影響の増大	非常に高い／高い
強制移住	悪い影響の増大	非常に高い／高い
内水氾濫と関連する損害	悪い影響の増大	非常に高い／高い
沿岸域における洪水／暴風雨による損害	悪い影響の増大	非常に高い／高い
インフラへの損害	悪い影響の増大	非常に高い／高い
主要な経済部門に対する損害	悪い影響の増大	中程度

IPCCの第6次評価報告書をもとに作成（環境省の資料を参照）

実行されない限り、気候変動の脅威はふくらむ一方だ。

4 気候変動対策の経過

生態系に巨大な影響を及ぼし、人間の社会に脅威を与える気候変動に関して、これまで国際社会が何もしてこなかったわけではない[30]。

地球温暖化の問題についての認識が広がるなかで、1988年には、UNEP（国連環境計画）とWMO（世界気象機関）によってIPCC（気候変動に関する政府間パネル）が設立された。これにより、気候変動に関する科学的な知見を報告書に取りまとめる仕組みがつくられた。

そして、1992年には、気候変動枠組条約が成立した。この条約に基づき、1995年以降は、毎年の年末にCOP（Conference of Parties：締約国会議）が開催されている。

1997年のCOP3は京都で開催され、そこで京都議定書が採択された。京都議定書は、2008年～2012年の期間（第1約束期間）に「先進国」全体で温室効果ガスの排出量を（1990年比で）5%以上削減することとし、「先進国」に排出量の削減を義務づけた。

米国が2001年に京都議定書からの離脱を表明したものの、京都議定書は2005年に発効し、第1約束期間の目標は達成された。しかし、第2約束期間（2013年～2020年）については、米国だけでなく、日本・ロシア・カナダが参加しないことになった。また、21世紀の初め頃には、中国やインドなどからの温室効果ガス排出が目立つようになっていた。

そうしたなか、２０１５年のＣＯＰ21において、気候変動に関する新しい取り決めとしてパリ協定が採択された。京都議定書が「先進国」を対象とするものであったのに対し、パリ協定には「途上国」も参加している。

先に述べたように、パリ協定では、産業革命前からの地球平均気温の上昇を2度より十分に低い水準に抑えること（1・5度に抑える努力をすること）が目標に掲げられた。この目標をふまえ、それぞれの国が排出削減目標などを定めて国別約束（NDC：Nationally Determined Contributions）を提出することになっている。

気候変動枠組条約を批准している国すべてが参加する協定が成立したことの意義は軽視されるべきでない。

しかし、パリ協定が成立した後も、世界の温室効果ガス排出量は増加している。新型コロナウイルス感染症のパンデミックの影響を受けて２０２０年には排出量が減少したものの、２０１９年に世界の排出量は過去最大になった[31]。

その流れのなか、２０１９年11月にはＵＮＥＰが『排出ギャップ報告書２０１９』を発表している[32]。この報告書は、パリ協定の目標を達成するために必要な排出削減量と、各国が目標にしている排出削減量との間にある「ギャップ」に目を向けるものだ。報告書は、パリ協定に基づく各国の排出削減目標が達成されたとしても、世界平均気温の上昇が21世紀末には3・2度に達する可能性が小さくないという予測を示した。そして、地球温暖化を1・5度に抑えるためには2020年から毎年7・6％ずつ世界全体の排出量を削減する必要があると指摘した。

しかし、その後も「ギャップ」は埋まっていない。UNEPが2021年10月に発表した『排出ギャップ報告書2021』では、各国が排出削減目標を達成してさえ、21世紀のうちに世界平均気温の上昇が2・7度に達する可能性があると分析されている。[33] 日本を含む多くの国が排出削減目標を引き上げ、その目標を実現するための具体的な方策を実行しない限り、パリ協定の目標が達成される見込みはない。

私たちは、気候危機のなかにいる。世界の子どもたちも、日本の子どもたちも、気候危機のなかにいる。

第2章
子どもの権利と気候変動

1 国連児童基金の警告

ユニセフ（国連児童基金）は、2021年8月に『気候危機は子どもの権利の危機』という報告書を発表した(1)。その最初にある序文は、グレタ・トゥーンベリら4人の若者によるものだ。短い序文のなかでは、「気候変動は、世界の子どもと若者が直面している最大の脅威です」というメッセージが2度にわたって繰り返されている(2)。

報告書では、大人よりも子どもたちが気候変動の影響に対して脆弱であることが強調されている。洪水や嵐のとき、小さな子どもは自分の身を守るのが難しい。

体温調節機能が未発達な子どもにとって、熱波はとても危険なものになる。気候変動の影響によってマラリアやデング熱のような感染症が増えると、犠牲になりやすいのは子どもたちだ。安全な水を得られないことは、下痢性疾患につながり、多くの子どもたちの命を奪う。幼いときの栄養不足は、子どもたちに取り返しのつかない打撃を与える。

報告書は、世界の子どもたちが置かれている状況について、次のような現実を提示している。

・2億4000万人の子どもたちが、沿岸の洪水のリスクにさらされている。
・3億3000万人の子どもたちが、河川の洪水のリスクにさらされている。
・4億人の子どもたちが、サイクロン（熱帯低気圧）のリスクにさらされている。
・6億人の子どもたちが、蚊などが媒介する疾患のリスクにさらされている。
・8億2000万人の子どもたちが、熱波のリスクにさらされている。
・9億2000万人の子どもたちが、水不足のリスクにさらされている。
・10億人の子どもたちが、深刻な大気汚染のリスクにさらされている。

これらのリスクは、世界の子どもたち全員を均等に覆っているわけではない。熱波・洪水・嵐・水不足・感染症のどれについて考えても、地理的条件によって気候変動の悪影響を受けやすい地域がある。また、保健・医療や教育の水準、水や衛生に関する環境整備の状況、貧困や社会保障をめぐる実態などによって、気候変動による被害の度合いは違ってくる。

そうしたことをふまえ、報告書は、洪水等の危険性と、社会的環境に左右される「子どもの脆弱性」とに基づいて、国ごとの「子どもの気候リスク指数」を示している[3]。

その指数の一覧は、それぞれの国における「子どもの気候リスク」を表すとともに、地球規模の不正義を浮かび上がらせるものだ。リスクが非常に高い33か国による温室効果ガスの排出量の合計をみると、世界の排出量の9・38%にとどまっている。そして、最もリスクの高い10か国の合計排出量は、世界の排出量の0・55%でしかない。排出量の少ない、経済的に貧しい国の子どもたちが、より深刻なリスクにさらされている。

気候変動は、大きな不正義をともないながら、世界中の子どもたちの権利を掘り崩していく。子どもの権利条約で確認されているような子どもたちの権利は、気候変動の影響によって侵害されていく。生存と発達の権利（第6条）、健康への権利（第24条）、十分な生活水準についての権利（第27条）、教育への権利（第28条）、休息・遊び・レクリエーション等の権利（第31条）、親から引き離されない権利（第9条・第10条）、暴力や搾取から保護される権利（第32条など）、先住民の文化・言語についての権利（第30条）、意見表明の権利（第12条）、「子どもの最善の利益」についての権利（第3条）など、いくつもの権利が、気候変動によって脅かされる[4]。

ユニセフの報告書は、気候危機が子どもの権利の危機を生んでいることを警告する。

2 国連人権高等弁務官事務所の報告

気候変動は、子どもたちの人権を脅かす問題だ。国連人権高等弁務官事務所も、2017年に「子どもの権利と気候変動」に関する報告書をまとめている。(5)

その報告書は、ユニセフの『気候危機は子どもの権利の危機』と同様に、大人と比べて子どもが気候変動による被害を受けやすい存在であることを指摘する。そして、気候変動が子どもたちに及ぼす影響を整理している。

第一に、「異常気象と自然災害」に関しては、低年齢の子どもが自然災害のときに死傷しやすいことが指摘されている。また、気候変動によって期間と度合いが増大する熱波に関して、子どもが特に健康被害を受けやすいことが述べられている。そして、異常気象によって子どもの教育・医療・住居が奪われてしまうことへの言及がされている。

第二に、「水不足と食料不安」に関しては、安全な飲料水と主要な食料の不足によって子どもがとりわけ被害を受けることが示されている。2歳になるまでの間の栄養失調に適切な対応がなされなければ子どもの認知能力などに生涯にわたる不可逆的な悪影響が及ぶことが述べられ、

2030年までに気候変動の影響によって追加的に750万人の5歳未満児が発育不良に陥るという予測が紹介されている。また、水と食料の危機が退学や児童労働の増大を引き起こすと指摘されている。

第三に、「大気汚染」に関しては、気候変動と大気汚染との結びつきが述べられ、一年間に何十万人もの5歳未満児が大気汚染の影響で死亡していることへの言及がされている。

第四に、蚊などが媒介する疾患や感染症に関しては、感染症等の多くは成人よりも子どもが罹患しやすいことが述べられており、気候変動の影響によって下痢性疾患で死亡する15歳未満児が増えるという予測が示されている。また、蚊などが媒介する疾患が発生する期間や地域が気候変動によって拡大するとされ、マラリア・デング熱・ジカ熱などと気候変動との関連が問題にされている。

第五に、「メンタルヘルスへの影響」に関しては、戦争・紛争、性的暴力や身体的暴力、災害時における死傷者の目撃など、気候変動に関係する事象が子どものメンタルヘルスに否定的な影響を及ぼすことが指摘されている。また、避難・移住によって、住んできた土地、共同体、家族から引き離されることは、子どもの教育・文化的アイデンティティ・社会的支援に影響を与え、子どものメンタルヘルスに重大な害を与えかねない、と述べられている。

また、報告書においては、「脆弱な状況にある子どもに偏在する影響」への着目がなされている。

そこでは、「女の子や妊婦」に関して、気候変動の影響のもとで女の子が介護・水汲み・料理などの家事を担うことで学校に行けなくなること、避難生活においては女の子が性的なハラスメントや暴力にさらされやすいこと、災害後には妊婦が健康上のリスクに直面すること、などへの言及がされている。また、「先住民の子ども」や「移住する子ども」に関しても、そうした子どもたちに対する気候変動の影響が記されている。そして、「障害のある子ども」に関しては、気候変動の否定的影響が既存の不平等を悪化させかねないことが指摘されており、障害のある子どもが緊急時に虐待・放置・遺棄されるかもしれないこと、災害直後には障害のある子どもが特別な困難を抱えかねないことなどが述べられている。

3 国連子どもの権利委員会の勧告

(1) 各国への勧告

気候変動が子どもの権利に対する深刻な脅威となっている状況は、国連子どもの権利委員会(CRC：Committee on the Rights of the Child)による各国政府への勧告にもみてとれる。(6)

子どもの権利条約において、締約国は5年ごとにＣＲＣに対して子どもの権利に関する報告を提出することとされており、ＣＲＣから各国政府に対しては「総括所見(concluding observations)」が示されている。

パリ協定が成立した2015年12月以降にまとめられた総括所見について、気候変動への言及の有無をみると、**表1**のようになっている。気候変動への言及がない総括所見も少なくないが、子どもの権利条約には気候変動についての直接的な規定がないことを考えると、約4割の国への総括所見に気候変動への言及がみられることは注目に値する。CRCは、子どもの権利にとっての重大問題として、意識的に気候変動に目を向けている。

気候変動への言及がされている総括所見の割合を年ごとにみると、2016年は26%、2017年は41%、2018年は43%、2019年は47%、2020年は56%、2021年は83%となっている。総括所見の対象国が年ごとに異なるため、年ごとの割合を単純に比較することはできないものの、気候変動への言及のある総括所見の割合は急速に増加してきている。

そして、総括所見の内容からは、「子どもの権利と気候変動」をめぐる各国の問題状況を垣間見ることができる。

・**ケニア**：「乾燥地域や半乾燥地域において、水や衛生への子どもたちのアクセス、子どもたちの食料と栄養の確保に関して、気候変動の否定的影響がさらなる重圧を加えていること」への懸念が示されている。

表1　国連子どもの権利委員会の総括所見における気候変動への言及

	気候変動への言及がある	気候変動への言及がない
2016年	【7か国】 ハイチ　ケニア　イギリス サモア　スリナム　南アフリカ ニュージーランド	【20か国】 アイルランド　イラン オマーン　ザンビア セネガル　フランス　ペルー モルディブ　ガボン スロバキア　ネパール パキスタン　ブルガリア ナウル　サウジアラビア シエラレオネ　ラトビア ベナン　ブルネイ　ジンバブエ
2017年	【9か国】 セルビア　マラウイ セントビンセントおよびグレナディーン諸島 アンティグア・バーブーダ ブータン　モンゴル タジキスタン　バヌアツ 朝鮮民主主義人民共和国	【13か国】 エストニア　ジョージア コンゴ民主共和国　カタール バルバドス　カメルーン 中央アフリカ共和国 ルーマニア　レバノン エクアドル　キプロス デンマーク　モルドバ
2018年	【8か国】 グアテマラ　スペイン スリランカ　ソロモン諸島 パラオ　マーシャル諸島 レソト　ニジェール	【10か国】 セイシェル　パナマ アルゼンチン　アンゴラ ノルウェー　モンテネグロ エルサルバドル サウジアラビア　モーリタニア ラオス
2019年	【8か国】 ギニア　ベルギー　日本 カーボベルデ　トンガ マルタ　オーストラリア モザンビーク	【9か国】 イタリア　シリア　バーレーン コートジボワール シンガポール　ボツワナ ボスニア・ヘルツェゴビナ ポルトガル　韓国
2020年	【5か国】 オーストリア　ハンガリー クック諸島　ツバル ミクロネシア連邦	【4か国】 コスタリカ　パレスチナ ベラルーシ　ルワンダ
2021年	【5か国】 チュニジア　エスワティニ スイス　チェコ　ポーランド	【1か国】 ルクセンブルク

・**ハイチ**：「気候変動の結果として、洪水や侵食につながるハリケーンや熱帯暴風雨の頻度や強度が大きく増大すること」への懸念が示されており、「森林破壊を止めて、気候変動の影響を軽減すること」が勧告されている。

・**ブータン**：「湧水源の枯渇に対処し、家族を助けるために子どもが水を運ばなければならない事態を防ぐために、水の管理・供給の持続可能なシステムを開発すること」が勧告されている。

・**モンゴル**：遊牧民への注目が促されており、「家畜の重大な損失につながる極端な冬」への言及がされている。

・**朝鮮民主主義人民共和国**：「洪水や干ばつのような、食料へのアクセスを混乱させる気候関連の緊急事態において、栄養不良への対応に対する即時のアクセスを子どもたちに提供すること」が勧告されている。

・**タジキスタン**：気候変動によって「自然災害の頻度と強度が増大していること」への言及がされている。

・**マーシャル諸島**：避難所の不足が指摘され、避難所の増設が勧告されている。

・**ニジェール**：「森林破壊、砂漠化、水と食料の制約」が気候変動の重大な影響として挙げられており、「再植樹」や「土地の再生」が勧告されている。

・**ギニア**：気候変動の問題として干ばつへの言及がされており、「森林再生のための対策の強化」が勧告されている。

・**カーボベルデ**：「真水の不足、海水面の上昇、降水パターンの変化、砂漠化、気温の上昇を締約国が既に経験している」と指摘されている。

・**ツバル**：「安全な飲み水や衛生への子どものアクセスを妨げるもの」として、「海水面の上昇にともなう地下水の汚染」が問題視されている。

また、ＣＲＣによる各国への総括所見においても、子どもたちのなかには気候変動の悪影響に特に脆弱な子どもがいることへの留意が促されている。障害のある子どもへの着目を求める総括所見が少なからずあり、次に挙げるような子どもたちへの言及がみられる総括所見もある。

・先住民の子ども、貧困状態にある子ども（スリナム）
・マオリの子ども、太平洋諸島の子ども、低所得の環境で暮らす子ども（ニュージーランド）
・障害のある子ども、女の子（タジキスタン）
・就学前の子ども（パラオ）

なお、2020年にまとめられた、クック諸島・ツバル・ミクロネシア連邦への総括所見では、子どもたちの移住に関する節が設けられており、「気候変動や自然災害の文脈において国際的移住が子どもたちにますます影響を及ぼす可能性」が述べられている。気候変動の影響によって子どもたちが移住を迫られている状況を反映したものと考えられ、気候危機の緊迫度が増していることを感じさせる。

(2) 日本への勧告

日本政府に対しては、CRCによって2019年2月に総括所見が示された。その総括所見においては、「気候変動が子どもの権利に及ぼす影響」という節が設けられており、**表2**のような勧告がなされている。

これらの勧告のうち、(a)・(b)・(c)・(f)は、他の国への総括所見にもしばしばみられる内容だ。しかし、(d)と(e)の勧告は、日本への総括所見に特徴的なものと言える。

温室効果ガスの排出量の削減に関する勧告は、2016年以降、日本への総括所見のほかには、ベルギー・スイス・オーストリア・ポーランド・オーストラリアの5か国への総括所見だけにみられる。排出量削減はすべての国に共通する課題だが、日本への総括所見において排出量削減が特に取り上げられていることには注意が必要だろう。日本の気候変動対策についての関係者の危

表2　日本政府に対する国連子どもの権利委員会の総括所見(2019年2月)の抜粋

気候変動が子どもの権利に及ぼす影響 37. 委員会は、持続可能な開発目標13およびそのターゲットに対する注意を喚起する。委員会は、特に、以下のことを締約国に勧告する。 (a)気候変動および災害のリスク管理の問題を扱う政策またはプログラムを発展させるにあたり、子どもの特別な脆弱性とニーズ、並びに子どもの意見が考慮されるようにすること。 (b)学校の教育課程と教師の研修プログラムに気候変動や自然災害を組み込むことにより、気候変動および自然災害に関する子どもの意識と備えを高めること。 (c)国際的、地域的および国内的な政策、枠組みおよび協定を策定するため、さまざまな災害の発生によって子どもが直面するリスクの諸態様を明らかにする分類されたデータを収集すること。 (d)子どもによる権利の享受、特に健康、食料および適切な生活水準に対する権利の享受を脅かすレベルの気候変動を回避するための国際的約束に即して温室効果ガスの排出を削減すること等により、気候変動緩和政策が本条約に合致するようにすること。 (e)他国の石炭火力発電所に対する締約国の資金援助を再考し、石炭火力発電所が持続可能なエネルギーを用いた発電所に置き換えられるようにすること。 (f)これらの勧告の実施にあたり、二国間協力、多国間協力、地域的協力および国際的協力を追求すること。

筆者訳

惧やＣＲＣの懸念の強さが、(d)の勧告に反映されていると推定される。
また、気候変動との関連で石炭火力発電所への言及がされているのは、日本への総括所見のほかには、スペイン・ポーランドの２か国への総括所見のみである。しかも、スペインやポーランドへの総括所見においては、石炭火力発電所の問題が主には大気汚染との関係で扱われている。気候変動対策を主眼として石炭火力発電所に関する勧告がされているのは、日本への総括所見だけだ。(e)の勧告は、他の98か国への総括所見にはみられない、異例の勧告だと言える。石炭火力発電に固執する日本政府の姿勢は国内外で批判の対象になっているが、そうした問題がＣＲＣの総括所見にも表れている。

気候変動についての日本への勧告は、６項目のうち(d)と(e)の２項目が、気候変動の進行を抑えるための方策（緩和策）に関するものになっている。一方で、各国への勧告は、気候変動の影響による被害を抑えるための方策（適応策）に関するものが中心だ。日本への総括所見の内容は、他の国への総括所見にはみられない特異性をもっている。

年ごとの二酸化炭素排出量を国別にみると、日本の排出量は世界で５番目に大きい[7]。一人あたりの排出量をみても、日本はイギリス・フランス・イタリアを大きく上回っている[8]。日本に住む私たちは、日本の社会に原因のある温室効果ガスの排出を急いで減らし、気候変動によって世界中の子どもたちが受ける被害を抑えなければならない。

コラム▼絵図の役割

２０２１年の初頭、ＮＨＫが気候変動の問題を扱う番組を放送した（２０３０ 未来への分岐点：第1回「暴走する温暖化〝脱炭素〟への挑戦」）。

そこでは、地球温暖化が進んだ２１００年の東京の姿が映像化されていた。荒廃した渋谷の街では、「命にかかわる危険な暑さ」への警戒を呼びかける放送が響き、日本各地で40度を超える「極暑」になることが大型スクリーンで伝えられている。都心部は、洪水によって水没する。

いつも東京が話の中心になることには違和感を覚えるものの、気候変動の先にある荒涼とした未来が目で見てわかることの意義は小さくないように思う。国際機関の報告書には「○億○○万人が××になります」といった種類の記述が多いけれど、「海面が○センチメートル上昇します」と言われるよりも、それによって生じる実際の状況が画像で示されると理解しやすい。

同じことは、「暗い未来」だけでなく、「明るい未来」についても言えそうだ。気候危機を解決することで、どういう世界が開けていくのか、未来像を豊かにすることで、少し元気が出るかもしれないし、歩むべき道が見えてくる。

本書の挿絵は、未来像を視覚的に表現する試みだ。ささやかなものではあるけれど、挿絵に込められている意味を読みとっていただけるとうれしい。

4 日本の子どもと気候変動

（1）猛暑と熱中症

世界の気候変動に関して、日本の社会は小さくない責任を負っている。そのことを認識しつつ、日本の子どもたちも気候変動の影響を受けることに目を向けよう。

最初に思い浮かべやすいのは、暑さがもたらす問題だろう。

環境省が２０２０年12月に発表した『気候変動影響評価報告書』によると、日本の年平均気温は、２０１９年までの１００年間で１・24度も上昇している。[9] 日本の平均気温の上昇率は、世界の平均気温の上昇率よりも大きい。

１９１０年から２０１９年の間に、最高気温が35度以上の猛暑日の日数や、最低気温が25度以上の熱帯夜の日数が増加している。特に、「猛暑日の日数は１９９０年代半ばを境に大きく増加している」という。[10]

文部科学省・気象庁が２０２０年12月に発表した『日本の気候変動２０２０』は、日本の気温に関する将来予測を**表3**のように整理している。[11] 19世紀後半からの世界平均気温の上昇が約４度になる「４度上昇シナリオ」の場合、日本の年平均気温は、21世紀の間に４・５度も上昇すると予測されている。そして、パリ協定の目標が概ね達成される「2度上昇シナリオ」であっても、日本の年平均気温は1・4度も上昇すると考えられている。

そのうえ、都市部では、建築物の高層化や道路の舗装などの影響でヒートアイランド現象が生じ、気温がより高くなる。[12]『気候変動影響評価報告書』は、現在の状況に関して「都市部では、気候変動による気温上昇にヒートアイランドの進行による気温上昇が重なることで、人々が感じる熱ストレスが増大し、熱中症リスクの増加に加え、発熱・嘔吐・脱力感・睡眠の質の低下等により、生活の快適性に影響を与えている」と指摘し、将来予測される影響に関して「都市部では、気候変動とヒートアイランドの相乗効果により気温は引き続き上昇を続ける可能性は高く、暑熱環境の悪化は都市生活に大きな影響を及ぼすことが懸念される」と述べている。[13]

そして、環境省の報告書は、「真夏日・猛暑日の増加に伴い、若年層の屋外活動時の熱中症発症リスクも高くなっている」と述

表3　予測される21世紀末の日本（気温）

	2℃上昇シナリオによる予測	4℃上昇シナリオによる予測
年平均気温	約1.4℃上昇	約4.5℃上昇
猛暑日の年間日数	約2.8日増加	約19.1日増加
熱帯夜の年間日数	約9.0日増加	約40.6日増加
冬日の年間日数	約16.7日減少	約46.8日減少

文部科学省・気象庁『日本の気候変動2020』をもとに作成

べつつ、「気候変動による気温上昇は熱ストレスを増加させ、熱中症リスクや暑熱による死亡リスク、その他、呼吸器系疾患等の様々な疾患リスクを増加させる」と指摘している[14]。子どもたちの熱中症も懸念されるが、熱中症に至らない場合でも、熱中症の予防のために子どもたちの活動は制約されてしまう。近年においては、暑すぎるために学校でプールに入れない、学童保育に通う子どもたちが夏休みに外で遊べない、といった事態が起きている。そうしたことは、子どものたちの生活の質を低下させ、子どもたちの発達を阻害する。

気候変動は、すでに子どもたちの生活を変え始めている。

（2）豪雨・台風と災害

豪雨や台風による被害も見過ごせない。

文部科学省・気象庁の『日本の気候変動２０２０』では、「日本国内の大雨及び短時間強雨の発生頻度は有意に増加している」とされており、「今後も雨の降り方が極端になる傾向が続くと予測される」と述べられている[15]。「4度上昇シナリオ」の場合、「日降水量２００㎜以上の年間日数」も、「1時間降水量50㎜以上の短時間強雨の頻度」も、21世紀の間に約2・3倍になると考えられている[16]（**表4**）。

台風については、今のところ「発生数、日本への接近数・上陸数、強度に長期的な変化傾向は

見られない」とされているものの、「日本の南海上で猛烈な台風の存在頻度が増す」と予測されている。(17)

そして、環境省の『気候変動影響評価報告書』では、「気候変動による海面水位の上昇や極端な気象事象の発生頻度や強度の増加、強い台風の増加などの気候・自然的要素は、それぞれが複雑に影響し合い河川の洪水や内水、土砂災害の発生頻度を増加させたり、高潮・高波の頻発化や激甚化を引き起こしたりする」と述べられている。(18)

豪雨や台風による災害は、最悪の場合には、子どもたちの命を奪ってしまう。そうでなくても、子どもたちを負傷させるかもしれない。災害を経験することによる心理的な影響も軽視できない。子どもたちが避難生活を強いられる場合には、日常の生活が途切れ、子どもたちに負担がかかる。災害のために（一時的にでも）転居を迫られると、保育や教育、部活動や習い事、友人関係などの継続性が損なわれる可能性がある。また、災害によって家庭が経済的な打撃を受けると、その悪影響が子どもに及ぶことも考えられる。

気候変動によって豪雨や台風の危険性が高まれば、子どもたちの生

表4　予測される21世紀末の日本（降水）

	2℃上昇シナリオによる予測	4℃上昇シナリオによる予測
日降水量200㎜以上の年間日数	約1.5倍に増加	約2.3倍に増加
1時間降水量50㎜以上の頻度	約1.6倍に増加	約2.3倍に増加

文部科学省・気象庁『日本の気候変動2020』をもとに作成

活が破壊される危険性も高まる。

(3) 食べものの危機

最も深刻になるかもしれないのは、食べものをめぐる問題だ。日本では十分に注目されていない印象があるものの、気候変動は食べものの欠乏を招く可能性が高い。

環境省の『気候変動影響評価報告書』では、日本の農業や水産業への気候変動の影響に関して、**表5**のような予測が示されている。

地球温暖化は、私たちの食べものの要である農業に多大な影響をもたらす。[19] 米や麦や大豆も、野菜や果樹や茶も、家畜のための飼料作物も、気候変動から逃れられない。農林水産省の「地球温暖化影響調査レポート」をみると、米、果樹(ぶどう・りんご・うんしゅうみかん)、野菜(トマト・いちご)の収量低下や品質低下が、すでに起きていることとして報告されている。[20] 背景には、高温や多雨などを原因とする「生育不良」「病害の多発」「虫害の多発」「日焼け果」「不良果」等があるとされている。

海の状況も、やはり厳しい。[21] 日本の近海でも、高い海水温によるサンゴの死滅が起きている。[22] 海水温の上昇にともない、魚の分布が変化し、漁獲に影響を与えている。海洋酸性化による貝類・ウニ・カニなどへの悪影響も懸念されている。地球温暖化が進むなか、クロマグロ、サケ、ホタテガイ、アワビ、コンブなどにも危機が迫っている。そのうえ、乱獲によって魚が減少している[23]。

そうしたなか、今でさえ日本の食料自給率は低い（2020年度は37％）。しかも、日本は、野菜の種子の多くを海外に依存し、種鶏・ヒナを外国から輸入している。「2035年の日本の実質的な食料自給率」については、米が11％、野菜が4％、果樹が3％、牛肉が4％、豚肉が1％、鶏肉が2％になるという推定もされている[24]。

それなのに、日本では2018年に種子法が廃止され、国や都道府県が稲・麦・大豆の種子を提供していく仕組みが解体された。また、2020年には種苗法が改定され、農家による自家増殖（自家採種）が制限されることになった[25]。食べものをめぐる不安は増すばかりだ。

日本では、耕地面積も縮小を続けている。最大

表5　日本の農業・林業・水産業への気候変動の影響（将来予測）

- 「水稲、果菜類、秋播き小麦、暖地生産の大豆、茶などで収量の減少が予測あるいは示唆されている」
- 「シイタケ原木栽培の害虫の出現時期の早まりや発生日数の増加が予測されている」
- 「まぐろ類、マイワシ、ブリ、サンマの分布域の移動や拡大、さけ・ます類の生息域の減少、スルメイカの分布密度が低くなる海域の拡大が予測されている」
- 「養殖業では、一部の魚類及び貝類で夏季の水温上昇により生産が不適になる海域が出ることが予測されている」
- 「海藻類では、コンブの生息域の大幅な北上、ワカメ養殖での漁期の短縮、ノリ養殖での育苗開始時期の後退、日本沿岸の藻場を構成する海藻の減少等が予測されている」

環境省『気候変動影響評価報告書』（2020年）をもとに作成

時の1961年には約608万haだった耕地が、2020年には約437万haになっている[26]。再生利用可能な荒廃農地や不作付地を活用したとしてさえ、食料の自給はおぼつかない。近年、農林水産省は、「国内生産のみでどれだけの食料（カロリー）を最大限生産することが可能か」という「食料の潜在生産能力」を示すものとして「食料自給力指標」を公表しているが、その数値は低下傾向にある[27]。

一方で、食べものを外国に頼り続けられるとは限らない。気候変動は、当然のことながら、世界の食料生産に影響を与える。地球温暖化が進むと、世界全体としては穀物の収穫量が少なくなるだろう。気候変動の影響を受けてバッタが大量発生し、広範囲にわたって穀物が食い荒らされるという災厄も起きている[28]。

しかも、食べものを危うくする問題は、気候変動だけではない。農業等のために世界各地で地下水の過剰揚水が行われているが、水が枯渇すれば農業が行きづまる[29]。また、国連による「国際土壌の10年」（2015年～2024年）の推進にもみられるように、土壌劣化が世界的な問題になっている[30]。魚の乱獲も、地球規模の問題だ。世界の食料事情を楽観視することはできない。

それでは、日本の社会が深刻な食料危機に直面したとき、何が起きるのか。私たちはどう振舞うことになるのか[31]。それぞれの子どもや親はどのような判断を迫られるのか。考えるだけで苦しくなる[32]。

避けられなくなった気候変動の影響に対処していくことも重要だが、地球温暖化を最小限にとどめ、気候変動を抑えなければならない。大規模な社会変革を急速に進めることができれば、破局的な事態は避けられるかもしれない。

第Ⅱ部

第3章
着るもの

人間の生活の基本は衣・食・住にあると言われる。この章では、「衣」について、気候変動との関係を考えたい。
子どもたちは、たくさんの衣服を着て育つ。身体の成長が著しい時期には、すぐに新しい大きさの服が必要になる。乳幼児期には、衣服を汚すことも多く、何枚もの着替えが欠かせない。活発に体を動かす子どもであれば、服やズボンの傷みが激しく、（はいている場合は）靴下にもたちまち穴があいてしまう。
日常生活で着る服のほかにも、水着を使うし、剣道着・柔道着やユニフォームを着る子どももいる。山登りのための服や雪遊びのための服が要る場合もある。また、学校では、給食エプロンを使ったり体操服を着たりする。卒園式や入学式では特別な服を着ることが多いだろう。七五三のお祝いや親類の結婚式などでも、普段は着ない晴れ着を子どもが身につけることがある。

衣服の購入や使用が気候変動に強く影響しているのなら、衣服をめぐる問題に目を向けないわけにはいかない。

1　衣類と気候変動

パンツから排気ガスは出ない。ズボンからも（燃やさない限り）煙は立たない。Tシャツを着るときに電気を使うことはない。衣類が温室効果ガスの排出につながっていることは、直感的には理解しにくい。日本では衣類の98％が外国から輸入されており[1]、衣類生産の現場が身近にほとんどないため、なおのこと衣類生産による環境負荷を実感するのが難しい。海外での衣類生産にともなう温室効果ガスの排出は、日本の排出量の数値に表れることもない。

けれども、実際には、大量の温室効果ガスが排出されるなかで、糸や布が作られ、それに色がつけられ、衣類に仕上げられていく。

世界で製造される繊維のおよそ半分を占めるとされるポリエステル[2]をはじめ、ナイロンやアクリルといった合成繊維は、石油を主な原料として工業的に作られている。「自然のもの」という印象があるかもしれない綿（コットン）も、一般的には栽培のために大量の化学肥料や殺虫剤が用いられており、温室効果ガスの排出と深く結びついている。[3] また、高温の水を多く必要とする染色は、エネルギー消費が大きい。

繊維産業の排出量は、国際的な航空と海運の排出量の合計を上回ると指摘されている。[4] 2016年のデータに基づく報告書によると、アパレル産業の排出量は、2005年から2016年にかけて約35％増え、世界の排出量の6・7％を占めている。[5] また、マッキンゼー・アンド・カンパニーが2020年に公表した報告書は、ファッション産業の排出量を世界の排出量の3～10％と見積もっている。[6] 洗濯やドライクリーニングにともなう排出、衣類の廃棄にともなう排出を除いても、衣類にまつわる温室効果ガスの排出は軽視できない規模なのである。

そのうえ、アパレル産業の排出量は、2016年から2030年にかけて約49％増加すると予想されている。[7] マッキンゼー・アンド・カンパニーの報告書も、対策をしなければファッション産業の排出量が大幅にふくらむと推定している。[8] 地球平均気温の上昇を2度以内に抑えるためのCO_2排出許容量（カーボン・バジェット）の26％を、繊維産業だけで2050年までに使ってしまうという指摘もある。[9]

そうしたなか、日本は、衣類についての一人あたりのCO_2排出量が世界で最も高いとも言われている。[10] 環境省が2020年度に行った調査によると、日本の国内で一年間に供給される衣服の原材料調達から製造までの間で排出されるCO_2は9000万トンである。[11] この排出量は、2019年度の日本の総排出量と比べると、その約7・4%に匹敵する。

2 衣類の生産量の増大

衣類にまつわる温室効果ガスの排出が増えている要因として、衣類の生産量の増大がある。世界全体の衣類の生産量は、2000年から2015年にかけて、およそ倍になった。[12] ファストファッションが広がり、経済的に発展した国において一人あたりの衣類購入量が増加したことが背景にある。

一人あたりの衣類購入量が増えたからといって、人びとが厚着をするようになっているわけではない。一枚の衣服が着られる回数や期間が減っているということであり、複数の調査結果がそのことを裏づけている。[13] 英国の消費者の「3分の1が、たった3回着ただけでもうその服を着なくなってしまっている」という調査結果や、米国の消費者の「クローゼットの3分の1が、一度も着ていない服や一年以上着ていない服に占領されている」という調査結果もあり、衣類についての「無駄な買い物」が指摘されている。[14]

状況は日本においても同様であり、環境省の調査によると[15]、一人が年間に購入する衣服は約18枚であるのに対し、手放す衣服は約12枚であり、手放す枚数よりも購入する枚数が多くなっている。一年に一回も着られていない衣服は、一人あたり25着に及んでいるという。

それでも、少しでも着られているのなら、その衣服にとって、まだよいほうなのかもしれない。まったく着られることがないまま廃棄されていく衣服も少なくないからだ。日本では、1990年から2019年にかけて、年間の衣服の購入量は横ばいなのに、衣服の供給量は約20億枚から約35億枚へと増加している[16]。供給量が増えているのに購入量が増えていないということは、購入されないまま処分されている量が増えているということだ。2017年においては、供給量が約38億枚であるのに対して、購入量が約20億枚であることから、実質的に捨てられる数が少なくとも年間10億枚に及んでいたと推定されている[17]。

衣類の大量生産・大量消費・大量廃棄が、気候変動を助長しているのだ。

3 新品を減らす

気候変動対策の観点からすると、衣類の生産量や購入量を減らすことが重要になる。新品の衣類の販売や購入が大幅に抑制されていくような仕組みの確立が求められる。一定期間に一人が購入できる新品の衣類の数を制限する（新品は厳選して買い、古着を楽しみ、手作りを模索する）、衣類産業に携わる労働者の賃金・労働条件を適正なものにして格安衣類の生産を抑制する（同時に消費者の経済的格差や貧困を是正する）、新しい衣類の廃棄に罰則を設ける（しわ寄せが中小業者に向かわないようにする）、無料での衣類の修繕を衣類業界に義務づける（そのためには衣類を地元で作るほうがよいだろう）、古着の活用を促す仕組みを整える、衣類の修繕をしやすい環境をつくる、といったことが検討されてよい。衣類にまつわる温室効果ガス排出量の削減は、政策的・制度的に推進されるべきものである。

ただ、ここでは、子どもたちの生活に関係することで、比較的すぐに取り組めそうなことをいくつか考えておきたい。

一つめは、安易に新品の子ども服をプレゼントしないことだ。第9章でも述べるように、贈り物は、無駄な消費による環境負荷の一因になっている。よかれと思って贈った服が有効に活用されるとは限らない。子ども（親）へのプレゼントは、慎重に考えたほうがよいだろう。

二つめは、日常的に着るわけではない衣類の購入を減らし、必要なものについては共有を追求することだ。運動会や文化祭などで使う特別な衣装は、行事が終われば処分されてしまうかもしれない。中学校の授業のための柔道着は、一人の子どもが着る回数は限られている。給食エプロンは、個人所有でなく学校備品であれば、必要枚数を抑えられる。

三つめは、なくても何とかなる衣類の購入を見直すことだ。保育園のクラスで「おそろいTシャツ」を作るのは、本当に必要なことだろうか。[18] 保育や教育に関係するイベントのために、保育士や教師は「イベントTシャツ」を購入するべきだろうか。一枚あたりの影響はそれほど大きくないとしても、Tシャツは、財布に負荷をかけるだけでなく、生態系に負荷をかけることになる。[19] そのことは意識しておきたい。

ちなみに、衣類ではないが、小学校等での雑巾の扱いについても見直しが必要だろう。小学校等では、新学期になると家庭から雑巾を持参するという、謎の慣習がある。[20] 古くなったタオルを縫って雑巾を作る保護者もいるものの、購入した雑巾を子どもに持たせる保護者は少なくない。[21]「学校用ぞうきん」とか「スクールぞうきん」という名前の商品が出回っている。使いこまれて再利用が重ねられた布を縫い固めたものが本来の雑巾であったのに、新品の雑巾が店で売られているのである。[22] 学校で子どもたちが古布から雑巾を自作するような取り組みを広げられないものだろうか。

気候変動対策という観点からみたとき、Tシャツの消費をいくらか減らすことの直接的な効果はかなり小さいだろう。しかし、衣服や布を大切なものとして扱う姿勢、気軽に新品を購入しない姿勢を広げていくことには、小さくない意義があるはずだ。気候変動や自然破壊と衣類との関係を共通認識にしていくことにもつながるだろう。

4　古着を活かす

新品の衣服の購入を減らし、衣服を大切にするということは、一つひとつの衣服の寿命をなるべく長くするということでもある(23)。寿命を長くするためには、持ち主が自分の衣服を長く着るのが最も単純な方法だ。しかし、どんどん体が大きくなる子どもが同じ衣服を着続けるのは難しい。ある子どもが着なくなった衣服を別の子どもに譲り渡していくことが必要になる。

最近では、「メルカリ」などのフリマアプリを活用して衣類を売買する人も増えてきた。メルカリのファッションジャンルの流通額は、日本のアパレル小売業売上ランキングの上位に匹敵する規模になっており、赤ちゃん・子どもの衣類もメルカリを通して取り引きされている(24)。梱包や輸送に費やされる資源・エネルギーを無視することはできないが、新品の衣類の環境負荷を考えると、衣類が捨てられずに新しい持ち主の手に渡ることは重要だろう(25)。

ただし、古着の市場の広がりが新品の購入を後押ししかねないことには、注意が必要だ。ファッション流通コンサルタントの齊藤孝浩は、「鮮度の高い商品」が中古衣料の市場に出回るようになったことを指摘しつつ(26)、「『メルカリ』という手軽な手放すはけ口ができたことで、『(ショッピングに)失敗してもメルカリで売ればいい』という気軽な購買行動につながっているようです」と述べている。[27] そうした「気軽な購買行動」が広がってしまうと、古着の活用が新品の抑制につながりにくくなる。

子どもの衣服が大切にされ、長く着られるようにするためには、昔からある地味な方法ではあるが、やはり「おさがり」が重要なのかもしれない。身近な地域において手渡しで衣服を引き継いでいくことができれば、梱包や輸送を最小限にすることもできる。きょうだい間での「おさがり」はもちろん、家族を超えての「おさがり」を活発にすることは、衣類の環境負荷を抑え、気候変動対策に貢献する。

保育施設や学校は、「おさがり」の活性化のために、役割を担うことができるのではないだろうか。保育園などで取り組まれてきた「バザー」は、金銭を介している点で純粋な贈与ではないが、実質的な「おさがり」を促進することができる。制服のある学校では、不要になった制服を必要な子どもに渡していく取り組みが可能だ。

保護者どうしの結びつきが深まることも、「おさがり」の活性化にとって有意義だろう。衣類の譲り合いのために保護者会等があるわけではないが、保護者どうしの関係づくりが促されるような仕組みは、「おさがり」のためにも大切かもしれない。

子どもの古着の活用が進むような環境を育みたいものだ。

コラム▼パンツとの長い付き合い

10歳の息子は、保育園の4歳児クラスの頃から同じパンツをはき続けている。身長が130㎝近くなった今も、はいているパンツのサイズ表示の欄には「100」と書かれていたりする。

窮屈ではないのか不思議だけれど、本人は「大丈夫」と言っている。たしかに、見た目にも、何とかなっている。穴があいたり、よれよれになったりしているわけでもないので、新しいものは用意していない。

本人の成長とともにパンツの生地が伸びたのか、とても伸縮性のある生地なのか、身長ほどには息子のお尻が成長していないのか、そのあたりはよくわからない。ともかく、はけているので、はき続けている。

長く着られる衣服はありがたい、と思う。衣服の「おさがり」も大切だけれど、子どもの体格が変わっても続けて着られる衣服であれば、早くに「おさがり」に回さなくても、一つの衣服を大切に着られる。「伸びるパンツ」も悪くないが、子どもの成長に合わせて（少し手を加えて）調整できるような衣服が増えるとよいのかもしれない。

ちなみに、7歳の娘も、何年も同じパンツをはいている。子どものパンツというのは、そういうものなのだろうか。

5 衣服を修繕する

古着を活用するにしても、一つの服を長く着るためには、衣服の修繕が欠かせない。長く着られる丈夫な服が作られる社会にすること、高度な修繕を頼めるところを身近な地域に増やすことも必要だが、自分たちで服を修繕することも大切だろう。

しかし、現代社会に生きる私たちの多くは、衣服の修繕に必要な力を十分に養ってきていない。『ファストファッション』の著者であるエリザベス・L・クラインは、「裁縫を習ったことが一度もない」という(28)。一方で、クラインの母は、自分の母親に裁縫を習い、高校の家庭科の授業では服を一から作っている。そして、クラインの父方の祖母は、服を一から作ることはなかったものの、「家族の服のサイズを詰めたり広げたりといったこと」がとても上手だった。クラインは、「たった一世代で、裁縫の技術は失われてしまった」と述べている。

日本でも状況は似たようなものだろう。衣類の修繕に関して大学生等を対象に実施された実態調査によれば(29)、いくらか高度な技術が修繕に要求される場合に、安価な衣類は修繕されずに捨てられる傾向にある。また、女性は自分で衣服を修繕することが多いものの、衣服を自分で修繕する男性は少ない。実態調査を行った田村有香は、そのような結果を示しながら、「リペアのために使える個人的な技術レベルを上げること」を課題として挙げており、「小学校・中学校・高等学校の家庭科教育などで衣類の手入れについて積極的に取り組む、あるいは地域の生涯学習の場などで取り組む」ことを展望している。

学校教育が広がってきた現代の社会において、皮肉なことに、私たちは自分たちの生活にとって大切な力を身につけられないでいるらしい。連立方程式の解き方、英語の読み書き、パソコンの使い方を教わる一方で、住まうこと、食べること、着ることについては多くを学んでいない。

ここで思い出すのは、横井庄一氏のことだ。[30] 横井氏は、アジア・太平洋戦争の末期から約28年にわたってグアム島のジャングルで生活をした。[31] 陸軍の兵士だった横井氏は、米軍がグアム島に上陸するなかで少数の仲間とジャングルに逃げこみ、日本の敗戦を知らないまま、1972年に現地の住民に発見されるまで隠れて暮らした。最後の8年ほどは完全に一人での生活だったという。

横井氏は、ジャングル生活のなかで、4メートルほどの深さまで掘った穴を「住居」とし、そこには便所や排水溝、かまどや井戸を設けていた。食べものについては、ヨシで作った罠でウナギや川エビを獲り、ネズミを干肉にして食べ、ときには野豚や鹿を捕まえた。ソテツの実は毒ぬきをして粉にし、その粉で作った団子をカワズの腹に詰めてコプラミルクで煮るなどした。

そして、母親の夜なべ仕事の記憶を頼りに機織《はたお》り道具を自作し、パゴの木の繊維で洋服を作った。また、戦争中の物資の残骸を使って靴を作り、ヤシの実の外皮で縄をなって草履を作っている。軍隊に召集されるまで洋服店の仕事をしていたことを差し引いて考えても、横井氏の知恵と技能には驚かされる。

木の繊維から洋服を作ることは難しいとしても、私たちはせめて衣服を修繕する力を取り戻すべきだ[32]。子どもたちには、そのための教育・学習の機会を保障する必要がある。

6 「カッコいい」を転換する

衣服に手を入れ、一つの衣服を長く着ることは、私たちの美意識や価値観にも関わってくる。流行の新しい服を着ること（着せること）は、そんなに「カッコいい」ことだろうか。それなりに見栄えよく穴をふさいだズボンをはくこと（はかせること）は、「カッコわるい」ことだろうか。大人の服であれ、子どもの服であれ、日常的に「ピカピカの新品」を着ることは、気候危機の現状に照らせば、むしろ恥ずかしいことかもしれない。傷や修繕跡が一つもない服を着ることも、それほど「カッコいい」ことではなさそうだ。

自信をもって「年季の入った服」を着られるようにしたい。ていねいに扱われながら着古された衣服は、愛すべきものだ。何が「カッコいい」ことで、何が「ダサい」ことなのか、「おしゃれ」

の基準を問い、「かわいい」や「カッコいい」の基準を変えていくべきではないだろうか。

必要以上に多くの衣服をもつことも考えものだ。たくさんの衣服を組み合わせて着こなすことは、地球環境という観点からすると、必ずしも「カッコいい」ことではない。「いつも同じ服ばかり」は、少しも恥ずかしいことではなく、むしろ本来あるべき姿なのだ。

テレビに映る芸能人が毎回のように新しい衣装で登場し、それが何か魅力的なことであるかのように受けとめられているとすれば、それは大きな勘違いをはらんでいる。次々と新しいものに走るのが「カッコいい」というような風潮があるとすれば、それには抵抗したほうがよい。

堂々と「おさがり」を楽しもう。古着の活用は、家計にもやさしい。衣服の手入れをすると、手間はかかるけれども、愛着や味わいは増す。近所の友だちの親戚の名前が書かれた子ども服は、人どうしのつながりも感じさせてくれる。

たくさんの新しいものを着る生活は、「カッコいい」ものではない。本当に「カッコいい」ものを、子どもたちと共有していきたい。

7 衣服を尊ぶ

美意識や価値観という面では、そもそも衣服を大切なものとして尊重する姿勢が重要になるだろう。

そんなことを考えさせてくれるものとして、絵本『わたしのスカート』がある。[33] タイやラオスで子どもたちの支援に携わっていた作者の経験がもとになったもので、ラオスの北部の山に住むモン族の少女が主人公だ。

小学校2年生のマイは、「今度のお正月に間に合うように」と、民族衣装のスカートを新調してもらえることになる。そのとき、母親が最初に言ったことは、「さぁ、まず、麻の種をまくのよ」だった。

4月に種をまくと、2週間ほどで小さな葉が風にそよぐようになり、麻はぐんぐん育っていった。8月になって、刈りとった麻の茎を干し、その皮をはいで束ね、麻玉をこしらえる。そして、麻の皮を長くつなげ、糸より車で糸にし、大鍋で煮ると、白い麻糸ができあがる。麻糸は、機織り機で布に織られていく。母親は、マイが両手を広げた長さの12倍もの布を織りあげた。

スカートのすその刺繍は、母親に教わりながらマイがする。模様を描くための蜜蝋は、父親が谷ぞいの崖から取ってきたハチの巣で作られた。祖母は、藍の葉を使って青色の染料を用意する。繰り返し染められた布は、濃い藍色になり、きれいな白い模様がついている。その模様の上には赤い布が縫いつけられ、すその部分にはマイが刺繍をした布が合わせられて、マイが元旦に着る「わたしのスカート」ができあがっていった。

服を作ろうと思えば、素材が必要になる。その素材は、土地と、その土地での生命の営みがもたらしてくれる。人の力が合わさって、素材が服になっていく。それが「当然の道理」なのだ。[34]けれども、ファストファッションの店舗で衣類を買うとき、ほとんどの人は「当然の道理」を考えもしない。かぎ裂きができてしまったズボンを捨てるとき、汚れが染みついたシャツを捨てるとき、小さくなったジャンパーを処分するときにも、衣服が作られてくる道のりを考えるとは限らない。

自然を壊さない衣服を作ろうとすること、愛おしく思えるような衣服を身のまわりに置けるようにすること、衣服を大切にする気持ちを子どもたちと共有していくこと。それらのことが、気候危機を克服するためにも大切になるように思う。

8　おむつをどうするか

子どもたちが身に着けるものでありながら、あまり大切にされていないものとしては、紙おむつがある。[35]まる一日を子どもと過ごすこともないまま、ゴミ袋に放り込まれていく。

おむつに「衣」というイメージは薄いかもしれないが、紙おむつを含め、おむつについても、ここで考えておきたい。

紙おむつは、日本において、1980年代後半には布おむつに替わって主流になり、今も大量に生産されている。[36] 乳幼児用の紙おむつの生産量は、2010年には約86億枚になっており、2020年には約124億枚になっている。[37] 生産量が増えると、やはり消費量も増え、使用されて捨てられる紙おむつの重さは、2020年には74・8万トンと推計されている。[38] そして、大人用の紙おむつも合わせると、一般廃棄物排出量に占める紙おむつの割合が2030年には6・6〜7・1%に及ぶと考えられている。[39]

布おむつを使えば、紙おむつの使用を減らし、環境負荷を大きく軽減することができる。[40] ただし、布おむつも、綿や化学繊維を素材として工業的に生産されている。布おむつが汚れれば、ほとんどの場合、水道水を使って洗濯機で洗うことになるだろう。レンタル布おむつであれば、洗浄や消毒に多くのエネルギーや薬剤が投入されているかもしれない。また、布おむつを使うためには、おむつカバーが必要になる。現代の布おむつは、環境に負荷を与えないわけではないし、温室効果ガスの排出をともなわないわけでもない。

ここで思い出してみる価値があるのは、人類は長い間おむつを使わずに生きてきたという事実だ。西洋で布おむつが使われるようになったのは18世紀以降のことであり、世界で紙おむつが使われるようになったのは第二次世界大戦後のことである。[41]

日本では江戸時代におむつが登場・普及したものの、20世紀前半においても、日本各地の農村では、「いじこ」「つぐら」などと呼ばれる保育器が使われていたという。[42]赤ちゃんが入れる大きさの、藁《わら》や竹で編んだ籠《かご》や木製の箱で、底には藁くず・籾殻《もみがら》・灰・ぼろ布などが敷きつめられていた。排泄されたものは、灰などが受けとめてくれる。

もっとも、「いじこ」「つぐら」の復興・活用は、その素材や処分先が身近なところになければ難しい。おそらく、高層マンションでの子育てには向いていない。赤ちゃんの体の包み方は、生活全体や社会全体のあり方と簡単には切り離せない。

布おむつの活用も、私たちが置かれている環境と無関係ではない。家族に時間的な余裕がなければ、家庭で布おむつを使うのが難しくなるかもしれない。布おむつの世話が女性ばかりに負担をかけるようであれば、そのことについても考えてみなければならない。

おむつ一つとっても問題は単純でないが、気候変動との関係で言えば、紙おむつの使用はなくしていくべきだし、布おむつの環境負荷に目を向けることも求められる。「おむつなし育児」や「ふんどし育児[43]」というものもあるが、気候危機という観点からも、おむつを考え直してよいはずだ。

9　靴をどうするか

最後に、おむつ以上に「衣」というイメージは薄いが、靴についても考えておこう。

靴（footwear）の生産による温室効果ガスの排出量は、世界全体の排出量の1・4％にあたると言われる。[44] それほど大きくない数値に思われるかもしれないが、靴だけで1・4％を占めるのだ。排出量の内訳をみると、輸送は2％で、素材の確保が20％であり、他の製造過程が80％弱である。

グレタ・トゥーンベリ一家が書いた本には、靴のことでハンバーガー・チェーン店の男がグレタの父（スヴァンテ）を非難する場面が出てくる。[45] 気候変動対策を求めてストライキを始めた子どもたちに、男がロゴ入りの紙袋を渡したことで、その男とスヴァンテが口論になったのだ。ハンバーガー店の男は、「あなたはスニーカーを履いている。それは持続可能なものではない」と難癖をつけた。それに対して、グレタの父は、「そうですね。でも、ランニングシューズを一足持っていることと、ファストフードを売って何億クローナも儲けている企業にスポンサーになってもらうことは、まったく別のことです」と答えている。靴は口論の焦点ではないのだが、スヴァンテも、ランニングシューズが持続可能でないことは認めている。

現代の靴は、環境に大きな負荷を与えているのだ。温室効果ガスの排出をもたらすだけでなく、合成ゴム（プラスチック）の靴底がすり減ると、マイクロプラスチックによる環境汚染につながる。[46] 靴の素材の多くは微生物によって分解されることがない。[47] そのような靴が、大量に生産され、使われ（あるいは使われないまま）、捨てられていく。靴の修理も難しくなり、靴が消耗品になっている。[48]

そして、子どもの靴は、大人の靴以上に、長く使うことが難しい。幼児や小学生の靴は、すぐに大きさが足に合わなくなるし、子どもが遊びまわるとボロボロになりやすい。つま先に穴があくこともある。「おさがり」として活用するにしても、限界がある。学校で使う上靴も同じで、汚れが染みついてしまうと、誰かに譲るのにも抵抗が出てきてしまう。

持続可能性という点では、現代の靴よりも、昔ながらの藁草履《わらぞうり》が優れているようだ。

合わせて考えたい

ファストファッションと労働

ファストファッションの問題は、地球環境への悪影響だけではない。衣類の生産に従事する労働者が過酷な状況に置かれていることについて、日本でも問題提起がされてきた。

バングラデシュの縫製産業について調べた長田華子は、工場で働く女性たちの労働や生活の実態を詳しく記している。[1] 週休1日で残業しながら働いても、一か月の給料は約4000円にしかならない。生産ラインが稼働している限りは、水を飲むことも、トイレに行くことも、同僚と話をすることもできず、ひたすらミシンを動かし続けなければならない。工場の室内は40度近くになることもある。男性監督からの圧力や嫌がらせも珍しくない。学校に通うことを断念せざるを得なかった女性が、縫製工場で働いている。

国際人権NGOヒューマンライツ・ナウ事務局長の伊藤和子も、アジアの縫製工場の劣悪な環境を暴いている。[2] 中国のある工場では、一か月の時間外労働が145時間に及んでおり、一か月の間に休みは1日か2日しかなかった。織物部門の工場内は極度の高温であり、「あまりの暑さに、夏には失神する者もいる」「まるで地獄だ」と労働者は語っている。染色部門の床は濡れて滑りやすくなっており、化学物質は適切に管理されていない。裁断部門と縫製部門は綿ぼこりに満ちていた。基本給は低く、時間外労働をしなければ、労働者は生活することができない。

それでは、これらの問題について、日本に住む私たちには何ができるのだろうか。長田は、「不買は幸福をもたらさない」として、「バングラデシュの製品を買わないということは、バングラデシュの女性たちの状況改善につながらないばかりか、むしろ悪化させる」と述べている。(3) いわゆる先進国の人々がバングラデシュの製品を買わなくなれば、バングラデシュの女性たちの仕事が減り、賃金低下や解雇を引き起こしかねないからだ。伊藤も、「バングラデシュで作った商品に対する不買運動はしないでほしい」という、現地の労働者の訴えを伝えている。(4)

一方で、伊藤は、「搾取構造を知りながら買い続ければ、その構造に加担することになる」という理由から、「いわゆるファストファッションは避けるように」なったと述べている。(5) また、長田は、古着のリサイクルや再利用、「倫理的なファッション（エシカルファッション）」を推奨しつつ、適正な価格による貿易としてのフェアトレードを勧めており、過酷な労働を背景にもつファストファッションの衣類を購入することをためらわせる。(6)

悩ましい問題だが、伊藤は、「現地の人たちが人間らしく働けるような、買い取り価格・発注価格の保障」を重視している。(7) また、長田も、「バングラデシュの縫製工場で働くすべての人びとの権利を保障するための費用を商品の価格に上乗せすること」についての社会的な合意形成を求めている。(8)

衣類産業の労働環境が改善されたとしても、遠い外国から衣類を輸入することの是非という問題は残る。しかし、とにかく、私たちは、自分たちが着る服の作られ方にもっと意識を向けるべきなのだろう。

第4章
食べもの

人間の活動の大きな部分が、食べることに関係している。食べ農業や漁業だけでなく、食べものを加工する仕事、食べもののを輸送する仕事、食べものを販売する仕事がある。それらの仕事に必要なものを供給する仕事もある。日本では飲食店も数多い。私たち一人ひとりも、食べものを買いに出かけることがあるし、家で料理をすることもある。

人間の活動が気候変動の原因であるということなのだから、食べものと気候変動が深く結びつくのは、考えてみると当たり前のことかもしれない。

食べものは、気候変動をもたらす大きな要因になっている。

そのことは、しかし、別の角度から言えば、食べものをめぐる現状を変えることで気候変動対策を大きく進められるということだ。子どもたちの生活に縁の深いところでは、保育園や学校の給食に期待したくなる。

この章では、食べものと気候変動の関係を振り返り、給食がもつ可能性を考えたい。

1 食べものと気候変動

(1) 食べものと温室効果ガス

2019年にIPCC（気候変動に関する政府間パネル）が公表した「土地関係特別報告書」によると、食べものの生産・加工・流通・調理などの「食料システム」のCO_2排出量は、世界のCO_2排出量の21〜37％にあたる。[1] 食べものに関連して、大量の温室効果ガスが排出されている。

食べものの生産を通しても温室効果ガスが排出されるが、「食料システム」という把握の仕方からもわかるように、食べものの加工や流通などによっても温室効果ガスは排出される。

ジャガイモをポテトチップスにして袋につめる機械設備は、温室効果ガスの排出と結びついている。子どもたちの健康を害する食品添加物を製造するのにも、機械が使われ、エネルギーが消費されている。お弁当に入る冷凍食品を製造・保管するためにも、設備やエネルギーが必要だ。さまざまな食品をプラスチックで包むことも、温室効果ガスの排出をもたらす。

バナナをフィリピンから日本に運ぶためにも、化石燃料が用いられる。ハロウィンのお菓子をトラックで運んでも、やはり二酸化炭素が排出される。スーパーマーケットに自動車で通うのにも、ガソリンが使われている。ウーバーイーツ（Uber Eats）の配達員がバイクで料理を配達すれば、そのことも地球温暖化に影響を与える。

飲食店を営業するのにも、建物や備品が必要だし、光や熱のために電気を使うことになる。飲食店の宣伝・広告も、口コミでなければ、おそらく温室効果ガスの排出と無縁ではない。ハンバーガー店や牛丼店で子ども向けに用意される安っぽいプラスチック玩具によっても、地球環境は傷つけられている。あちらこちらの店で口うるさく使用を求められるポイントカードを作るためにも、機械やエネルギーが使われている。

グルメ雑誌やグルメサイトにともなうCO_2排出も、食べもの関連の排出と言えるかもしれない。日常的に袋菓子を食べさせられた子どもの歯科治療のためのCO_2排出も、もしかすると部分的には食べもの関連の排出だ。私たちが口にする食べもののために、いろいろなところで温室効果ガスが排出されている。

さらに、私たちが口にすることのない食べものによっても、温室効果ガスの多量の排出が引き起こされている。世界中で大量の食べものが廃棄されているのだ。世界全体としての食料廃棄は、重量で考えると、生産量のおよそ3分の1に及ぶとされている。[2] 無駄にしている食料のCO_2排出量は、人間活動による排出量の8〜10%にもなるそうだ。[3] そして、日本における食料廃棄の量は、「国内の農家が生産する作物の総量に相当する」として、海外からも厳しい目が向けられている。[4]

食べものをめぐる課題は数多い。

(2) 工業的農業の問題性

私たちの食べものを支える要である農業も、温室効果ガスの大きな発生源だ。

農業については、「グリーン」という印象をもっている人もいるかもしれない。なるほど、植物を栽培する農業は、見た目には「グリーン」であることが多い。

しかし、考えてみると、農業はそれほど「グリーン」ではない。まず、農地のために森林が伐り開かれたり焼き払われたりすると、そのことによって二酸化炭素が発生する。また、耕起によって土がかき回されると、土壌のなかの炭素が放出される。農作業に用いられる機械の製造や使用にも、エネルギーが費やされている。ビニールハウスでの施設栽培においては、設備のためにも資源・エネルギーが投入されているし、暖房のために化石燃料が用いられている。作物の収穫に機械が使われることもあるし、収穫した作物の出荷作業に機械が使われることも多い。作物の梱包・包装のためにも資源が費やされ、作物の輸送によっても二酸化炭素が排出される。

ＩＰＣＣの「土地関係特別報告書」によれば、農業等のCO_2排出量は、世界のCO_2排出量の約23％を占めている[5]。また、森林の減少による二酸化炭素の放出は世界のCO_2排出量の約10％にあたるが、森林が減少する主な理由には、農地の拡大や焼畑による耕作などが含まれる[6]。

気候変動に警鐘を鳴らし続ける科学者、ヨハン・ロックストロームは、「人類がプラネタリー・バウンダリーを踏み越えている状況の最大の原因は、食料（主に農作物）生産の仕方である」と述べている[7]。現代の農業が環境に及ぼしている負荷は巨大だ。

農薬や化学肥料の環境負荷にも目を向けておく必要があるだろう[8]。面積あたりの量でみると、日本では、イギリスやドイツの何倍もの農薬が使われ、フランスの倍ほどの化学肥料が用いられているようだ[9]。

農薬に関しては、生態系や人間の健康への悪影響も心配されているが、製造や散布のためのエネルギー消費も軽視できない問題だ。そして、化学肥料も、その製造には化石燃料が使用されている。植物の生育に欠かせない窒素を含んだアンモニアを合成するために、大量の天然ガスが用いられており、そうして生み出された化学肥料によって農作物が栽培されているので、「天然ガスを食べている」と言われることもある[10]。農地に施用された化学肥料は、二酸化炭素の約３００

倍の温室効果をもつ亜酸化窒素を発生させもする。
現代の慣行農業は、あまり「グリーン」ではない。

2 運ばれてくる食べもの

(1) フード・マイレージ

食べものの輸送をめぐる問題についても、少し詳しく考えてみよう。

食べものの輸送にともなう環境負荷に関しては、「フード・マイレージ」が知られるようになってきている。食べものの「輸送量×輸送距離」で計算される指標だ。私が住む京都市では、小学校の給食献立表に、ある一日の給食のフード・マイレージが示される。

現在の社会では、食べものが自動車・船・飛行機などによって輸送されており、冷蔵・冷凍した状態で輸送されるものもあるため、食べものの輸送が大きなエネルギー消費につながり、化石燃料の使用をもたらす。フード・マイレージは、そうした環境負荷を把握するための指標である。

そして、日本のフード・マイレージは、他の国に比べて圧倒的に大きく、[11]世界一と言われることもある。その主な理由は、莫大な量の食べものを輸入していることだ。農林水産省の発表によると、2020年度の食料自給率は37%でしかない。たくさんの食料・飼料が遠い土地から日本国内に運び込まれており、そのことによって二酸化炭素が排出されている。地球温暖化を抑えるためには、日本の食料自給率を上げる必要がある。

もっとも、輸入品の環境負荷が国産品の環境負荷よりも大きいとは限らない。日本の国内を長距離にわたってトラック輸送されるものよりも、中国から日本に海上輸送されるもののほうが、CO_2排出量は少ないこともある。輸送の方法も考慮しなければならない。

また、地産地消であれば必ず環境負荷が小さいということでもない。暖房を効かせたビニールハウスで育てられた野菜は、長距離の輸送をともなわなくても、露地栽培されて遠くから運ばれる野菜より多くのCO_2排出をもたらす可能性がある。旬産旬消が重要であり、地産地消でありさえすればよいわけではない。

しかし、地産地消が大切であること自体は間違いない。外国からの輸入を減らすことはもちろん、国内の輸送を減らすこと、都道府県内の輸送を減らすことも、気候変動対策として求められる取り組みだ。

ほとんどの食べものを家の近くで得られる暮らしが、本当は望ましいのだろう。

(2) バーチャル・ウォーターとバーチャル・ソイル

食べものを輸入することの問題点は、輸送にともなう温室効果ガスの排出だけではない。外国の資源に依存し、外国の資源を消費することも、見逃せない問題点だ。

水については、「バーチャル・ウォーター・トレード（仮想水貿易）」という概念がある。生産に大量の水を必要とする食べものを輸入するということは、水を輸入しているようなものだ、という考え方に基づいている。

レスター・ブラウンが「私たちは飲んでいる量の500倍もの水を『食べて』いる」と述べているように[12]、穀物・野菜・果樹などには膨大な水が注ぎ込まれている。餌を与えて家畜を飼うのにも、やはり水が欠かせない。「ハンバーガーを1個作るために、お風呂15杯分の水が必要です」といった表現がされることもある[13]。

多くの食べものを輸入しているということは、大量のバーチャル・ウォーターを輸入しているということであり、外国の水資源を大量に消費しているということだ。食料自給率が低く、人口が多い日本は、バーチャル・ウォーターの輸入量において世界一だと考えられている[14]。日本の社会は、外国の水資源に深く依存しているのだ。

そして、日本が外国に依存しているのは、水だけではない。食べものを育む土を、日本は外国に頼っている。2016年度の『食料・農業・農村白書』（農林水産省）では、「国内農地面積の2・4倍を海外に依存」と指摘されており、日本が外国から輸入している畜産物・小麦・とうもろこし・大豆の生産のために広大な農地が必要であることが示されている。

このことに関して、土の研究者である藤井一至は、「バーチャル・ソイル」という概念を提示している。[15]「仮想土」と言い換えてもよいのだろうが、バーチャル・ウォーターに加えて、日本は多量のバーチャル・ソイルを輸入しているのだ。

そうやって水や土を外国に頼るということは、それだけ外国に負担をかけているということだ。世界中で多くの人が水不足に直面しているなか、また、土壌劣化が地球規模の問題になっているなか、食べものの輸入に無頓着であってよいはずがない。

食べものの安定的な確保という観点から考えても、水や土を外国に依存している状態は極めて危険だ。気候変動の影響によって食料生産が不安定になることを想定すればなおさら、国ごと、地域ごとに食べものを自給できるようにしていくことが求められる。

私たちは、食べものについての自立度を高める努力をするべきだ。

(3) 窒素の蓄積

食べものについての自立度が低く、多くの食べものを遠方から運び込んでいる状態は、物質の循環という観点から考えても問題だ。

水や土の「バーチャル・トレード」は、純粋にバーチャルなものではない。肥料として与えられたものも含め、土壌のなかの物質は、食料・飼料の輸入を通して、現実に国内に運び込まれる。

単純に考えると、同じものを同じ量だけ送り返さない限り、物質の循環は成立しない。輸入ばかりが続くと、運び込まれた物質が国内や近海に蓄積されていく。

量の増大が特に問題になっているのは、化学肥料によって土壌に投入されてもいる窒素だ。生物にとっての栄養素である窒素やリンが海に大量に流入すると、プランクトンが大量に発生し、それを契機として海水のなかの酸素が欠乏してしまい、生物がすみにくい「デッド・ゾーン」が海に生まれる[16]。そして、酸素が少なくなった海域では、強い温室効果をもつ亜酸化窒素の放出が増え、地球温暖化が助長されるという[17]。また、海水中の窒素が増えることで、海域の酸性化が促され、生態系に影響が及ぶ可能性がある[18]。

大量の食べものを輸入している日本には、多くの窒素が入ってきている。国内で生産される食料・飼料の窒素量の2倍以上の窒素が食料・飼料の輸入によって日本に持ち込まれていることが指摘されてきた[19]。人間が食べるものの輸入だけでなく、畜産のための飼料の輸入も、窒素の過剰をもたらしている[20]。日本の農地で循環させられる量の2倍ほどの窒素が、食べものを通して環境中に排出されているとも言われる[21]。

一方で、食べものを輸出している国の農地では、当然のことながら、土壌の窒素が奪われていく[22]。それを何とか補おうとすると、化学肥料を多量に施用することになってしまう。

輸入・輸出を含め、食べものの大規模な輸送は、わざわざエネルギーを使って、物質の循環を

コラム▼地産地消だけれど

妻が「伏見わっか朝市」の運営に携わっている。週1回（土曜日の午前中）の小さな朝市だ。京都市伏見区にある農民会館の敷地で開かれている。

近くで有機栽培された野菜を中心に、天然酵母のパン、京都府の北部から届く魚、無農薬の大豆で作られた豆腐や揚げ、平飼い卵、米粉シフォンケーキなどが並ぶ。

ときどき、三味線の演奏があったり、まな板を削り直してくれる人が来たり、その場でポン菓子を作る人が現れたり、ロケットストーブを使って燻製がふるまわれたりする。近所の常連さんに愛されている朝市だ。

どれくらいの距離の範囲なら地産地消と呼べるのか、いつも疑問に思うけれど、この朝市は地産地消の取り組みとして考えることができるだろう。

ただ、野菜を背負って運んでくるわけではない。自動車が輸送手段になっている。日本海の魚も、冷蔵設備付きの自動車でやってくる。また、プラスチックに包まれている野菜も少なくない。豆腐も豆乳も、プラスチックの容器に入っている。環境負荷という面で、問題はある。

そのことは、運営する側もよくわかっている。けれども、うまい解決策はなかなか思い浮かばない。地産地消の取り組みにも課題は多い。

乱している。そして、そのことによって気候変動が進行する。気候危機を克服するためには、食べものの地産地消を本当に大切にしなければならない。

3　牛肉と牛乳の闇

(1) 牛肉は環境に悪い

食べものの種類にも着目してみよう。

気候変動との関係で特に問題が大きいとされるのは、肉を食べることだ。日常的に地産地消を心がけていても、地元の牛肉を食べていては、おそらく「エコ」ではない。

2019年の国連気候行動サミットの際には、小泉進次郎環境大臣がステーキ店に入り、そのことが批判を浴びた。牛肉を食べることは、気候変動対策という観点からみて、非常に問題のある行為だからだ。

世界的に食肉消費量が増大してきたこともあって、食肉に関連したCO_2の排出量は巨大になっている。家畜の飼育によるCO_2の排出は、世界の排出量の15％程度に及ぶようだ(23)。世界の食肉企業の上位10社によるCO_2排出量は、イギリスやフランスの国全体としてのCO_2排出量を上回っている(24)。

そして、牛肉は、豚肉や鶏肉にも増して環境負荷が大きい。日本の農林水産省の資料によると、畜産物1kgの生産に必要な穀物量（とうもろこし換算）は、鶏肉では4kg、豚肉では7kgであるのに対し、牛肉では11kgとなっている。[25]飼料穀物の生産や輸送のためにも温室効果ガスが排出されているため、より多くの飼料穀物が使われる牛肉生産は、それだけ多くのCO_2排出をもたらすことになる。

また、反芻《はんすう》動物である牛は、食べるものを消化する際に、げっぷ・おならというかたちで多量のメタンを放出する。メタンは、強力な温室効果ガスだ。牛が出すメタンは、世界全体のCO_2排出量からみても軽視できない量になっている。

ただし、牛が悪いわけではない。それどころか、環境を整えれば、牛は気候変動の抑制に大きな役割を果たしてくれる。牛は土壌を肥やすことができる存在でもあり、牛や草や土壌微生物の営みに好循環が生まれることで、土壌に炭素が蓄積される。[26]牛の放牧地をローテーションで移していくことなどによって、土地が荒廃して土壌の炭素が放出されるのを防ぎ、逆に土壌に炭素を蓄えていくことができるのである。[27]日本においても、そうしたことを意識した酪農の実践が行われている。[28]

しかし、現状においては、牛肉の生産・消費は地球温暖化を進めるものとして考えておいたほうがよい。気候変動が進む時代にあって、（食べ放題の店を含めて）たくさんの焼肉店がある日本の状況は、冷静に考えると異様だ。

食肉関連の仕事をしている人の生活を守りながらも、肉の生産が減るような仕組みを作り、肉の消費を抑えるべきだろう。肉を（あまり）食べず、牛乳や卵も（あまり）食べない食生活に移行すれば、食べもの由来のCO_2排出を大幅に抑えることができる。穀物・豆・野菜を中心とする食生活は、気候変動対策として重視されている[29]。

肉を食べるのを完全にはやめないとしても、「ミート・フリー・マンデー（肉なし月曜日）」のように、週1日だけでも肉を食べない日をつくるという取り組みも考えられる。そして、そのような取り組みは、保育園や学校の給食にも取り入れることができるし、実際に取り入れているところもある。

ただし、気候変動に関する国際世論調査の結果をみると、「肉食を避ける」に積極的な人の割合は、29か国のなかで日本が最も低い[30]。そうした状況では、給食から肉を抜いていくことも容易ではないだろう。

スウェーデンでは「環境への影響を考えると、肉を食べるのは少し恥ずかしいという雰囲気になってきている」という話もある[31]。日本においては、肉を生産・消費することの問題性を広く共有することが、まず必要なことなのかもしれない。

（2）牛乳は環境にも健康にも悪い

牛肉について考えるのと同時に、牛乳と温室効果ガスの結びつきにも目を向けるべきだろう。牛肉のCO_2排出量が大きくなる理屈をふまえると、牛乳のCO_2排出量が小さなものでないことは想像がつく。実際のところ、酪農業のCO_2排出量は、2015年において17億トン以上に及ぶと推定されており[32]、航空産業の排出量を上回って、世界の排出量の3～4％を占めると考えられている[33]。

もちろん、牛乳だけでなく、アイスクリームやヨーグルトのような乳製品も、温室効果ガスの排出をともなっている。チーズのCO_2排出量は、食品1kgあたりの量でみると、豚肉や鶏肉の排出量を上回っており、豆腐の何倍もの大きさになっている[34]。牛乳・乳製品の生産と消費は、気候危機の克服を考えるうえで見逃せない問題だ。

さらに、人間の健康との関係でも、現代の牛乳は問題視されている[35]。生産量を増やすため、人工授精でほぼ常に牛を妊娠させておき、妊娠している牛から搾乳すると、牛乳には多くの女性ホルモンが含まれることになる。この女性ホルモンや、牛乳に含まれる成長因子が、がんの誘因になると考えられている。牛乳・乳製品の消費量の多い国では乳がんの発生率が高いことが示されており[36]、牛乳・乳製品の消費量と前立腺がんとの間にも強い相関関係が確認されている[37]。また、にきびの発症、卵巣がん、乳幼児突然死症候群（SIDS）などと牛乳摂取との関係性も指摘されている。[38] 牛乳・乳製品を日常的に口にすることで、健康には悪影響が及ぶようだ。

一方で、子どもの成長や人間の健康にとって牛乳が不可欠なわけではない。山梨医科大学名誉教授の佐藤章夫は、「『牛乳は健康によい』という想念は、文部科学省と厚生労働省による長年の洗脳によって植えつけられた思い込みに過ぎない」と述べつつ、[39] 牛乳を飲まなくても背は伸びること（牛乳を飲んでも背は伸びないこと）、牛乳を飲まなくても日本の人のカルシウムは足りていること、牛乳摂取は骨粗しょう症の予防にならないことなどを指摘している。[40] 現代の牛乳は、危険性こそあれ、必要性はないらしい。

それなのに、日本の政府は、学校給食などを通して、牛乳・乳製品を子どもたちに押し付けている。１９５４年には学校給食法とともに酪農振興法が制定され、牛乳・乳製品を学校給食に用いることが政策として推進されてきた。[41] 学校給食法施行規則においては、現在でも、学校給食が「ミルク給食（牛乳のみ）」「補食給食（牛乳、おかず）」「完全給食（牛乳、おかず、パンまたは米飯）」の３種類に分けられている。つまり、牛乳だけでも学校給食とみなされるが、牛乳がない学校給食は想定されていないのである。その結果、当然のことながら、義務教育の対象になる年齢の子どもたちは、他の世代の人に比べて、牛乳・乳製品の摂取量が段違いに多い。[42] そして、牛乳・乳製品に慣れ親しんだ子どもたちは、大人になってからも（消費量は減るにしても）牛乳・乳製品の消費者であり続ける。[43]

コラム▼鹿を捕まえようと思ったけれど

畜産による牛肉・豚肉・鶏肉を避けるようになった。しかし、肉の味が嫌いなわけではない。息子が「焼肉を食べたい」と言ったりもする。

新しく住むことになった我が家は、山の中にあり、幸か不幸か、頻繁に鹿がやってくる。動物を殺して食べること自体の良し悪しについては議論もあるけれど、肉を食べるとすれば、野生の鹿の肉がよいのかもしれない。

畑を守るためにも、鹿と向き合わなければならない。電気柵で鹿を追い払うのではなく、積極的に鹿を捕まえるという道もある。何年か学べば、自分にも鹿が獲れるかもしれない。そう考えて、罠猟について調べてみた。狩猟免許を取るのは簡単そうだ。罠を仕掛けることも、手順そのものは、教えてもらって練習すれば習得できそうだ。ただ、鹿を殺し、運び、さばき、保存するのは、けっこう難しそうな気がした。

もう一つの突き当たった壁は、一般的に用いられている罠の材質だ。どうも持続可能なものには思えない。くくり罠については、ステンレスのワイヤーを消耗品のように使うことが推奨されており、ホームセンターで売られている塩ビ管を使う方法が紹介されている。

山の中で鹿を獲ることにさえ、工業が浸透している。

地球の健康を考えても、子どもたちの健康を考えても、保育園や学校の給食に牛乳がまとわりついている現状を見直すべきだ。気候変動対策として給食から牛乳が除かれることになれば、人びとが気候危機に意識を向ける契機にもなるだろう。

そもそも、「牛乳、ごはん、筑前煮、かきたま汁」などという献立は、組み合わせとしても不気味だ。「牛乳、肉じゃが…」という牛を虐げる献立、「牛乳、クリームシチュー…」という牛乳まみれの献立をなくしつつ、まともな食文化を子どもたちに伝えていかなければならない。

4　農の再生

(1) 土壌に蓄えられる炭素

工業的農業や工業的畜産から抜け出し、農の再生を図るべきだ。気候変動対策としても、それが必要だ。

世界の土壌は、大気の約2倍の炭素を保持しているという(44)。陸上の植物に含まれる量の約3倍の炭素が、土壌のなかにある。土壌は、炭素の巨大な貯蔵庫だ。土壌への働きかけを間違えば大気中に炭素が放出されてしまうが、土壌への関わり方によっては、土壌に炭素を蓄えることができる。その鍵は、農業が握っている。

地質学者のデイビッド・モントゴメリーが強調するのは、不耕起の重要性だ[45]。農地が耕されると、空気に触れることで土壌に含まれる有機物の分解が進み、土壌中の炭素が大気に放出されてしまう。不耕起によって土壌の攪乱を最小限に抑えることで、炭素を大気中に逃さず、表土の侵食を防ぎながら、肥えた土を育むことができる。

モントゴメリーは、不耕起に加えて、被覆作物を栽培するなどして土壌を常に覆うこと、多様な作物を輪作することを、「環境保全型農業の三原則」として掲げている[46]。そして、「被覆作物と輪作が土壌有機物（炭素）の蓄積と土壌の健康の向上に役立ち、短期的には利用できる栄養の量、長期的には肥沃度を、慣行農業でも有機農業でも高める」と述べている[47]。「環境保全型農業」を営むことにより、土壌に炭素を蓄えることができ、十分な収穫も得られるというのである。

しかも、被覆作物で土壌を覆う不耕起の農法は、肥料の使用量を減らすことができる。そのため、「環境保全型農業」を実践すれば、化石燃料や化学製品への出費が減り、農家は収入を増やすことが可能になる。

ただし、健康な土がつくられるまでには数年かかる。その移行の間、政府が農家を財政的に支えることを、モントゴメリーは提言している[48]。土壌を衰えさせる慣行農業を助成し続けるのではなく、土壌を豊かにする農法を後押しすべきことを説いているのだ。

国や自治体に必要な役割を担わせながら、温室効果ガスの発生源から吸収源へと農地を変えていくことが求められる。土壌が貯蔵できる炭素の量は無限ではないが、炭素を土壌に蓄える農法は、気候変動対策を進めるための「時間稼ぎに役立つ」のである。[49]

さまざまな気候変動対策を整理したポール・ホーケンらも、「環境再生型農業」や「環境保全型農業」には大きな効果を期待している。[50] 気候危機の克服には、農の再生が欠かせない。

(2)「有機農業」ならよいのか

農の再生にとっては、農薬や化学肥料の使用を見直すことも大切だろう。しかし、農薬や化学肥料を使わない農業であれば何の問題もないかというと、そうではない。

農業ジャーナリストのクレメンス・G・アルヴァイは、『オーガニックラベルの裏側』のなかで、「オーガニック」や「有機」を掲げる農業が問題を抱えていることを描いている。[51] ウェールズで採れた有機ニンジンは、店舗に並ぶ前に、「イギリス本土を挟んだ対岸にいったん送られ、そこで洗浄されてから、包装され」ていた。[52] 非有機栽培の作物と同じように、オーガニック食品についても、スーパーマーケットやディスカウントストアは、生産者に対し大量の廃棄を強いていた。[53] 「従来型農業か有機農業かにかかわりなく、労働環境は一般的に厳しい」ことも、アルヴァイは指摘している。[54]

また、デイビッド・モントゴメリーは、有機農業と持続可能性は必ずしも「ワンセット」ではないと述べ、[55]多くの有機農家が土地を耕していることを問題にしている。[56]モントゴメリーは、「有機農業は、日常的に耕起していれば、慣行農業と同様に持続可能でない場合もある」として、「合成化学製品を投入しない農業こそが、古代社会を疲弊させた」ことを指摘する。[57]たしかに、メソポタミア文明にせよ、マヤ文明にせよ、農薬も化学肥料も使わない農耕をしていた文明も、土壌劣化によって衰退してしまったのだ。[58]気候危機に対峙する農業は、土壌を守り育むものでなければならないだろう。

そして、農業におけるエネルギー消費を大幅に減らしていくことも必要だ。有機米のためにも、田植機やコンバインは使われている。農薬や化学肥料を使わなくても、農作業に大型農業機械を使用し、作物の加工を機械で行うと、エネルギーが必要とされる。日本に関しては、「国内の農業生産に費やしているエネルギーは、私たちが食料から摂取するエネルギーの4・8倍にも達している」という指摘もあり、「今の私たちは石油を食べて生きている」とも言われる。[59]気候変動を考えるうえでは、エネルギー消費から目を離すことはできない。

プラスチックをめぐる問題もある。ビニールハウスやビニールトンネルをはじめ、土を覆うための黒いビニールマルチなど、農業にはプラスチックが多用されており、日本では農業からの廃プラスチックが膨大な量になっている。[60]農業は、第6章でみるようなプラスチック汚染の主な要因の一つだ。[61]

また、有機肥料も、その種類によっては、少なくない二酸化炭素の排出と結びついている。イワシの魚粉は漁業とつながっているし、豚の骨粉は畜産業とつながっている。そして、工業的畜産から出てくる鶏糞には、鶏に投与された抗生物質が含まれていたりする。

農薬についても、化学農薬でなければよいという単純なことは言えない。農林水産省が2021年に発表した「みどりの食料システム戦略」では、化学農薬使用量の半減が目標に掲げられているが、一方で「害虫」の遺伝子に作用するRNA農薬への期待が示されている。化学農薬を使わない農業にも、警戒は必要だ。

以上のようなことを考えると、「有機農業」だからといって温室効果ガスが排出されないわけではないこと、「有機農業」が環境に大きな負荷をもたらす可能性もあることが理解できる。農薬や化学肥料をめぐる問題に注目することは重要だが、その他の問題も視野に入れておかなければならない。

多様な観点で農業の環境負荷をとらえ、環境負荷の少ない農業が後押しされるような仕組みを追求する必要があるだろう。

5　給食がもつ可能性

(1) 有機食材の給食

どのようにすれば、環境負荷の少ない農業が広がっていくだろうか。環境負荷の少ない農業を推進する力は、どこにあるだろうか。

大きな可能性を感じさせるものが、子どもたちの身近にある。給食だ。

たくさんの食べものを扱う給食は、食べものの生産や流通に小さくない影響力をもっている。給食から牛肉やバナナが消えていけば、牛肉業界やバナナ業界は痛手を被るだろう。一方で、給食で地元の野菜が優先的に使われていれば、地元の農家の仕事が支えられ、地産地消が進む。環境負荷の少ない農産物が優先的に給食に用いられる仕組みができれば、環境負荷の少ない農業が促されるはずだ。

また、給食は教育的側面をもっている。牛乳づけにされた子どもたちは牛乳・乳製品への親近感を強めるかもしれないが、肉・乳・卵のない給食が定期的に実施され、その意義が説明されれば、子どもたちは給食を通して現代の畜産業の課題を学ぶことができる。給食の力をあなどるべきではない。

近年の日本において注目されるのは、有機食材を用いた学校給食への社会的関心の高まりだ。有機農業であれば環境に負荷がかからないということではないものの、農薬や化学肥料が使われていない有機食材の普及は、子どもたちの健康にとって望ましいだけでなく、気候変動対策としても重要になる。

フランスでは、2018年に制定された法律によって、学校・病院・官公庁などにおいて有機食材の給食が推進されることになった[62]。2022年以降は、公共調達における食材購入額の20%以上を有機食材に充てることが義務になっている。

イタリアでも、法律に基づいて有機食材による給食が推進されている[63]。「保育園児の100%有機給食」を法で定める州もあり、イタリアにおける有機農産物の売り上げの4分の1ほどは、給食用の食材からのものであるという[64]。

韓国においても、有機農産物を学校給食に用いる取り組みがあり、2018年には学校給食の約6割で有機農産物が使用されており、有機農産物の約4割が学校給食向けになっている[65]。幼稚園から高校までの給食が無償になっているソウル市でも、学校給食に有機農産物が積極的に導入されている[66]。

そして、日本でも、有機食材を使った学校給食を推進している自治体がみられる[67]。千葉県いすみ市は、2017年の秋から学校給食に使用する米すべてを有機米にしており、地元産の有機野菜を学校給食に導入する取り組みも進めている(有機米を導入するための費用は市の財源によって補われており、給食費の値上げは行われていない[68])。

そうした自治体の取り組みをふまえつつ、日本の国として有機食材の学校給食を推進する法整備や予算措置をするべきだ。有機食材や有機農業は、子どもの健康や地域の環境に寄与するだけではない。地球温暖化の進行を防ぐためにも、有機食材の給食を通して有機農業を広げることが求められている。

(2)国や自治体の役割

有機食材の学校給食をめぐる各国の動向からもうかがえるように、国や自治体としての仕組みづくりは、給食や農業のあり方を左右する重要なものだ。

なかでも、国や自治体による農産物の購入は、食べものを取り巻く状況の変革に大きな力を発揮することができる[69]。公共調達は、学校給食などを通して、有機農業の広がりを支え得る[70]。

そして、食べものに関して公共調達が力を発揮できるのは、有機農業の推進という領域だけではない。地産地消の追求、露地栽培の推奨、魚の乱獲の抑制など、さまざまな面で公共調達が役割を果たす可能性がある。

しかし、そもそも公共調達がなされていない領域では、公共調達が力を発揮することはできない。京都市のように中学校給食が十分に実施されていない自治体においては、学校給食の領域での公共調達の影響力が小さくなる。学校給食が不十分であることによって、有機食材が普及するどころか、大量生産された冷凍食品の消費が進むのではないだろうか。食べものにまつわる環境負荷の縮小、気候変動の抑制という観点からみても、学校給食の未実施は大きな問題だ。

また、給食が実施されていても、給食に対する国や自治体の責任が乏しければ、給食の改革は各保育所や各学校の自助努力に任されてしまう。2019年には保育所等の「副食費（おかず代）」が実費徴収化されたが、そのように行政が給食から手を引くことによって、家庭の負担が増すだけでなく、環境負荷の少ない給食を実現していく手立てが削られていく。

公的に保障される「食」の範囲を広げることで、子どもたちの生活をより良いものにしながら、環境危機に立ち向かう公共調達の潜在力を高めることが求められる。学童保育についても、夏休み等に給食を実施することが構想されてよい。学童保育に十分な調理設備と職員体制があれば、プラスチックに包まれた不健康な駄菓子をおやつにしなくてもすむ。学童保育において、おやつ・昼食が無償で子どもたちに提供されるようになれば、家庭の経済的負担も軽くなる。

念のために言えば、食べものに関して公共調達が力を発揮し、環境負荷の少ない農業のために給食が役割を果たしていくためには、給食の無償化の追求も大切だ。給食の改善によって給食費が高くなるようでは、家庭の経済的困難が広がることになるし、保護者をはじめとする関係者の合意が生まれにくい。

国や自治体が給食に対する責任を放棄していく流れを押し返し、給食の無償化を進めながら、地産地消の給食、有機食材の給食、牛肉や牛乳を子どもに押し付けない給食を実現していきたい。豊かな給食は、子どもたちの生活と発達を支えながら、気候危機を克服する道を拓いていく。

合わせて考えたい

人間の食事と動物の尊厳

現代の畜産業の問題点は、環境負荷だけではない。肉・乳・卵が消費される裏側では、たくさんの動物たちが監禁され、虐げられ、殺されている。

畜産に利用される動物たちの一生は寿命に比べて極端に短く、生きている間に動物たちが置かれている状況は概して悲惨だ。(1)

鶏たちは、狭い空間に押し込められている。地面をつついたり、砂浴びをしたりという、鶏が本来もっている欲求はまるで満たされない。卵を産まない雄のヒヨコは、生まれてすぐに、生きたままシュレッダーで切り刻まれたり、ごみ箱に放り込まれてじわじわと圧死させられたりする。

子どもを産まされる豚たちは、人工的に妊娠させられ、ほとんど体を動かすことのできない状態にされる。そして、人間に我が子を奪われ続けた母豚たちは、「廃用」とみなされると、若くして殺される。屠殺場に送り込まれる最期のときにも、蹴られたり殴られたりする。

乳を搾り取られる牛たちは、品種改変がされており、乳房炎などの症状に苦しむ。母牛は、産んだばかりの子牛と引き離される悲しみを積み重ねていく。肉のために飼われる牛たちは、運動を制限され、本来は食べない穀物によって肥らされた末、水や食べものを欠いた状態で屠殺場に送られ、殺される。

そして、日本における動物たちの状況は特に劣悪で、痛ましい実態が報告されている[2]。大半の採卵鶏は、羽を伸ばすことも歩くこともできないような狭さのバタリーケージに閉じ込められ、1年~2年の採卵期間が過ぎると「廃鶏」として殺される。つつき合いを防ぐために、鶏たちのくちばしは麻酔のないまま切断されている。肉用鶏もまた、身動きもできないような場所で飼育され、ふ化してから2か月も経たないうちに殺される。

妊娠ストールに入れられた豚たちは、方向転換するどころか、横を向くこともできない。精神に異常をきたした豚は、自分の前にある柵をかじり続けたりする。子豚に対しては、ほかの豚を傷つけないように犬歯の切除がなされ、ほかの豚に傷つけられないように尾の切断がなされる。肉にされる豚が生きるのは6か月ほどだ。

乳のために使役される牛たちの多くも、行動の自由を奪われ、狭い区画で繋ぎ飼いされている。激しいストレスにさらされた牛は、行動に異常を示す。牛たちの角は、人間に危害が及ばないよう、麻酔なしに切除されている。排泄場所の管理のため、牛に電気ショックが加えられることも少なくない。

ヒトとは生物種が異なるという理由だけで、このような非道な行いが許されるものだろうか。「(ヒトではない)動物だから」という理屈は、「黒人だから」「女性だから」「障害者だから」「外国人だから」という理屈と似通ってはいないだろうか[3]。

私たちは、動物を尊重し、種差別(speciesism)を乗り越えていくべきではないか。その道筋は、気候危機を克服していく道筋とも重なっている。

第5章
建てもの

私たちは、建てものの中にいることが多い。元気に外で遊びまわる子ども、毎日のように学校のグラウンドで部活動に励む子どもであっても、建てものの中で眠るだろうし、おそらく一日の半分以上を屋内で過ごす。一日の大半を建てもので過ごしている子どもも少なくないだろう。

私たちの生活は、建てものと切り離せない。子どもたちにも、住む建てものがあるだけでなく、幼稚園や保育所の園舎、学校の校舎をはじめ、縁の深い建てものがいろいろとある。私たちの普通の暮らしには、建てものが欠かせない。

とりわけ、都市の生活は、建てものに囲まれている。道路に立って周囲を見回せば、どこも建てものだらけだ。東京の中心地から遠くを見渡すと、かすんだ空気の下に果てしなく建てものが続いている。

そして、建てものから排出されるCO_2の量は大きい[1]。建てものを作るときにもCO_2が排出されるが、建てものを使うときにもCO_2が排出される。どのような材料で建てものを作るのか、どのような設備を建てものに備えるのか、といったことは、気候変動との関係でも重要な問題だ。

建てものについて考えよう。

1　校舎・園舎の材料を考える

（1）鉄筋コンクリートの校舎

学校の校舎の話から始めたい。学校の校舎は、多くの子どもたちの生活に大きな位置を占める建てものだ。睡眠時間を除けば、家で過ごす時間よりも学校で過ごす時間のほうが長いという子どももいるだろう。

自分が通った学校の校舎を思い出してみよう。鉄筋コンクリート造の校舎だったという人が多いはずだ。日本の校舎の多くは、鉄筋コンクリート造である。

日本では、1920年に初めて公立小学校の校舎が鉄筋コンクリートで建てられた。1923年の関東大震災の後には、東京市の117校すべてが鉄筋コンクリート造にされることになり、横浜市も29校を鉄筋コンクリート造で建設した(2)。

戦後になると、鉄筋コンクリート造の校舎が標準とされるようになった。公立小中学校の校舎は、1960年頃には約9割が木造だったが、1980年には木造が20%台になっていた。1984年に建設された学校建築のうち、木造のものは0・0%である(3)。

鉄筋コンクリートは、学校の校舎にも大量に用いられているわけだが、気候変動との関係において問題はないのだろうか。

まず気になるのは、鉄が使われていることだ。環境省が示す産業部門業種別CO_2排出量をみると、「鉄鋼」の排出量は産業部門全体の36・7％に及んでおり、2番目に多い「化学工業」の15・3％を大きく上回っている。(4) 日本のなかで温室効果ガス排出量が最も多い10事業所をみると、7事業所は製鉄所である。(5)

鉄鋼業の排出量が膨大になっているのは、エネルギーのために化石燃料を使っていることだけが理由ではない。製鉄の過程においては、石炭を高温で蒸し焼きにして得られるコークスを用いて、鉄鉱石を還元している。(6) 鉄鉱石に含まれる酸素をコークスによって吸着することで鋼を作りだしているのであり、そのことで多量の二酸化炭素が発生する。鉄鋼業からのCO_2排出は、再生可能エネルギーの活用によって単純に解消できるものではない。

そして、次に気になるのは、鉄筋コンクリートにはセメントが使われていることだ。砂や砂利という骨材と水とセメントを混ぜ合わせてコンクリートが作られる。大量のコンクリートを作るためには、大量のセメントが必要になる。コンクリートの建造物が世界で急速に増えるなかで、セメントの生産量も増大し、セメント生産による温室効果ガスの排出が大規模になっている。

炭素や酸素を含む石灰石から二酸化炭素を抜き取るようにしてセメントが作られるため、その工業プロセスにおいては二酸化炭素の排出が避けられない。セメント生産の排出量の約60％が、石灰石の脱炭酸によるものだといわれる。[7]セメント生産からのCO_2排出も、製鉄からのCO_2排出と同じように、再生可能エネルギーを活用すればゼロになるというものではない。鉄筋コンクリートの使用は、CO_2排出と切り離しにくい。

さらに、鉄筋コンクリートの建てものには大量の砂が使われていることにも注意が必要だ。[8]砂はどこにでもあるように思われがちだが、砂は有限のものであるし、建設に用いるには砂の質が問われる。たとえば、砂漠の砂粒は、丸すぎるために、コンクリートの骨材には適していない。建設用途の砂は、世界各地で、エネルギーを使って採取され、エネルギーを使って運ばれている。財務省の貿易統計によると、日本は、2021年に100万トン近くの「天然けい砂」を輸入している。

そして、自然に砂が形成される量を上回る規模で砂の採取が続けられているため、世界は砂不足という危機に向き合うことになっている。また、激しい砂の採取は、湖や川や海岸などの自然環境を破壊し、人間の社会生活にも打撃を与えている。国連環境計画（UNEP）は、「砂と持続可能性（サステナビリティ）」に関する報告書を2019年に公表し、過剰な建設を減らして砂の消費を抑えること、砂の代わりに再利用物や代替物を用いることを求めた。[9]世界で砂の需要が急激に増大するなか、世界各地で砂浜の砂が失われ、インドネシアでは砂の採取によって数十の島が消滅している。

国連環境計画も指摘しているように、営利目的による違法な砂の採取・取引が多いことも問題である。インドでは「砂マフィア」が横行し、砂の採取に反対する人が脅迫されたり殺害されたりする事件が多発している。そのような暗い背景をもつ砂を、考えなしに使ってよいはずはない。

以上のことを考えると、学校の校舎を鉄筋コンクリートで造り続けるのは、望ましいことではない。

(2) 木の学校づくり

鉄筋コンクリートの建築に問題があるとすれば、期待されるのは木造の建てものだ。

日本の文部省は、1985年に学校施設における木材利用の促進に関する通知を出し、1999年には『木の学校づくり』を発刊するなど[10]、1980年代後半から、学校づくりへの木材の活用を推奨してきた。文部科学省は、2019年に『木の学校づくり』の改訂版を公表している[11]。

文部科学省のいう「木の学校づくり」は、学校施設を木造にすることだけでなく、鉄筋コンクリート造の施設の内外装に木材を用いる木質化や、学校への木製家具の導入を含むものである。

東日本大震災で津波の被害を受けた学校の再建に地域の木材を活用する、街並み景観を保全するために小学校を木造で改築する、元の校舎の床板を新しい校舎の天井に使う、給食で用いる食器に地元の漆器を採用する、といった例がみられる[12]。

2020年度に新しく建築された公立学校施設805棟のうち、非木造施設で内装の木質化を実施した施設は441棟(54・8%)であり、木造施設は154棟(19・1%)となっている。[13] 非木造施設が多いものの、木造の学校施設は珍しいものではなくなっている。

そして、文部科学省の『木の学校づくり』でも触れられているように、木材の活用には「地球環境保全効果」が期待されている。乾燥した木材の重量のおよそ半分は炭素であり、建築に木材を用いることによって、そこに炭素を貯蔵することができる。そのため、気候変動対策の議論のなかでも、木造建築の意義は注目されている。[14] 炭素の貯蔵は、あくまで貯蔵であって、木材や森林という「貯蔵庫」がいっぱいになれば上積みはできなくなるが、気候変動による破局を避けるうえでの時間稼ぎにはなるかもしれない。

IPCC(気候変動に関する政府間パネル)の報告書執筆に携わってきた森林研究者の藤森隆郎も、「森林による温暖化防止策」を提示するなかで、「森林生態系の炭素貯蔵量を最大にする」ことや「収穫した木材をできるだけ長く使用し、多くの炭素を貯蔵する」ことを求めている。[15] また、「木材を建築材や家具材などとして利用すれば、製材時に要するエネルギーの量は、他の材料に比べて格段に低くてすむ」と指摘し、「木材の利用できるところはできるだけ木材を利用することが望ましい」と述べている。[16] 「木の学校づくり」は、エネルギー消費を抑え、木材に炭素を貯蔵することにつながるのだ。

加えて、「木の学校づくり」は、子どもたちの生活や学習にも良い影響を与える[17]。木造校舎の教室や、内装に木材を用いた教室は、相対的に室温が高く、冬でも子どもたちは教室を暖かく感じている。木造の校舎はリラックスできて快適だと言われ、木質化率が高い中学校では生徒のストレス反応が低い。学校の内装を木質化すると、木材の調湿性によって、床の結露を抑えることができ、インフルエンザ等の感染を予防することもできる[18]。

そして、水の保持、土砂の流出の抑制、生物多様性の保全など、森林の多様な機能を健全に保つためにも、「木の学校づくり」を通しての木材の活用が求められる。藤森隆郎は、地球環境問題にとっての「森林生態系の循環」の重要性に触れながら、「地域の材は地域で率先して使うことが大事であり、住宅はもちろんのこと、学校などの公共的な建物は率先して地域の材を使うべきである」と述べている[19]。

近年、日本では、第2次ベビーブーム世代が増加するなかで建設された学校施設が老朽化して、多くの学校施設が更新時期を迎えているとされる[20]。2019年度の「公立学校施設実態調査」によると、建築後25年以上を経過した建物が全保有面積の78・6％を占めている。気候変動対策の視点から今後の学校施設整備を考えることは、とても大切だ。

もちろん、木材の活用が求められるのは、学校だけではない。保育所・認定こども園・幼稚園などについても事情は基本的に同じであるし、実際に「木の園舎」が建てられてもいる。また、学童保育に関しても、木造施設づくりの取り組みがみられる。気候変動対策のためにも、子どもたちの良好な生活環境のためにも、木材の活用を積極的に考えていくべきだろう。

(3) 森林の育み方

日本の国土の約3分の2は森林であり、その森林の約4割は人工林である。(21) 戦後の日本では、1970年代までの間に、天然林の大規模な伐採と人工林化が進められてきた。その時期に植えられた木が木材として活用できるようになっており、日本の木材需要を国産材でまかなうことは可能だと言われている。(22)

しかし、やみくもに木を伐り、むやみに木材を使うことは、気候変動対策にならないだけでなく、重大な環境破壊を引き起こす。

そもそも、林業は必ずしも「環境にやさしい」ものではない。現代の林業は、斧で木を伐るわけではないし、そりで丸太を運ぶわけでもない。大型の高性能林業機械の導入が進んでおり、非常に燃費の悪い大型機械が多くの燃料を消費する。(23) 木材の乾燥に人工乾燥機を使えば、エネルギーが必要になる。(24) 製材機械も、エネルギー消費なしには動かない。林業が常に「グリーン」なわけではない。

地元産の木材を使えば身近な地域の森林が保全されるとも限らない。(25) 森林施業が適切になされなければ、森林は荒廃する。たとえば、大型機械の導入によって、森林が荒らされ、土砂の流出をもたらす。大型機械を入れるための林道の建設が山崩れを引き起こすことも少なくない。伐採時の樹木の切れ端や枝が谷川に捨てられると、川の水が流れにくくなる。「森林土壌をはぎ取るような作業」によって大規模皆伐がされている例もある。(26)

木が皆伐されたまま再造林がなされないことも多い。再造林のためには多額の支出が必要になるからだ。伐採跡地の約6割が再造林されていないという報告もある。(27) 森林の伐採量の多い宮崎県において、伐採跡地に再植林される割合はせいぜい30％程度だと言われている。(28)

また、人工林が存在していても、適切な間伐がなされていないと、スギやヒノキの林のなかは非常に暗く、小さな木や草が生えない。下層植生が乏しいと、土壌の流出が引き起こされるし、土壌の保水能力も落ちる。森林の荒廃は、豪雨による河川の氾濫の要因にもなり、気候変動の悪影響を増大させかねない。

そのようなことを考えると、校舎や園舎にとにかく木材を活用すればよいというような単純なことは言えない。学校や保育施設における木材の活用は、健全な林業の確立と一体的に進められる必要がある。

子どもたちに木の家、木の園舎、木の校舎を保障するためには、社会のあり方を広い視野で考えなければならない。

コラム▼住み続けられる家

京都の山の中に家族で移り住むことになり、１２０年以上前からあったらしい平屋の改修を考えることになった。

気候変動対策のなかでは建物の断熱が重視されていることもあって、断熱についても調べてみたが、工業的に製造される断熱材で家を包むことになる気がして、抵抗感は消えなかった。断熱材や窓枠にプラスチックを用いる例も多く紹介されていた。

建物の断熱化のように、お金のかかること、お金になることが特に重視される傾向にも違和感がある。30年くらいで使い捨てられてしまうような家を作るのをやめ、長く住み続けられる家を建てるのも、大切なことではないだろうか。短い周期で断熱施工を繰り返すことは、あまり「エコ」には思えない。

家の改修を進めるなかで、畳をめくると、コンクリートも釘も使わない、ほれぼれするような職人の仕事を目の当たりにすることができた。30年ほど前に設置された壁や天井の向こう側には、立派な土壁や竹天井が残っていた。黒くて太い梁は、しっかりと家を支え続けている。

この１００年間で、私たちの社会は本当に豊かになったのだろうか。着るものも、食べるものも、そして建てものも、むしろ貧相になっているように思うことがある。

2 再生可能エネルギーを考える

(1) 学校や保育施設における再生可能エネルギーの活用

建てものに備える設備については、発電設備に特に注目することが求められよう。気候変動対策に関しては、エネルギーをめぐる問題が重要になる。

文部科学省の調査によると、2021年度において、公立の小中学校の1・4%が風力発電設備を設置しており、34・1%が太陽光発電設備を設置している。[29] 太陽光発電設備のある小中学校は、2009年度には3・8%、2015年度には24・6%であり、急速に増えてきている。

学校で使用するエネルギーを再生可能なものにしていくのは大切なことだ。学校が単にエネルギーを消費するのではなく、必要なエネルギーを自ら生みだすという意味でも、学校における太陽光発電には積極的側面がある。学校の建てものが活用されるのは主に昼間であるから、夜間に太陽光発電ができないことも問題になりにくい。

また、学校は災害時の避難所になることが多いため、学校に発電設備があることは、災害対策としても有意義だ。大きな地震などがあって電力会社からの電力供給が止まるような場合でも、学校で発電することができれば、電気を避難生活に活用することができる。[30]

そして、学校の太陽光発電設備は、子どもたちが太陽光発電に触れる機会にもつながる。子どもたちとともに気候変動の問題を考える契機としても、再生可能エネルギー設備を活用することができよう。

文部科学省の「環境を考慮した学校施設づくり事例集」をみても、再生可能エネルギー設備を教育・学習に活用している例が少なくない(31)。たとえば、長崎市の小学校では、学校の太陽光発電設備と同じ量の電気を手回し発電機で発生させる実験を行ったり、大学教員が太陽光発電設備の使用状況を解説する講義を実施したりして、太陽光発電に対する子どもたちの関心を高めようとしている。また、石川県の中学校では、学校における太陽光発電の発電量を見られるようにするとともに、太陽光発電を理科や社会科の授業で扱っている。

このような、再生可能エネルギー設備を活用する学校の取り組みは、「木の学校づくり」の取り組みと同様に、保育所や幼稚園などの保育施設においても参考になるはずだ。学校や保育施設が火力発電や原子力発電への依存を減らしていくこと、学校や保育施設で子どもたちとともに気候変動やエネルギーの問題を考えていくことは、大切なことだろう。

なお、自らの施設で太陽光発電や風力発電を行うのではなくても、学校や保育施設で使用する電気を再生可能エネルギーに切り替えることは可能だ。近年の日本では、環境団体等によって、持続可能な再生可能エネルギーの活用を推進する「パワーシフト」のキャンペーンが進められてきた。学校や保育施設についても、「パワーシフト」が検討されてよいだろう。

(2) 太陽光発電や風力発電の否定的側面

化石燃料の使用をなくしていくうえで、太陽光発電や風力発電は積極的な役割を果たし得る。しかし、太陽光発電や風力発電には、否定的側面も存在する。[32]そのことを無視するわけにはいかない。

太陽光発電については、太陽光パネルの製造や設置のために少なからずCO_2が排出されているし、太陽光パネル等が大量の廃棄物となることを考慮する必要がある。

そして、太陽光発電にしても、風力発電にしても、発電設備や蓄電設備を製造するためには、その材料が必要だ。[33]材料のなかには、希少性が高いものもあり、その採掘や製錬・精錬が環境に大きな負荷を及ぼすものもある。

ここでは、レアメタルをめぐる問題に着目したい。太陽光発電や風力発電を拡充し、再生可能エネルギーの活用を広げていくためには、大量のレアメタルが必要になる。[34]世界銀行グループの報告書は、地球平均気温の上昇を2度未満に抑えるシナリオのもとでは、エネルギー貯蔵技術の需要に対応するため、リチウム、グラファイト、コバルトの生産量を2050年までに450%以上増大させる必要があると指摘している。[35]また、世界エネルギー機関(IEA)が2021年に公表した報告書も、「持続可能な開発」を進める場合には「クリーンエネルギー技術」のために多くの鉱物が必要になることに着目しており、２０２０年から２０４０年にかけて、リチウムは42倍、グラファイトは25倍、コバルトは21倍の需要増になると見積もっている[36]。

しかし、レアメタルの採掘や製錬・精錬は、多大な環境負荷をもたらす。レアメタルに関する研究をしている岡部徹は、ネオジム等のレアアースを鉱石から抽出する際には放射性物質を含んだ廃棄物が大量に発生すること、蓄電池に使われるリチウムを採取するために地下水が汲み上げられていることなどに言及しながら、レアメタルに関して、「採掘と製錬により貴重な自然が破壊され、大量のエネルギーが消費されている」と述べている[37]。

同じように、ギヨーム・ピトロンも、レアメタルの精錬において大量の化学薬品が使用されること、大量の水が精錬に用いられて汚染水になることなどに目を向け、レアメタルの環境負荷を問題にする。そして、太陽光パネルに利用されるインジウムを生産する企業が化学薬品を垂れ流して周辺住民の飲料水を危険にさらした例や、風力発電機のブレードに必要なタングステンを製造する企業が有毒廃棄物を投棄した例に言及する。ピトロンは、「『クリーン』といわれるエネルギーは、採掘がまったく『クリーン』とは言えないレアメタルを必要とすること」を問題視している[38]。

環境負荷が外国に押しつけられていることも看過できない。レアメタルの生産が中国に集中しているのは、レアメタルが中国に豊富にあるからではなく、中国では環境汚染に関する規制が非常に緩いからだ。(39) 欧米や日本は、他国の環境を犠牲にして、レアメタルを手に入れている。(40) 岡部は、「オーストラリアで採掘したレアアースの鉱石を、放射性物質を処理する社会システムと技術を持つマレーシアに持ち込んで精錬し、有害物を除去した後に、高純度になったレアアースだけを日本に輸入する動き」を指摘し、「先進国の企業は、採掘と製錬の過程を全て途上国に任せ、環境負荷を全て途上国に負わせています」と述べている。(41)

太陽光発電や風力発電には、否定的側面がつきまとう。(42)「脱成長」を説くヨルゴス・カリスらは、「太陽光パネルの製造には希少な鉱物の採取が必要となるため、山を崩し、川を汚染する。船やトラックで原材料を運べば、多くの炭素が排出される。道路、港、工場の建設は自然環境を破壊する」として、「よいモノを生産する場合でも、悪いモノの生産は変わらず発生する」と述べている。(43) また、英国で3年間にわたり「お金を使わない生活」を実践したマーク・ボイルは、「発電に使われる鉱物や原料はいずれも有限であり、その多くの採取時に地球はさんざっぱら痛めつけられている」として、「太陽光パネルで生成した電気を使っていた」ことを「自分の試みにとっての汚点だと感じていた」と述べている。(44)

太陽光発電や風力発電を無条件に肯定することはできない。気候変動対策を考えるうえでは、再生可能エネルギーの否定的側面にも目を向けておく必要がある。

3 物質の循環を考える

(1) 水洗トイレと下水道

太陽光パネルは、すべての建てものに設置されているわけではない。一方で、トイレは、子どもたちが生活する建てものに(日本では)必ず備わっている。子どもたちはトイレを頻繁に使っている。それなのに、保育や教育に関して、トイレが注目されることは少ない。

学校のトイレへの関心は、「トイレの花子さん」への関心よりも低いかもしれない。いくらか話題になることがあるのは、学校のトイレが和式か洋式か、という問題だ(45)。学校のトイレが水洗式かどうか、学校のトイレが下水道につながっているかどうか、などということは、ほとんど見向きもされない。

しかし、水洗トイレと下水道は、気候変動をはじめとする環境危機を考えるうえで、無視できない存在だ。

まず、トイレの設備をつくるためにもCO_2が排出されているし、お尻を洗ったり便座を温めたりするために電気が消費されることもある。そして、上水道や下水道を機能させるには、大きなエネルギーが必要になる。水問題を論じる沖大幹も、「日本における電力使用量の約1・4%が上水道用の浄水や下水処理に用いられており、水とエネルギーは想像以上に密接に結びついている」と指摘している。[46] 多くのエネルギーを必要とする下水道は気候変動と関係が深く、下水道の専門誌では「ゼロカーボン（CO_2排出実質ゼロ）」についての特集が組まれているほどだ。[47]

水洗トイレが現代社会の病理を象徴していると、マーク・ボイルは語っている。

水洗トイレは、現行の文化と思考回路に見られる病んだ精神のいっさいを象徴している。命を与えてくれる液体のなかに大小便をしてだいなしにしているのだから。それぞれの意味で有望な資源である両者を、土壌を肥やし、ひいては栄養価の高い食べものを作るために使うことなく。そうやって水を汚しおえたら、汚染源となる肥料を遠方の化学工場から取りよせている。[48]

かつては肥料に活用されていた糞尿を、私たちはトイレから下水道に流している。一方で、化石燃料を使って化学肥料を製造している。そうすることで、温室効果ガスが増え、気候変動が進む。糞尿が流されて化学肥料が使用されるため、窒素やリンの循環も乱れる。どうして、このようなことになってしまっているのだろうか。

日本では、稲と麦の二毛作が広がった鎌倉時代から、人間の糞尿が肥料に用いられてきた。[49] 江戸時代になると、農村での下肥《しもごえ》の活用が全国的に定着し、下肥と作物を媒介として都市と農村が結びつくことで、物質の循環が形成されていく。

江戸の周辺に暮らす百姓は、武士や町人の家に茄子や大根を納め、その家の糞尿を汲み取っていた。江戸には、小便と大根を交換するために歩き回る「小便買い」がいた。糞尿には、商品価値があったのである。農民の側が、糞尿のために、金銭や作物を支払っていた。長屋の大家にとっては、共同便所の糞尿が大きな収入源であった。

糞尿の回収・輸送・販売は産業として成立し、糞尿の運搬等を専業とする業者も存在した。江戸で排出された糞尿は、舟で近郊の農村に運ばれる。そして、下肥を用いて育てられた作物によって、江戸の人々が養われた。

そのような都市と農村の関係は、江戸時代が終わってからも続いていく。近代の日本においても、下肥は用いられた。しかし、化学肥料の普及が進むと、都市の糞尿を近郊の農村で使いきれなくなる。都市に人口が集中し、そこで糞尿が大量に発生するようになると、糞尿を汚物として処理しなければならなくなった。それまでは糞尿を汲み取ってもらう側が金品を受け取っていたのに対し、金銭を支払うことで糞尿を汲み取ってもらうという逆転現象が生じていった。

1930年代には、糞尿の海洋投棄も始まった。戦後になっても海洋投棄は続き、マスコミに「黄金艦隊」などと名付けられた糞尿運搬船が海に糞尿を運んだ。東京都による糞尿の海洋投棄は、1990年代後半まで続く。

肥料として糞尿を活用する仕組みは、高度経済成長期に失われたと言われる。水洗トイレの普及と下水道の整備によって、下肥を介した物質の循環は崩壊してしまった[50]。

今度、トイレでウンチをしたら、すぐに流さずに、便器をのぞきこんでみよう。そして、考えよう。ウンチはどこから来たのか、目の前のウンチはどこへ行くのか。エネルギーや資源が浪費されていないだろうか。物質は循環しているだろうか。

(2) 生物多様性のある暮らし

人間の糞尿を肥料に用いることに懸念がないわけではない。下肥には、寄生虫が付き物だった。人間の排便によって外界に出た寄生虫の卵は、下肥に紛れ込む。野菜などに付着した卵が人間の体内に取り込まれると、孵化した幼虫は人間に寄生して成熟していく。人間が物質を循環させることで、寄生虫も生命の循環を遂げるのだ。

下肥の活用は、回虫をはじめとする寄生虫が蔓延する原因になっていた。日本では、古くから、多くの人が寄生虫とともに生きてきた[51]。第二次世界大戦後になっても、子どもたちの体のなかには回虫がいた[52]。

それに対して、GHQ(連合国軍最高司令官総司令部)は、学校を「防疫の拠点」として位置づけ、「集団検便」や「集団駆虫」を行わせた[53]。そして、下肥を使わない野菜を「清浄野菜」と称して、野菜の栽培に化学肥料を用いることを推進した。寄生虫を排除しようと思うと、下肥を使わないことが効果的なのだろう。

しかし、人間とともに進化してきた寄生虫が体内にいなくなると、人間の免疫システムに異常が生じる。寄生虫のおかげで人間の病気が抑えられることもあるのだ。生物学者のロブ・ダンは、「多くの人は、腸内から寄生虫がいなくなったせいで、むしろ健康を害している」と述べ[54]、寄生虫を「人類に欠かせない最高のパートナー」と呼んでいる。

寄生虫の欠如が、アレルギーや自己免疫疾患の要因になるようだ。公衆衛生が進歩した国でアレルギーや自己免疫疾患が増えたのは、人間が人間以外の生物種を生活から排除してきた結果らしい[55]。

そして、「人類に欠かせない」のは、寄生虫だけではない。私たちとともにある、無数の微生物たちも、やはり大切な存在だ[56]。

裏庭の植物が多様性に富む家に住んでいる子どもたちは、皮膚にさまざまな細菌種が付いており、アレルギーのリスクが少なかった。土壌や家畜と強い結びつきをもちながら伝統的な農業を営む集団の子どもたちは、住居から離れたところで工業的農業を行う集団の子どもたちよりも、多様な生物を吸い込む可能性が高く、喘息の発症頻度が低かった。多様な生物と接する暮らしをすることで、「善玉菌」に出会いやすくなるのだ。そうしたことを紹介しながら、ダンは、「さまざまな微生物と触れ合う機会を与え、必要とされる微生物にさらされる確率を高めてやること」が「私たちが子どもたちにしてやれること」だと述べている(57)。

身のまわりの生物多様性の喪失は、人間の免疫系にも機能不全をもたらす。そのことをダンは強調している。イヌを飼っている家に生まれた子どもがアレルギー・湿疹・皮膚炎を発症しにくいのは、現在の人間が他の生物に疎遠な生活をしてしまっているからだ(58)。ダンは、アレルギーや喘息のような疾患に立ち向かうため、生活のなかに生物多様性を取り戻す必要があるとして、「家に自然を取り戻すこと」を主張する(59)。「家の外にもっと多種多様な植物を植えて、その植物と触れ合おう。その世話をし、それを観察し、その上で昼寝をしよう。室内にさまざまな植物を置いても同じような効果が得られるかもしれない。ガーデニングをして、土いじりを楽しもう」と、ダンは述べている(60)。

心配しなければならないのは、子どもたちの近くにさまざまな寄生虫や微生物が存在することよりも、「清浄化」や「無菌化」によって子どもたちの暮らしから生物多様性が失われていくことなのかもしれない(61)。

(3) 物質が循環する暮らし

下肥を介した物質の循環を難しくするのは、寄生虫ではなく、私たちの社会のあり方だ。

第一に、私たちの食べものが健全でなければ、私たちの糞尿の健全性も保証されない。マイクロプラスチックが便に混ざっていたり、糞尿に有害な化学物質が含まれていたりすると、下肥の安全性にも疑問が生じる(62)。

第二に、食べものを外国から多く輸入していると、下肥を輸出するなどしない限り、糞尿を肥料に活用したからといって、物質の循環は成立しない。食べものの輸入によって、窒素等が国内や近海に蓄積されていく。

第三に、排泄する人間の近くに田畑がないと、下肥を使いにくい。遠くまで糞尿を運ぼうとすると、多くの道具や労力が必要になる。

少し考えただけでも、下肥の活用には課題が多い。しかし、かつての日本においては下肥が広く用いられていたこと、そのなかで外国の学者からも高く評価されるような物質の循環がつくられていたことは、記憶しておいてよいだろう。

米国の土壌学者のフランクリン・ハイラム・キングは、1909年に日本・中国・朝鮮を訪れ、視察した農業の様子を記している(63)。

キングは、視察旅行を横浜から始めたが、「早朝出発して横浜から東京へ向かう車中で、都市や田畑へ通ずる道路伝いにどこにおいても最も普通に見られる光景」は、「人間に引かれる頑丈な荷車に付けて運搬されている下肥の荷」であったと述べている(64)。キングが特に関心をもったことの一つは、日本・中国・朝鮮における下肥の活用だった。キングは、「日本、中国および朝鮮の最大のしかも最古の都会においてすら、現在西洋諸国民の使用する水洗式汚物処理法に相当するものがなんら存在しない」ことを、驚きをもって記している。[65] 下肥は海に放出するのが都市の習慣ではないのかと尋ねたキングに対し、日本の通訳者は「それこそ無駄でしょう。われわれはなんにも捨てたりしません」と答えたという。[66]

日本の下肥の総量を示しながら、キングは、「われわれは、これらの廃物のすべてをただ捨てているばかりでなく、捨てるためにより大なる金をかけている」と述べる。[67] そして、「ヨーロッパとアメリカの人民」が大量の窒素・リン・カリウムを「海、湖水、河川または地下水等に流し込んでいる」こと、それを「西洋文明の偉大なる功業の一つとみなしている」ことを嘆き、「われわれはいかに多くの栄養素を捨ててきたか」と書いている。[68]「あらゆる生きとし生ける者の根底たる土壌の肥沃分を海中に掃き流してしまった」ことを、キングは悲しんでいる。[69]

キングは、日本・中国・朝鮮の人々が「廃物」を活用していることに着目し、「食用になし得るものは、すべてなんでも人間か家畜の食糧として役立っている。食べられないものまたは身にまとえないものはすべて燃料に用いられる。人体の排泄物、燃料のくず、他の用に立たないまでに使い尽くされた織物の廃物は田畑に返される」と記している。[70] かつての日本には、気候危機の時代にまさに求められるような物質の循環が存在していたのだ。[71]

しかし、その後の日本は、キングが目を見張った物質の循環を壊してしまった。近代的な「水洗式汚物処理法」を整備し、わざわざ上水道で運んだ水を使って栄養素を下水道に流している。すぐに水洗トイレを廃止するべきだとは思わないが、上流から下流へと一方的に「もの」を流してしまうことには疑問を抱くべきだろう。水洗トイレは、過去には高い価値が認められていた糞尿を、価値ある水で流し去っている。本来、それは当たり前のことではない。保育や教育のための建てものを考えるときにも、物質の循環という視点をもつ必要があるように思う。

小さな子どもたちは、ウンチが大好きだ。ウンチの由来と行方を、子どもたちと語り合おう。気候危機を解決する糸口は、そんなところにもあるはずだ。

合わせて考えたい

朝鮮学校のクーラーと保健室

朝鮮半島にルーツをもつ子どもたちが通う朝鮮学校は、現代の日本において、政府や地方自治体による差別にさらされてきた。2010年からの「高校無償化」は、外国人学校を対象に含めたにも関わらず、朝鮮学校を対象にしなかった。2019年10月からの幼児教育・保育の「無償化」にあたっても、制度的に「各種学校」であることを口実に、朝鮮幼稚園は「無償化」の対象から排除された。さらに、2020年3月には、新型コロナウイルス感染症対策としてのマスク配布に際して、さいたま市がマスク配布の対象から朝鮮学校を除外するという事件が起きた。

そのような状況のなか、朝鮮学校は、学校の施設・設備に関しても困難を抱えがちである。2020年の夏には、京都と滋賀の朝鮮学校にクーラーを設置するための支援金を募るクラウドファンディングが取り組まれた。京都市や大津市の公立小学校の教室にはクーラーが設置されていたのに、同じ地域にある朝鮮学校にはクーラーが設置されていなかったのである。

気候変動対策という観点からすると、クーラーを設置することの是非については議論の余地がある。しかし、クーラーの導入がエネルギー消費の増大につながることは、ひとまず横に置いておこう。クーラーの冷媒に用いられる代替フロンが極めて強い温室効果をもっていることも、さしあたり別の問題として考えよう。朝鮮学校のクーラーに関して、まず問われなければならないのは、同じ地域の公立学校には保障されているものが朝鮮学校には保障されていないという差別性だ。

クラウドファンディングの結果、京都と滋賀の朝鮮学校にクーラーが設置されたが、朝鮮学校に保障されていないものはクーラーだけではなかった。京都朝鮮初級学校では、保健室が整備されておらず、開校から75年が経った2021年になって初めて常勤の養護教諭が着任した。看護師や養護教諭の資格をもつボランティアによる保健室運営を経てのことだ。

学校にクーラーがないこと、常勤の養護教諭のいる保健室がないことは、気候変動の悪影響に対する子どもたちの脆弱性を高めかねない。子どもが熱中症になる危険性が高まるかもしれないし、熱中症に陥った子どもへの十分な対応が難しいかもしれない。

気候変動の被害は、社会的に不利な立場に置かれた人たちに偏るといわれる。朝鮮学校のクーラーや保健室をめぐる経緯は、そのことを思い出させる。残念ながら、今の日本では、民族的少数者が社会的に不利な立場に置かれやすい。

気候変動の悪影響を軽減する「適応策」から一部の子どもが取り残されるようなことがあってはならない。気候変動が進むなかであっても、すべての子どもたちに最善の生活環境と学習環境を保障しなければならない。

民族的少数者の子どもに対する差別の克服は、気候変動対策という観点からも目を向けられるべき課題ではないだろうか。

第6章
使うもの

私たちは多くの物に囲まれて暮らしている。子どもたちも同じだ。

それらの物のほとんどは、現代では、製造や使用の過程で多かれ少なかれ温室効果ガスの排出をともなっている。

何か一つ、身のまわりの物を思い浮かべてみよう。原料・材料をそろえる過程で、何かしらのかたちで化石燃料が使われていないだろうか。物の製造の過程では、エネルギーを消費する機械が用いられていることが多い。その機械を作るときにも、おそらく温室効果ガスが排出されている。そして、物の輸送も、多くの場合に温室効果ガスを排出する。物を店舗で買ったなら、その物は、店舗の施設・設備のための排出と無縁ではない。通信販売で買ったなら、保管・梱包・輸送などにともなう排出が関係しているだろう。

ガソリンで動く物は、使用するときにも温室効果ガスを排出している。電気を使う物も、温室効果ガスの排出につながっている（再生可能エネルギーを活用していたとしても、物そのものや発電設備の製造は温室効果ガスの排出をともなっているはずだ）。

さらに、物を捨てるときにも、温室効果ガスは発生する。温室効果ガスの排出をともなうゴミ袋に入れ、温室効果ガスを排出するゴミ収集車に運んでもらうのが一般的だろう。そして、物が焼却されれば、二酸化炭素が排出される。

どのような物を使うのか（使わないのか）、どれだけの物を使うのか、気候変動という観点から考える必要がある。

1　ICT関連のもの

(1)「ICTの活用」を推進する教育政策

子どもたちのまわりで存在感を増してきている「もの」としては、ICT関連の機器がある。文部科学省が推進する「GIGAスクール構想」のもとで、学校に通う子どもたちに一人一台のパソコン・タブレットがあてがわれ、子どもたちは家庭にも「端末」を持ち帰るようになった。

GIGAスクール構想は、2019年12月に文部科学省が打ち出したものだ。「義務教育段階の全学年の児童生徒一人一台端末環境の整備」が核であり、「児童生徒向けの一人一台端末と、高速大容量の通信ネットワークを一体的に整備する」とされている。当初は2023年度までに実現することになっていたが、2020年に新型コロナウイルス感染症が広がり、全国一斉休校が実施されたことなどにより、GIGAスクール構想は前倒しで進められた。

GIGAスクール構想の背景にあるのは、「Society 5.0」という、政府が描く未来像である。内閣府は、「狩猟社会（Society 1.0）、農耕社会（Society 2.0）、工業社会（Society 3.0）、情報社会（Society 4.0）に続く新たな社会」としてSociety 5.0を説明しており、「IoTで全ての人とモノがつながり、新たな価値がうまれる社会」「イノベーションにより、様々なニーズに対応できる社会」「ＡＩにより、必要な情報が必要な時に提供される社会」「ロボットや自動走行車などの技術で人の可能性がひろがる社会」がSociety 5.0であるとしている。[1]

そして、ＧＩＧＡスクール構想に関しての文部科学大臣メッセージにおいては、「Society 5.0時代に生きる子供たちにとって、ＰＣ端末は鉛筆やノートと並ぶマストアイテムです。今や、仕事でも家庭でも、社会のあらゆる場所でＩＣＴの活用が日常のものとなっています」と述べられている。「ＩＣＴの活用」は、近年の日本における教育政策のキーワードだ。

２０２１年1月に出された中央教育審議会の答申「『令和の日本型学校教育』の構築を目指して」においても、ＧＩＧＡスクール構想が重視され、「ＩＣＴの活用」が強調されている。答申では、「学校教育の基盤的なツールとして、ＩＣＴは必要不可欠なものである」と述べられ、「高等学校段階においても一人一台端末環境を実現する」ことや「各学校段階において、端末の家庭への持ち帰りを可能とする」ことが望まれるとされている。

このような状況をふまえ、「ＩＣＴの活用」と気候変動との関係に目を向けておきたい。

（2）「ＩＣＴの活用」がもたらす環境負荷

ＧＩＧＡスクール構想に関しては、「学習集団のなかでの共同・協同の学びの豊かさが阻害されること」や「社会性の獲得や社会的な課題意識の醸成などを含んだ人間的成長の機会が根こそぎ奪われてしまうこと」などについて、教育学的観点からの批判がなされている[2]。また、子どもの健康に対する電磁波の影響も懸念されている[3]。

環境負荷という面からGIGAスクール構想をとらえる議論は目立たないが、「ICTの活用」は温室効果ガスの排出をもたらし、自然環境に負荷を与える。ここでは、そのことに注目しなければならない。

パソコンをみても、その製造過程では、大量の水や化学物質が投入され、化石燃料が消費されている[4]。パソコンを使用する際や廃棄する際にも、やはり環境負荷が生じる。パソコンにはさまざまなレアメタルが用いられているから、第5章でみたようなレアメタルをめぐる問題がパソコンにもつきまとう。パソコンは、決して「クリーン」ではない。

エネルギーの面でも、「ICTの活用」は課題を抱えている。文部科学省のもとで「学校等における省エネルギー対策に関する検討会」が2019年にまとめた文書においても、学校施設のエネルギー消費の増加が進む要因として、「普通教室への空調設置」や「教室、体育館等の地域開放」とともに、「ICT機器の導入」が挙げられている[5]。

世界的にみても、ICTに関わるエネルギー消費やCO_2排出は問題にされてきている[6]。ある研究によると、ICT分野は、2015年において、世界の電力の3・6%を消費し、世界の総

コラム▼ケータイを手放す

10年くらい前から、ケータイをもたない生活をしている。スマホを所有したことはない。たまに、「これを見て」とスマホを渡されると、操作の仕方がわからなくて戸惑う。

大量生産・大量消費の経済に資金を投入するのを控えたくて、ケータイがなくても暮らせることに気づいたので、ケータイをやめることにした。後からケータイ・スマホの環境負荷を知り、手放して正解だったと思っている。パソコンを使ってしまっているからではあるが、私の場合は、ケータイ・スマホがなくても特に困らない（まわりの人は少し困っているかもしれない）。

もちろん、仕事や生活の状況によっては、スマホをもたずに日本で生活するのは難しいだろう。私自身、各種の予約に求められる携帯電話番号もなく、ＱＲコードも読み取れず、ＬＩＮＥグループにも入れず、不自由を感じることはある。応答に追われなくてすむ解放感もあるものの、まともな市民・人間として認められていないような気になることもある。

しかし、スマホがなくても暮らせそうな人には、スマホの解約を勧めたい。

晴れて解約の手続きをするときには、店員さんの顔に注目してみよう。「他社に乗り換えるのですか？」と尋ねられ、「いいえ、もうスマホは使わないんです」と答えれば、驚いたような、あきれたような表情で、あなたを新生活に送り出してくれるはずだ。

排出量の1・4%にあたるCO_2を排出していたという[7]。また、2020年におけるICT分野の排出量が世界の総排出量の2・1~3・9%にあたると指摘する研究もある[8]。

別の研究においては、ICT分野の排出量が世界の総排出量に占める割合が、機器の製造過程における排出量を除いても、2007年から2020年にかけて1・0~1・6%から3・0~3・6%へと増大すると推定されている[9]。そして、2040年におけるICT分野の排出量は、2016年時点の世界の総排出量の14%を上回る可能性があると考えられている。大きいのはデータセンターからの排出量であり、2020年においてデータセンターは世界の電力の4%を消費し、ICT分野の排出量の45%にあたるCO_2を排出すると予想されていた。

学校等での「ICTの活用」を考えるうえでも、ICTに関係しての温室効果ガスの排出を念頭に置くべきだろう。

加えて言えば、電子ごみ(e-waste)の問題もある。国際的な調査によれば[10]、世界の電子ごみの総量は、2014年から9200万トンも増加し、2019

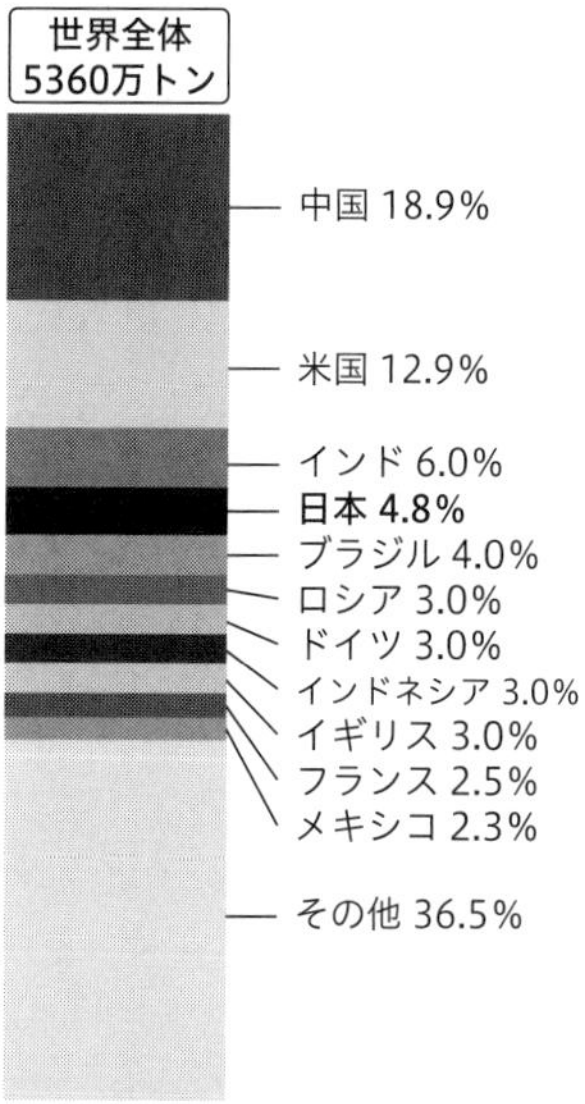

図1　電子ごみの量(2019年)

Forti et al. (2020) をもとに作成

年には5360万トン（7・3kg／人）になっており、2030年には7470万トン（9・0kg／人）に及ぶと推定されている。2019年における日本の電子ごみの量は257万トン（20・4kg／人）で、世界で4番目に多い（**図1**）。これらの数値は、冷蔵庫やエアコン、照明器具、洗濯機や食洗機、カメラや電卓などを含むものであるが、ICT関連の電子ごみも膨大な量であることを忘れてはならない。

2021年1月の中央教育審議会答申では、「GIGAスクール構想により配備される一人一台の端末」について、「端末の更新」が「数年後」に想定されている。「一人一台端末」がGIGAスクール構想の目玉だが、使われなくなった「端末」はどこへいくのだろうか。

パソコン、タブレット、スマートフォンをどうしていくのか、私たちは真剣に考える必要がある。[11]

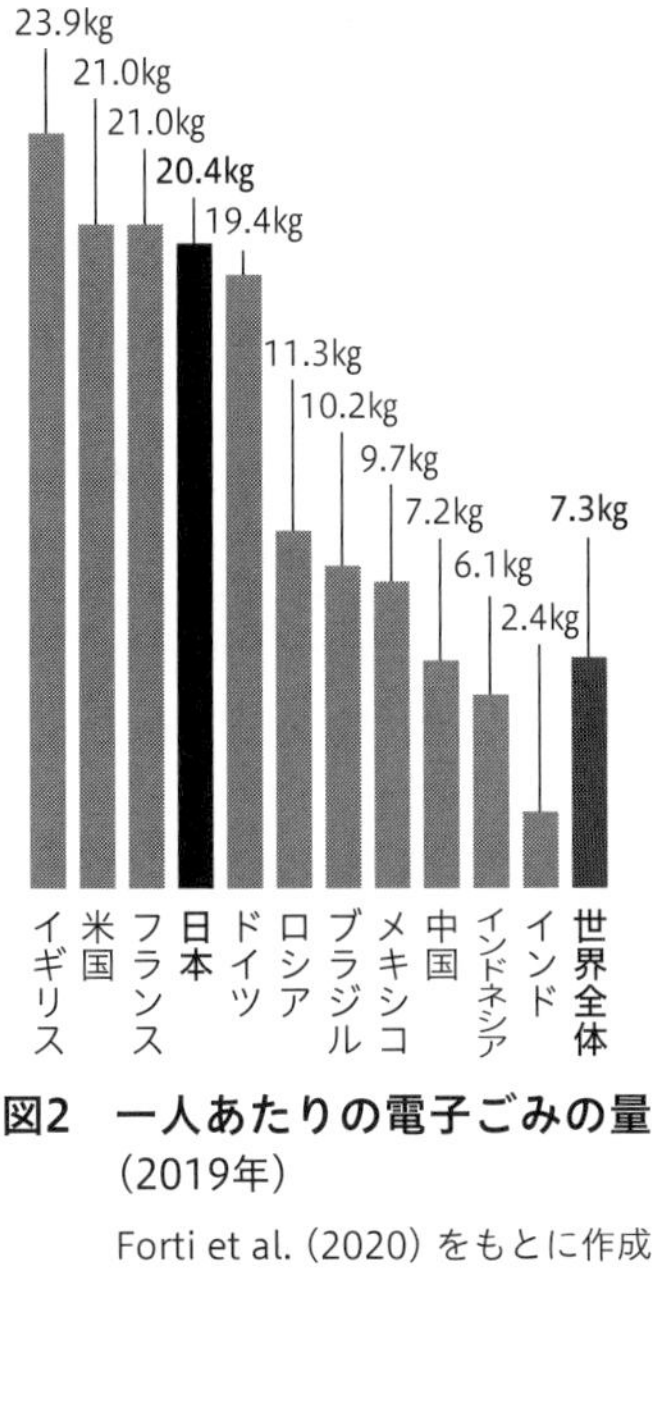

図2　一人あたりの電子ごみの量（2019年）

Forti et al.（2020）をもとに作成

2 プラスチックのもの

(1) プラスチックと環境破壊

プラスチックも、子どもたちの身のまわりにあふれている。衣類の多くもプラスチックの合成繊維を素材としており、スポーツウェアやスポーツシューズにもプラスチックが使われている。[12] 子どもたちの食器がプラスチックであることも少なくない。子どもたちが遊びに使う道具・玩具にも、プラスチックのものが目立つ。商品として売られている菓子類は、プラスチックの袋に入っていることが多い。

プラスチックは、1950年頃から大量生産が進み、その生産量は近年も急速に増大している。[13] 世界のプラスチック生産量は年間4億トンを超えており、東京スカイツリー30個分以上の重さのプラスチックが一日に生産されている計算になるという。[14] エレン・マッカーサー財団の2016年の報告書は、プラスチックの生産量が以後20年間で2倍になり、2050年には4倍近くになると予想している。[15]

そうしたなか、近年では、海洋プラスチック汚染が社会問題になってきた。捨てられたプラスチック製の漁網やロープは、ウミガメ、海鳥、哺乳類、魚類などに絡みつき、被害を与えている。

沿岸や海底に到達したプラスチックごみは、生きものに覆いかぶさったり、生きものの生息地を奪ったりして、生きものを脅かしている。漂流するプラスチックは、外来種が移動する足場となり、生態系を乱す。

そして、特に注目されているのは、５ミリメートル以下のマイクロプラスチックの問題だ。合成繊維の衣類の洗濯、タイヤの摩耗などによって発生するマイクロプラスチックが、湖や川や海を汚染してしまっている。海の生き物が体内に摂取してしまったマイクロプラスチックは、食物連鎖を通じて、たくさんの生きものに影響を及ぼす。今では、世界中で多くの人が日常的にプラスチックを口に入れてしまっている。プラスチックは、難燃剤や着色剤などの添加剤を多く含んでおり、汚染化学物質を吸着する性質もあるため、人体への影響が危惧されている。

そして、気候変動との関係では、プラスチックが石油を原料・燃料として作られていることが問題だ。[16] ２０１４年には世界の石油の６％がプラスチック生産に使われていて、２０５０年には石油の20％がプラスチック生産に使われるようになると推定されている。[17] プラスチックの生産や焼却によるCO_2排出量は巨大なものになりかねない。また、プラスチック廃棄物が太陽光によって劣化すると、強力な温室効果ガスであるメタンが放出されてしまう。レジ袋の原料にもなっているポリエチレンからは、特に多くのメタンが発生するという。

それではプラスチックをリサイクルに回せばよいかというと、そうではない。リサイクルするのにもエネルギーが必要だし、そもそも完全にすべてのプラスチックをリサイクルすることは不可能だ。そして、実際のところ、日本では、プラスチックの多くはリサイクルされておらず、2013年のリサイクル率は24・8％である。[18] 各種の「リサイクル法」に基づいて回収されたプラスチック廃棄物であっても、熱回収（熱の有効利用）を含むかたちで大量に焼却されており、温室効果ガスの排出をもたらしている。

プラスチック汚染を防ぐためにも、気候変動を止めるためにも、プラスチックの生産や使用を極限まで減らしていかなければならない。

(2) プラスチックと保育・教育

改めて保育や教育の現場に目を向けると、たくさんのプラスチックが使われていることに気づくだろう。

保育園では、レゴ（LEGO）やラキュー（LaQ）など、プラスチックのブロック類が幅をきかせている。プラスチックのビーズも使われている。工作のときにはプラスチックのストローが使われ、遊びにペットボトルが使われることもある。プラスチックの「ままごとセット」は珍しくないし、プラスチックの人形もある。床マット、すのこ、人工芝など、足元もプラスチックだらけかもしれない。園庭に出ると、プラスチックのプランターがある。バケツやスコップなど、砂場遊びの道具もプラスチックだ。三輪車にもプラスチックがたくさん使われているし、すべり台のような遊具にもプラスチックのものがある。子どもたちはプラスチックのボールで遊んでいる。

保育園関連の行事にも、プラスチックはつきまとう。我が家の子どもたちが通っていた保育園では、秋に「こどもまつり」があり、「プラスチック金魚すくい」や各種ゲームの獲得物として子どもたちはあれこれのプラスチック玩具を持ち帰った。年度末の「おたのしみ会」でも、決まってビンゴゲームがあり、多くの子どもたちがプラスチック玩具を手にしていた。

そして、小学校に入っても、プラスチックづけの生活は続く。プラスチックの筆箱にはプラスチックの消しゴムやプラスチックの定規が入っているし、下敷きもプラスチックだ。「算数セット」にもプラスチックがぎっしり詰まっているし、鍵盤ハーモニカはプラスチックのかたまりと言える。絵具のチューブもプラスチックのものが多くなっている。夏にアサガオの栽培をするのにも、一人ずつプラスチックの植木鉢を買わされ、水やりのためにペットボトルの持参を求められる。水泳用品も、水着、水泳帽、ゴーグル、プール用サンダル、プール用バッグなどは、ことごとくプラスチックでできている。学年が上がって使うようになる30センチ定規や三角定規も、竹や金属のものではなくプラスチックのものを用意するよう求められたりする。彫刻刀の柄もプラスチックになっている。一般的な「書道セット」は、筆や硯までもがプラスチックで、その文字に反して、竹も石も使われていない。教室にはラミネート加工された紙が散らばっていて、体育倉庫には赤色コーンをはじめとするプラスチック製品が収まっている。

こうしたプラスチック製品に囲まれていながら、近年の学校ではプラスチック汚染の問題が子どもたちに語られることもあるのだから、良く言っても滑稽であり、悪く言えばグロテスクだ。プラスチックにまみれた保育や教育は、未来に向けて子どもたちを育てようとしながら、同時に子どもたちの未来を壊している。

環境負荷の少ない木材から作られた玩具や遊具を保育施設に供給する仕組みがあれば、プラスチックの使用を抑えられるのではないだろうか。保育施設の脱プラスチックを促す財政措置を国や自治体が実施することもできるだろう。木の葉、木の枝、木の実や草花、小石などが豊富な環境があれば、プラスチック製品に頼らなくても子どもたちの遊びを広げやすいかもしれない。

学校についても、脱プラスチックのための指針を策定して徹底するようなことが考えられる。プラスチック問題について教職員が理解を深めることも必要だろう。プラスチック製品を使わなくてもすむよう、環境負荷の少ない代替物を保障する仕組みも求められよう。プラスチック製品を個人所有から学校備品に切り替えるだけでも、プラスチック製品は減少する。

学童保育も、調理設備や、健康的なおやつを用意するための職員体制が整えられれば、プラスチックの袋に入った菓子類から子どもたちを解放することができる。

現状に縛られず、子どもたちの生活の脱プラスチックを考えていきたい。

3　紙のもの

(1) プリント類

紙の使用も見直す必要がある。製紙産業のCO_2排出量は、世界の総排出量の7%を占めると推定されており、航空産業の排出量よりも多い[19]。日本においても、2020年度の産業部門業種別CO_2排出量をみると、「パルプ・紙・紙加工品」の排出量は、産業部門全体の5・6%にあたっている[20]。「鉄鋼」の36・7%、「化学工業」の15・3%に比べれば小さいものの、軽くみてよいものではない。

一方で、学校の現状に目を向けると、大量の紙が使用されている。私自身も大学という「学校」で仕事をしているが、自分の研究室だけでも、一年に何束もの紙を古紙回収に出している。学外の各方面から届くニュースや宣伝物もあるが、学内の「お知らせ」や会議資料も多い。そして、厚い会議資料のなかには、一度だけ目を通せば用が済んでしまうもの、ほとんど目も通さないものが少なくない。紙という資源だけでなく、印刷のための電気や労力も浪費されていると感じる。

また、小学校等においても、プリント類が多用されている。学校で印刷されているプリントもあれば、教材業者の手によるプリントもある。計算プリントにせよ、漢字プリントにせよ、数少ない文字しか子どもたちが書かないようなプリントもたくさん配られている。片面しか使われないプリントも少なくない。毎日のように子どもが持ち帰る学習プリントは、かなりの量になる。それらは、基本的に使い捨てだ。後から読み返して復習するという性質のものではない。

保育施設や学校からの手紙類についても、あり方を再考してみたい。手紙類がすべて不要だということではない。紙を使わずにパソコンやスマートフォンなどの機器を使えばよいという単純な話でもない。しかし、「給食費が余ったので○月○日に豆乳プリンを追加します」というだけの手紙を全家庭に配布する必要があるのかどうか、私にはわからない。

使った紙をリサイクルするにしても、そのためのエネルギーが必要になる。また、紙に限らず、使ったものすべてをリサイクルに回すことは実際には不可能だ。紙による環境負荷を抑えるには、使う量を減らすのが一番である。

子どもたちの学習を充実したものにすること、必要な情報を伝え共有することと、紙の使用を減らすこととの間には、葛藤が生じることも多い。しかし、少なくとも、紙を大切にする姿勢、紙を慎重に使う姿勢が求められる。そのためには、自分たちで紙をつくるような取り組みにも意味があるかもしれない。

まずはプリント類の大量使用に疑問を抱くところから始めたい。

(2) ティッシュペーパー

プリント類は必ずしも一回きりの使い捨てではない。何度か読み直すこともあるだろうし、長く掲示しておくこともあるだろう。それに対して、ティッシュペーパーは、そもそも使い捨てが想定されている。気候への影響という観点からみたとき、ティッシュペーパーの存在は問題だ。

私の家では、もう長い間、ティッシュペーパーを基本的には使っていない。鼻をかむときには、ガーゼハンカチやタオルなど、使い捨てではない布を使う。ティッシュペーパーがなくて不便に感じることはない(21)。むしろ、ティッシュペーパーが必要でないことを実感している。ティッシュケースやティッシュボックスなどは、無駄な代物にしか思えない。

しかし、小学生のいる我が家では、ティッシュペーパーを完全になくすことが難しい。さきほど「基本的には使っていない」と書いたのはそのためだ。学校は、子どもが日常的にポケットティッシュを持参することを強要する。保育所のときからだが、遠足の持ちものリストには、ハンカチとセットでポケットティッシュが入っている。だから、子どもが持っていくためのポケットティッシュを家に備えておくことになる。

どうして学校は「使い捨てペーパー」の使用を強要するのだろうか。なぜ浪費的な生活様式を子どもたちに押しつけるのだろうか。本当に、ティッシュペーパーを使わなければ健康的な生活ができないのだろうか(22)。

使い捨て文化を子どもたちに植えつけながら、一方で「ＳＤＧｓ」や「エコ」を語る学校教育は、少なからず矛盾している。ティッシュペーパーの持参は、その矛盾の表れの一つだ。

ティッシュペーパーの環境負荷は、自動車の環境負荷に比べるとはるかに小さいかもしれないが、無視してよいものではない。何より、使い捨てに無頓着な子どもを育ててはならないはずだ。(23)

(3) トイレットペーパー

ティッシュペーパーのほかにも、日常的に大量消費されている「使い捨てペーパー」がある。トイレットペーパーだ。トイレットペーパーを「使い捨て」と意識することは少ないかもしれないが、トイレットペーパーを何度も繰り返し使う人はいないだろう。

トイレットペーパーは、パルプを原料にして工業的に生産されているので、当然のことながら温室効果ガスの排出に結びついている。古紙からトイレットペーパーを作る場合でも、工場におけるエネルギー消費によって、多くのCO_2が排出される。(24) また、パルプを製造するための木材の調達に問題があると、森林破壊が引き起こされる。(25)

日本では、経済産業省によると、年間で１００万トン以上のトイレットペーパーが消費されている。大量の紙がトイレに流されているのだ。一人あたりのトイレットペーパーの年間消費量をみると、ブラジルは38ロール、中国は49ロールで、イタリアが70ロール、フランスが71ロールで

あるのに対し、日本は91ロールに及んでいる。(26)

トイレットペーパーによる環境負荷を減らしていくことを考えなければならないだろう。温水洗浄便座を使うほうがトイレットペーパーを使うよりも環境負荷を軽くできるという議論もあるが、(27)気候変動を止めるためには、どちらも使わないのが最善の道だ。

考えてみよう。私たちがトイレットペーパーを使うようになったのは、人類の歴史からすれば、ごく最近のことだ。トイレットペーパーは、1857年に米国で開発されたとされる。(28)日本では、1924年に国産のトイレットペーパーが製造されている。(29)人間は、長いこと、トイレットペーパーを使わずに生きてきたのだ。

それでは、トイレットペーパーに代わるものとしては、何が考えられるだろうか。世界的にみると、指と水、指と砂、小石、とうもろこしの毛や芯、藁、木片、樹皮、葉、茎、縄、雪、苔、海綿など、さまざまなものが使われてきたようだ。(30)草のかたまりや松ぼっくりが使えるという体験談もある。(31)

日本で頻繁に用いられていたのは、葛《くず》の葉だ。(32)「糞《くそ》」が転じて「葛」になった可能性もあるという。また、蕗《ふき》の葉もよく使われたようで、「拭《ふ》き」という言葉は「蕗」に由来するといわれる。

そのことを知った私は、葛の葉を試してみた。拭き心地は悪くない。ほかにも良さそうな葉をいろいろ試してみたが、大きさにしても、柔らかさにしても、葛の葉は優れている。

蕗の葉も、昔から使われてきただけのことはあった。

しかし、マンションのトイレで葛の葉を使うのは難しかった。まず、葉の調達が楽ではない。都市の住宅街では、自宅の近くで葛の葉を得られるとは限らない。ようやく見つけて、まとまった量を持ち帰ったとしても、時間が経つと葉は元気を失ってしまう。また、特に悩ましかったのは、使った後の葛の葉の処理だ。ベランダに置いてある段ボール製のコンポストに投入し、妻が世話をしている貸農園に運ぶことになったが、そうした処分先がないと困る。ベランダにコンポストがあっても、トイレからベランダまで葛の葉を運ぶという、あまり格好のよくない作業が必要だった。水洗トイレでは、葛の葉のやり場に困る。

つまり、お尻を何で拭くかという問題と、トイレのあり方、住居のあり方、町のあり方は連動している。お尻の拭き方を変えるためには、都市の生活を見直し、家の近くに葛や蕗が生える環境を取り戻さなければならないのかもしれない。

すぐにトイレットペーパーの生産と消費をやめるべきだ、と言うつもりはない。私も未だにトイレットペーパーを使っている。ただ、古紙を使用したものであろうと、トイレットペーパーが「地球にやさしい」とは思えない。トイレットペーパーの使用が持続可能であるとは思えない。使い捨ての箸、使い捨ての皿が問題にされてきたのだから、使い捨てのトイレットペーパーも問題にするべきだ。

ティッシュペーパーやトイレットペーパーの使用をやめるだけで気候変動を解決できるわけではないが、紙の使い捨てを問い直すことは大切だろう。物を使い捨てにして疑問をもたない感覚を、子どもたちとともに乗りこえていきたい。

4 乗りもの

(1) 自動車や飛行機の使用

最後に、移動に用いる物についても考えておこう。

第8章でも述べるように、運輸は膨大な二酸化炭素を排出している。世界全体でみると、燃料燃焼から生じる排出量の24％は運輸によるものだとされている[33]。そして、そのうちの4分の3ほどが、乗用車・トラック・バスなどの道路交通によるものだ。自動車の使用は、気候変動の主要因の一つになっている。

飛行機の使用も気候変動を助長するものであり、旅客航空の排出量は、2000年から2019年にかけて1.5倍に増大し、燃料燃焼から生じる排出量の2.8％を占めている[34]。全体の量でみると自動車に比べて飛行機の排出量は少ないが、それは、日常的に飛行機に乗る人がごく少数であり、世界では飛行機に乗ることのない人が多いからだ。同じ輸送量(人数×距離)で比べると、日本では、航空は鉄道の6倍近い二酸化炭素を排出している[35]。

こうしたことを考えると、保育や教育の場においても、自動車や飛行機の使用を見直す必要があるといえよう。

すべきことの一つは、子どもたちが自動車や飛行機に乗る機会を減らせないか、考えてみることだ。自動車の使用を少し減らしたくらいでは、気候変動対策としての直接の効果は乏しいが、自動車の使用について考える過程は、子ども・保護者・職員の学習の機会でもあり、気候変動に関する意識を高めることになる。

もちろん、自動車や飛行機の使用をいきなり全面的に止めることは難しいだろう。特別支援学校に通う子どもたちの教育権保障にとって、スクールバスは重要なものになっている。通学にバスを使わなければならない山間地もあるし、都市部と離島とを同列にして考えることもできない。

しかし、さしあたり、遠足や修学旅行の交通手段を再考してみることはできるのではないか。飛行機に乗るような修学旅行は、避けられないものだろうか。遊覧飛行はもってのほかだ[36]。京都の子どもたちが沖縄に行って戦争と平和を考えること、東京の若者が沖縄の米軍基地をめぐる実情を知ることは大切だが、飛行機の使用が温室効果ガスの排出につながることも事実である。その事実への向き合い方を、私たちは考えなければならない。仮に飛行機を使うとしても、そのことが地球環境に及ぼす影響は認識しておくべきだろう。

そして、もう一つ考えなければならないのは、保育や教育の仕事に携わる人が自動車や飛行機に乗る機会を減らすことだ。

出張のあり方についても見直しが求められるが、肝心なのは通勤のあり方だ。自家用車を使わない通勤を広げていきたい。そのためには、不必要な自動車通勤を抑制する手立てを整えることだけでなく、自家用車を使わなくても無理なく通勤できる環境をつくることが重要だろう。子どもの送り迎えをしながら働いている人もいれば、家族の介護を担いながら働いている人もいる。仕事に時間的なゆとりがあれば、自動車通勤を減らしやすいかもしれない。

なお、付け加えると、自動車や飛行機の使用を減らすべきなのは、大学教員も同じだ。大学教員は、研究活動の関係で移動が多くなりがちだ。私も、英国の障害者教育の研究をしていた時期には、成田空港とロンドンのヒースロー空港とを何度も飛行機で往復した。その後、反省して、国内でも飛行機に乗らないようにし、パスポートを持たない生活は10年を超えた。環境負荷の大きい移動の抑制は、大学教員にも求めるべきものだと思う。

移動にともなう温室効果ガスの排出を、できる限り減らさなければならない。

(2) 自動車や飛行機の受容

自動車や飛行機を実際に使うことだけでなく、自動車や飛行機を「良いもの」と思わせるような環境も、批判的に見つめ直してみるべきだろう。自動車や飛行機に親しみをもたせるようなものが、子どもたちの周囲にはたくさんある。

男の子が使うことを想定した商品に特に多いようだが、自動車が描かれたトレーナーや自動車の柄のパジャマがあるし、自動車の柄のバッグもあれば、自動車をかたどったバッグまである。自動車が「主人公」の絵本は少なくないし、自動車が「主人公」のアニメ映画もある。乗りものの図鑑もあるし、自動車に特化した図鑑もいろいろある。そして、自動車ほどではない気がするものの、飛行機についても同じようなものがある。

私が人生の最初期に与えられた遊び道具も、自動車に縁のあるものだった。木で作られた「八ツ車」で、母親の知人が出産・誕生のお祝いに贈ってくれたものだ。八つの車輪が付いていて、小さな子どもが乗って遊ぶことができるし、押したり引いたりして遊ぶこともできる。

少し大きくなった私は、ミニカーを使って遊んでいた。プラスチックでできた立体駐車場も気に入っていた記憶がある。小学生のときには、サンタクロースが赤いラジコンカーを届けてくれた。自動車を運転したことのない私も、ゴーカートのハンドルを握ったことはある。

ジェンダー差はありそうだが、このような経験は私だけのものではないだろう。自動車の影は子どもの生活のあちらこちらにあり、遊び道具だけをみても、自動車に関連するものが以前からたくさんあった。(37) 1968年に発売された「人生ゲーム」では、自動車に乗ったままで人生を送る。

1970年代後半には、スーパーカー消しゴムが流行した。1980年代後半には、漫画『ダッシュ！四駆郎』の影響もあって、ミニ四駆の人気が高まった。「ファミコン」などのゲーム機を使うゲームのなかにも、自動車レースのようなものが少なくなかった。

さまざまな場面で、自動車や飛行機に親近感を抱かせるようなメッセージが発せられているのではないだろうか。ほんの一例を挙げると、『うんこ夏休みドリル』がある。[38] 小学生に人気の学習ドリルだ。夏休み用のものにはカレンダーが付いていて、そこに「よていシール」を貼れるようになっている。「あそび・おでかけ」は自動車の絵のシール、「りょこう」は飛行機の絵のシールだ。「遠くに出かけるときには、徒歩や自転車で行くのではなく、電車やバスに乗るのでもなく、自動車や飛行機に乗る」という意識が、いつの間にか子どもたちに刷り込まれていくかもしれない。

そうしたことの何が問題なのか、疑問に思う人もいるだろう。私も、八ツ車で遊ぶこと、紙飛行機を折ることが特別に悪いことだとは考えていない。自動車や飛行機に縁のあるものに囲まれて育つことの影響も、明確にはわからない。ミニカーでよく遊んだからといって、ドライブ愛好家になるとは限らない。けれども、知らず知らずのうちに子どもたちが自動車や飛行機への憧れを肥大化させられている可能性については、自覚的になる必要があるのではないだろうか。

気候変動の脅威を考えるなら、自動車や飛行機は、服の柄にして身にまとうほど、無邪気に楽しめるものではない。

(3) 自転車は持続可能か

自動車の使用が望ましくないとなると、日常的な交通手段として特に期待されるのが自転車だ。気候変動対策の議論のなかでも、自転車道の整備、自転車シェアリングの推進などが話題になる。交差点で待たなくてよいように自転車の優先道がつくられ、リヤカーのようなものを使って重い荷物も自転車で運べ、子ども連れの買い物も自転車でしやすい街の紹介もされている。[39]

急速な気候変動対策が求められているなか、自動車の使用を減らすために自転車の使用を増やすことは、重要な取り組みである。

しかし、自転車の否定的側面を認識しておくことも必要ではないだろうか。自動車に比べれば格段に少量であるとはいえ、自転車を作るためには金属が必要になる。自動車のタイヤと同じように、自転車のタイヤも摩耗し、マイクロプラスチックを発生させる。自転車道を整備し、それを維持するためには、道路工事をしなければならない。

突き詰めて考えたとき、自転車は真に持続可能なものと言えるのだろうか。

この問いに関して、マーク・ボイルは、「比較的持続可能であるにはちがいない」としつつも、「絶対的に持続可能であるとは思えない」と述べている。[40]「グローバルなインフラを利用して世界中から各種物資を輸入する必要」や「そのインフラによる自然界の破壊と収奪」を考えると、自転車も持続可能なものではないというのである。

それでは、自転車にも問題があるのだとすると、移動・交通をどのよう考えるのか。ボイルは、「移動手段」について、理想とするところまでの段階を次のように示している。(41)

レベル6：ハイブリッド車に乗る
レベル5：大量生産の自転車に乗る
レベル4：中国の工場で製造されたスニーカーを履いて歩く
レベル3：バーターで入手した靴（地元産の素材を使用）を履いて歩く
レベル2：自作の靴または無償で贈与された靴（地元産の素材を使用）を履いて歩く
レベル1：大地とのつながりを感じながら裸足で歩く

木製の自転車も存在しているが、木材の生産や輸送のあり方、自転車の製造のあり方によっては木製の自転車も環境に負荷を及ぼすし、一般的な自転車は木製ではない。また、第3章でみたように、現代の靴のほとんどは持続可能なものではない。
そうだとすれば、再生可能な地元の素材で作る履物こそが、真に持続可能な「移動手段」なのだろう。そして、裸足で歩くことこそが、最も環境負荷の少ない「移動手段」なのかもしれない。

合わせて考えたい

「隠れ保育料」と「隠れ教育費」

小学生がアサガオを育てるための植木鉢が学校の備品になっていれば、毎年のように1年生がプラスチックの植木鉢を購入しなくてもすむ。鍵盤ハーモニカが小学校の備品であれば、各家庭が鍵盤ハーモニカを用意する必要はない。それなのに、物の個人所有は、環境に負荷をかけ、家計にも負荷をかけてしまう。

保育や教育の場で用いる物の個人所有は、保育料や授業料としては表れない「隠れ保育料[1]」や「隠れ教育費[2]」に結びついている。

たとえば、保育施設においては、昼寝用の布団の持参が家庭に求められることがあり、布団セットを購入すると小さくない出費になる。また、ハサミやクレヨンといった道具の費用は、一つひとつは必ずしも高額ではないものの、積み重なるとまとまった額になる。保育施設によっては、制服・制靴・制鞄や体操服なども購入させられる。

同じように、学校教育においても、多くの「隠れ教育費」が発生する。日本国憲法では「義務教育は、これを無償とする」とされているのに、実際には義務教育に関しても少なくない額の費用を保護者が負担している。算数セット、絵具セット、書道セット、裁縫セットなど、たくさんの物を保護者が用意しなければならない。

しかし、「隠れ保育料」や「隠れ教育費」の発生源になる物について改めて考えてみると、そもそも個人所有の必要性に疑問の余地のあるものが少なくない。算数セット（の中身）や書道の道具は、学校の備品にできないのだろうか。漢和辞典は、すべての子どもが1冊ずつ所有しなければならないものだろうか。理科の実験キットは、一人に一つ新しいものが必要なのだろうか。描画に使うペンは、全員が1セットずつ購入すべきものだろうか。粘土や粘土板は、保育施設の備品として共有できないのだろうか。昼寝用の布団については、実際に保育施設の側で用意しているところもある。

公費負担と私費負担との境界線は、現状においても絶対的なものではない。ある保育施設では箸とスプーンを家庭から持参することになっているものの、別の施設では箸のみを家庭が用意しており、また別の施設では箸も施設が用意している。また、ある小学校では給食エプロンが学校の備品になっているのに、隣の小学校では給食エプロンを各家庭が購入しなければならない、ということがある。

物をめぐる費用負担のあり方については、議論の余地が大きい。子どもの貧困が問題になっている日本社会の現状を考えても、費用負担のあり方を見直すべきだ。公的保障を拡大する方向で、公費負担と私費負担の境界線を引き直していくことが求められる。

公費で保障される物の範囲を広げ、物の個人所有を抑えることは、物の生産や消費による環境負荷を軽くするとともに、保護者の費用負担を減らし、子どもの貧困とつながる問題を多少なりとも緩和するはずだ。

第7章
学ぶもの

これまでの章で考えてきたことからもわかるように、気候変動を止めるためには、社会の諸領域でさまざまな変革が必要になる。その変革には、たくさんの人の合意や支持、努力や行動が求められる。変革の基盤には、教育・学習の取り組みが欠かせない。

１９９２年に採択された気候変動枠組条約では、第６条が「教育、訓練及び啓発」にあてられている。また、２０１５年に成立したパリ協定では、第12条において「教育、訓練、啓発、公衆の参加、情報へのアクセス」についての規定がなされている。気候危機を克服していくうえで、教育・学習には重要な役割がある。

しかし、気候変動をめぐる日本の議論

をみると、教育の役割が強調されることは多くない。また、日本では、教育をめぐる議論のなかでも、気候変動の問題はあまり注目されていない。

そのような問題意識のもと、この章では、気候危機を克服していくうえでの教育・学習の役割に目を向けたい。

1 誰が学ぶのか

(1) 大人が学ぶことの意味

気候変動に関する教育・学習というと、子どもたちの教育・学習を考える人が多いかもしれない。「気候変動と子ども」を主題とする本のなかの話であれば、なおさらだろう。

もちろん、子どもたちの教育・学習は重要だ。しかし、気候変動の教育・学習が必要なのは、子どもたちだけだろうか。気候変動について「学ぶもの」を語るとき、私たちは、「学ぶ内容」を考えるだけでなく、「学ぶ者」は誰なのかを問わなければならない。

私は、主に三つの理由から、子ども以上に大人が学ぶべきだと考えている。

第一の理由は、気候変動を引き起こしてきたことについて、子どもたちよりも大きな責任が大人にあることだ。いわゆる「先進国」の大人と「途上国」の大人の間、経済的に豊かな大人と貧しい大人との間にも軽視できない責任の差があるけれども、ともかく全体的にみれば、子ども世代よりは大人世代の責任が重い。大気に蓄積されている温室効果ガスのほとんどは、子どもたちが排出したものではない。これから生まれてくる子どもたちには、今のところ何の責任もないはずだ。気候変動の解決について、今の大人世代は、子ども世代より大きな責任を果たすべきだろう。

第二の理由は、社会を変えていく力を大人がもっていることだ。もちろん、グレタ・トゥーンベリの「気候ストライキ」に触発された「Fridays For Future」の取り組みのように、子ども・若者の活動が社会に大きな刺激を与えることはある。また、後でみるように、気候変動対策への子どもの参画を保障し、子どもたちが気候変動対策に力を発揮できるようにすることが求められている。しかし、政策決定などについて大人が大きな力をもっていることも事実だ。気候変動を解決する責任を子どもたちに押しつけてはならない。大人がきちんと責任を果たす必要がある。

第三の理由は、早急な気候変動対策が求められていることだ。子どもたちの教育・学習が充実すれば、気候変動の問題を十分に理解して行動する人が社会に増え、気候危機が解決に向かうのかもしれない。しかし、第1章でみたように、気候変動の影響はすでに世界各地で人びとの生活に被害を与えている。また、気候変動は引き返せない転換点（ティッピング・ポイント）にさしかかっている[1]。社会の構成員が入れ替わっていくのを待っているわけにはいかない。現時点で社会を構成している大人が、学び、行動しなければならない。

気候変動に関する教育・学習は、子どもたちだけに求められるものではない。大人が率先して学び、学んだことを行動に結びつけていくべきだ。

（2）気候変動に関する大人の意識

大人が学ぶことを重視するのは、本格的な気候変動対策を後押しする強力な世論が未だ形成されていないからでもある。

気候変動についての意識調査・世論調査に目を向けてみよう。

日本に住む人が気候変動に無関心なわけではない。2020年に実施された国際調査では、「自国が直面している最も重大な環境問題」を3つ選ぶ設問で、「地球温暖化／気候変動」を選んだ人の割合は、平均では37％であるのに対し、日本では54％であり、29か国のなかで日本が最も高い。[2]国連開発計画（UNDP）が2021年に50か国を対象に行った調査でも、気候変動を「地球規模の緊急事態」と考える人は、平均では64％であるが、日本では79％であり、この日本の数値はイギリスおよびイタリアの81％に次いで高い。[3]日本に住む人の多くは、気候変動を重大な問題としてとらえているようだ。

しかし、日本の大人が気候変動対策に積極的かというと、必ずしもそうではない。[4]2015年

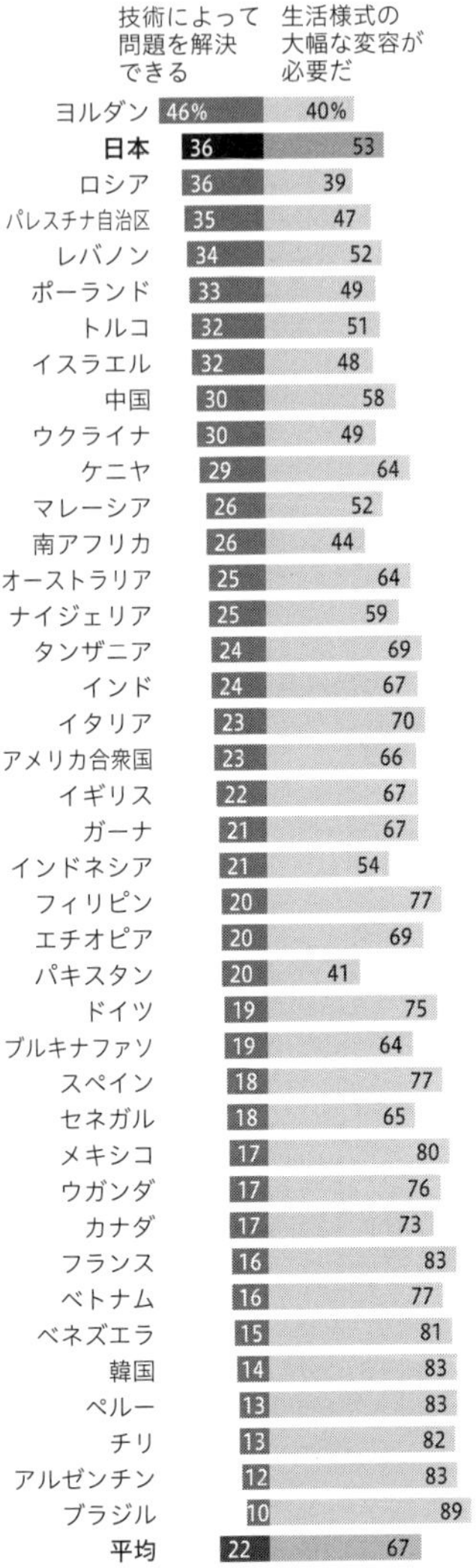
技術によって問題を解決できる
生活様式の大幅な変容が必要だ
ヨルダン 46% 40%
日本 36 53
ロシア 36 39
パレスチナ自治区 35 47
レバノン 34 52
ポーランド 33 49
トルコ 32 51
イスラエル 32 48
中国 30 58
ウクライナ 30 49
ケニヤ 29 64
マレーシア 26 52
南アフリカ 26 44
オーストラリア 25 64
ナイジェリア 25 59
タンザニア 24 69
インド 24 67
イタリア 23 70
アメリカ合衆国 23 66
イギリス 22 67
ガーナ 21 67
インドネシア 21 54
フィリピン 20 77
エチオピア 20 69
パキスタン 20 41
ドイツ 19 75
ブルキナファソ 19 64
スペイン 18 77
セネガル 18 65
メキシコ 17 80
ウガンダ 17 76
カナダ 17 73
フランス 16 83
ベトナム 16 77
ベネズエラ 15 81
韓国 14 83
ペルー 13 83
チリ 13 82
アルゼンチン 12 83
ブラジル 10 89
平均 22 67

図2　気候変動対策の方法についての意識

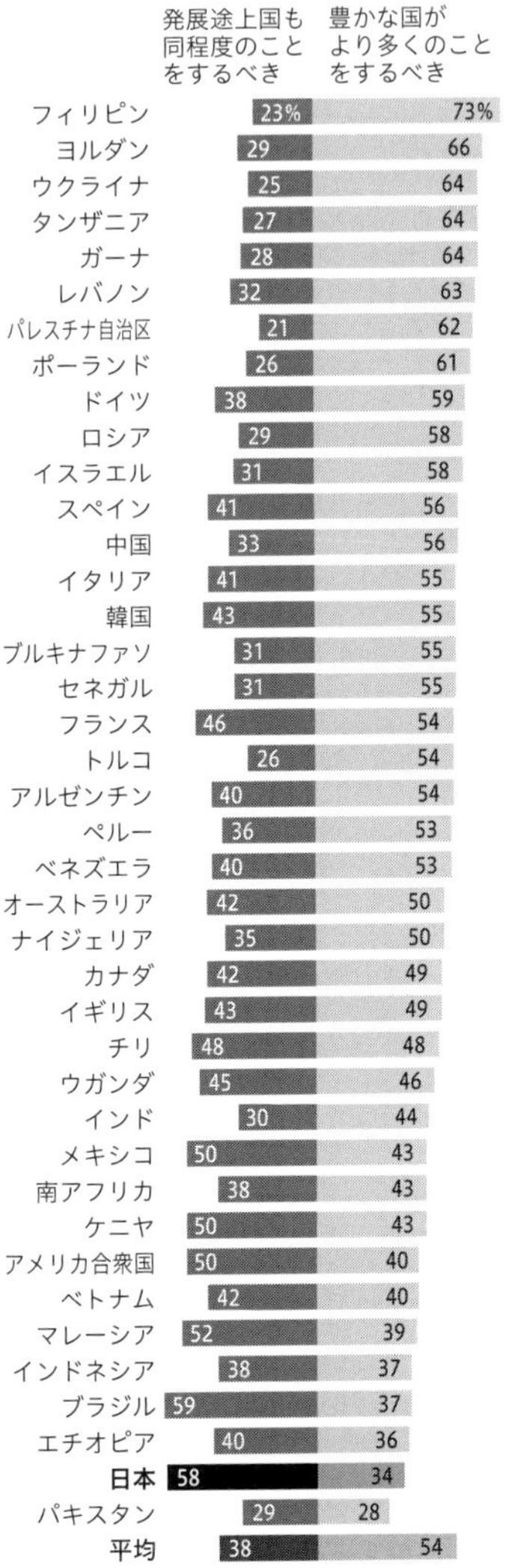
発展途上国も同程度のことをするべき
豊かな国がより多くのことをするべき
フィリピン 23% 73%
ヨルダン 29 66
ウクライナ 25 64
タンザニア 27 64
ガーナ 28 64
レバノン 32 63
パレスチナ自治区 21 62
ポーランド 26 61
ドイツ 38 59
ロシア 29 58
イスラエル 31 58
スペイン 41 56
中国 33 56
イタリア 41 55
韓国 43 55
ブルキナファソ 31 55
セネガル 31 55
フランス 46 54
トルコ 26 54
アルゼンチン 40 54
ペルー 36 53
ベネズエラ 40 53
オーストラリア 42 50
ナイジェリア 35 50
カナダ 42 49
イギリス 43 49
チリ 48 48
ウガンダ 45 46
インド 30 44
メキシコ 50 43
南アフリカ 38 43
ケニヤ 50 43
アメリカ合衆国 50 40
ベトナム 42 40
マレーシア 52 39
インドネシア 38 37
ブラジル 59 37
エチオピア 40 36
日本 58 34
パキスタン 29 28
平均 38 54

図1　気候変動対策の責任についての意識

いずれもPew Research Center (2015) をもとに作成

に実施された国際調査では、気候変動に関しては豊かな国が発展途上国よりも多くのことをするべきだと考える人が、平均では54％であるのに対し、日本では34％となっている(5)（**図1**）。そして、発展途上国も豊かな国と同程度のことをするべきであると考える人の割合は、29か国のなかで日本が2番目に高い(6)。日本を含む「先進国」が率先して気候変動対策に取り組むことを期待する人が、日本には少ないのかもしれない。

また、2015年の国際調査において、気候変動対策のために生活様式の大幅な変容が必要だと考える人は、平均では67％であるのに対し、日本では53％となっている(7)（**図2**）。一方で、生活様式を大幅に変えることなく、技術（テクノロジー）によって気候変動の問題を解決できると考える人の割合は、40か国のなかで日本が2番目に高い。日本においては、生活様式の変容が必要だと考える人が多数派ではあるものの、技術による問題解決に期待する人が他国に比べて多いのである(8)。自らの生活様式を大幅に変えてでも気候変動対策を追求しようとする意欲が、日本の大人には概して薄いのかもしれない。

さらに、2020年の国際調査において、具体的な気候変動対策に関する意識をみると、日本は、3項目については積極的な人の割合が29か国の平均を上回っているものの、他の6項目については平均を下回っている(9)（**表1**）。なかでも、「過剰包装品を避ける」「乳製品を避ける」については積極的な人の割合が平均を約10ポイントも下回っており、「肉食を避ける」については積極的

コラム▼お気楽なメディア

学校での気候変動教育は大切だし、公民館等の社会教育の場で気候変動についての学習が展開されることも重要だ。しかし、気候変動の問題を現代社会の常識にしていくうえでは、メディアが果たすべき役割も大きいはずだ。

2020年の初めからテレビ等で新型コロナウイルス感染症に関する報道がされるのを目にしながら、「どうして気候変動についての報道はこんなに少ないのだろう」と感じてきた。

毎日のようにコロナウイルス感染者の人数が報じられる一方で、温室効果ガスの排出量が定期的に伝えられることはない。ウイルスやワクチンについてはさまざまな情報が入ってきたけれど、気候変動の問題を詳しく解説するニュース番組は観たことがない。

人間社会にとっての巨大な脅威がまともに報道されていない。とんでもなく気味が悪い状態だと思う。私たちは、社会の破局と生態系の苦難を前にしながら、花粉の飛び具合や洗濯物の乾き具合についての情報を与えられている。毎日の天気予報では、大気汚染の状況も知らされないし、二酸化炭素濃度の値も報じられない。絶滅していく生物種の推定数が示されることもない。

お笑い番組やグルメ番組を観たり、芸能人のスキャンダルを楽しんだりしながら、私たちは着々と破局に突き進んでいる。

な人の割合が29か国のなかで最も低い。「乳製品を避ける」や「肉食を避ける」が気候変動対策として日本で広く認識されていないことが影響している可能性もあるが、いずれにしても日本の大人は具体的な気候変動対策に必ずしも積極的ではない。

日本の人びとは、全体としては、気候変動に不安を抱いているものの、気候変動対策にあまり意欲的ではなく、自分たちの生活様式の変容を避ける傾向も強いようだ。

この状況を変えていかなければ、気候変動対策はなかなか前に進まないのではないだろうか。やはり、私たち大人が先に立って学ばなければならない。

表1　気候変動対策に積極的な人の割合（%）

	世界	日本
紙等をリサイクルする	49	57
家で省エネをする	50	55
家で節水をする	49	50
過剰包装品を避ける	57	49
新品の購入を避ける	52	47
自動車に乗らないようにする	46	44
飛行機に乗らないようにする	41	35
乳製品を避ける	35	24
肉食を避ける	41	23

Ipsos（2020）をもとに作成

2　何を学ぶのか

（1）確かな知識

大人が学ぶにしても、子どもが学ぶにしても、教育・学習の中身を考えておくことが必要だ。

気候変動の問題に関して、私たちが学ぶべきことは何だろうか。

素朴に考えて、重要なことの一つは、基本的な知識だろう。「十分な知識がないと気候変動について発言する資格はない」などということはないが、気候変動の問題を考えるうえでは、その土台となる知識が求められる。

一方で、いくつかの意識調査・世論調査の結果をみると、日本の人びとの気候変動に関する知識は、概して不確かなようだ。

2020年の国際調査の結果をみると、「人間活動が気候変動に影響している」と考える人は、平均では77%であるのに対し、日本では53%である[10]（**図3**）。この日本の数値は、29か国のうちで最も低い。

国立環境研究所によ

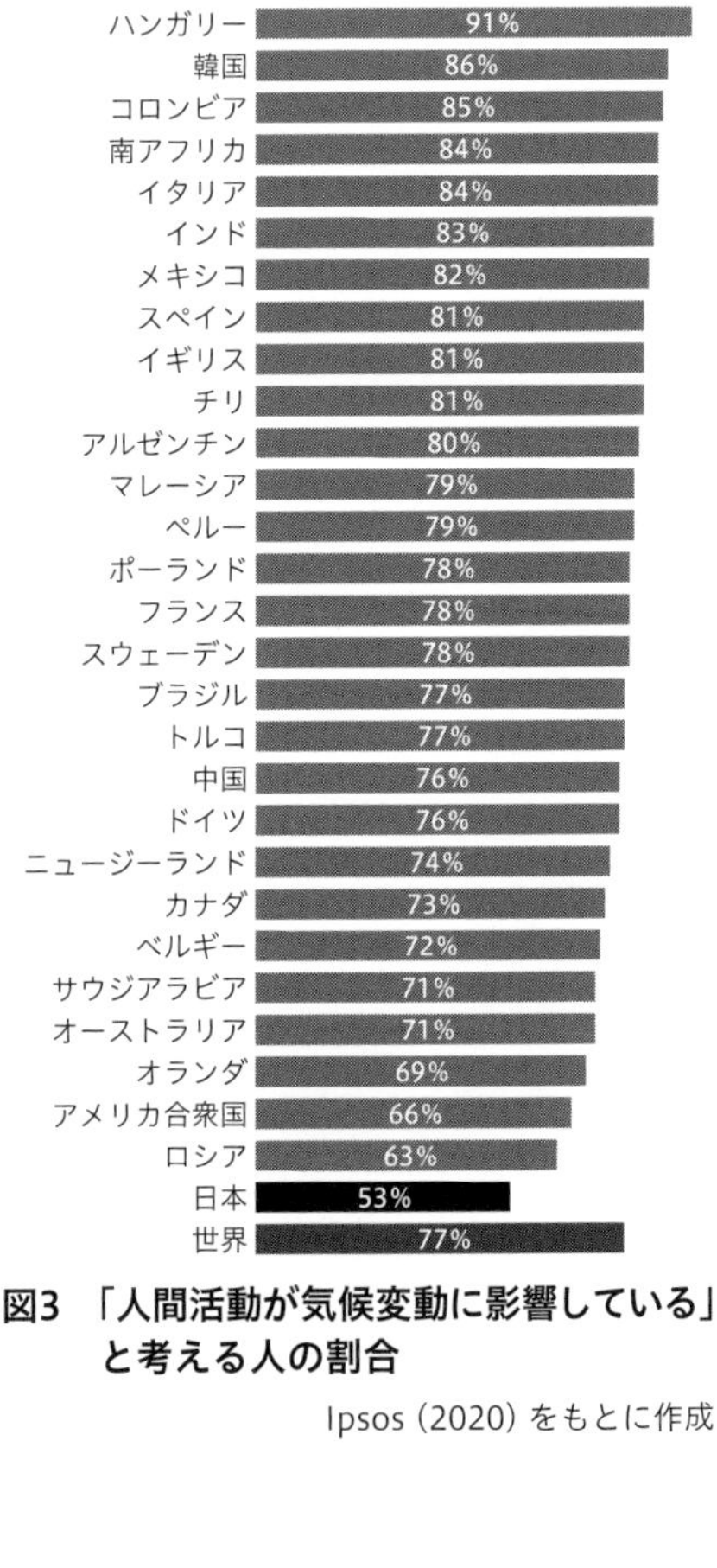

図3　「人間活動が気候変動に影響している」と考える人の割合

Ipsos (2020) をもとに作成

る2016年の調査でも、「気候の変化の原因」については、「全て自然現象によるものだ」が3・5%、「おおかたは自然現象に原因がある」が6・3%、「一部は自然現象、また一部は人間の活動に原因がある」が41・2%、「おおかたは人間の活動に原因がある」が36・7%、「全て人間の活動に原因がある」が10・1%となっている。(11) 人間の活動が気候の変化に影響していると考える人は多いものの、人間の活動が気候の変化の主要因であると考える人は必ずしも多くない。

2013年に公表されたIPCC（気候変動に関する政府間パネル）の第5次評価報告書では、「人間活動が20世紀半ば以降に観測された温暖化の主な要因であった可能性が極めて高い」とされていた。そして、IPCCが2021年に公表した第6次評価報告書は、「人間の影響が大気、海洋及び陸域を温暖化させてきたことには疑う余地がない」としている。そうしたことに照らすと、科学的知見の到達点と日本の人びとの意識との間には、軽視できない乖離がみてとれる。

また、国立環境研究所が2015年に実施した調査では、「地球上の気候が変わってきている原因」を5つまで選ぶ設問において、最も多かった回答は「大気汚染全般」であり、2番目が「自動車、飛行機の交通量の増加」、3番目が「オゾン層の破壊」であって、「化石燃料の燃焼による二酸化炭素」は4番目になっている(12)(**図4**)。二酸化炭素等の温室効果ガスの排出が気候変動の主な原因であるという科学的知見は、日本の人びとの間で広く共有されていない可能性が高い。

そして、気候変動に関する科学的知見が十分に認識されていない傾向は、若い世代にもうかがえる。17歳から19歳の若者を対象として2019年に実施された調査の結果をみると、「温暖化の主な原因は何だと思うか」という質問に対して、「人間の社会活動に伴う温室効果ガスの排出」という回答は63・7%にとどまっており、「地球の自然サイクル」が6・8%、「わからない」が29・5%となっている[13]。また、「温暖化のリスク」については、67・0%が「知っている」と回答しているが、33・0%は「知らない」と回答している。

大学の教育学部に在籍している学生を対象として2021年に実施したアンケート調査においても、「現代の気候変動の主要な原因は人間の活動である」に関しては、「そう思う」が73・3%にとどまっている[14]（**表2**）。教員養成課程に在籍している学生の間でも、気候変動に関す

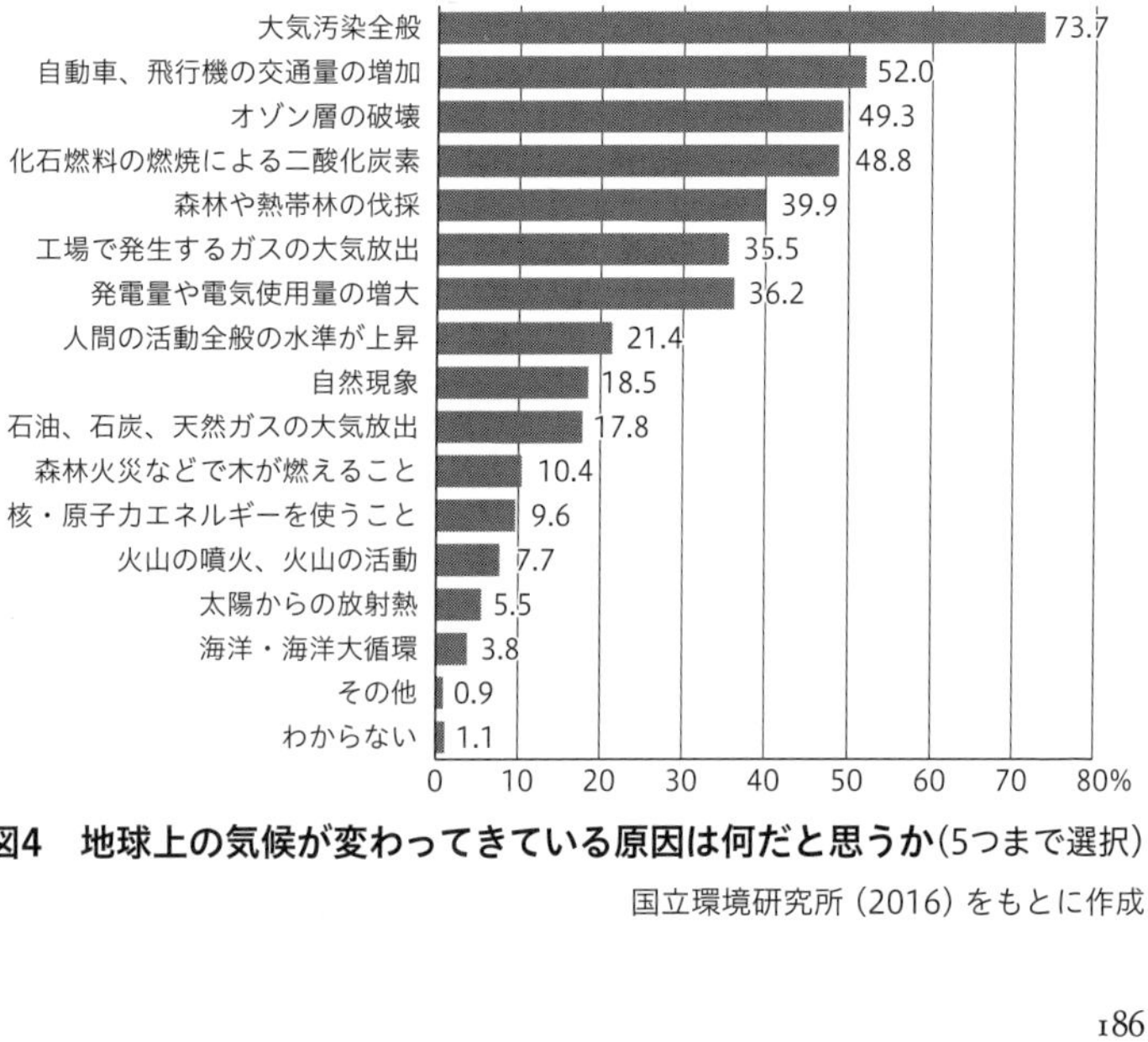

図4　地球上の気候が変わってきている原因は何だと思うか（5つまで選択）

国立環境研究所（2016）をもとに作成

る基本的な科学的知見が行き渡っていない。

教育学部の学生は、「世界の温室効果ガス排出量が半減すれば地球の平均気温は下がる」に関しても、27・5%が「そう思う」、53・4%が「わからない」と回答している。「そう思わない」は19・1%でしかない。世界平均気温の上昇がCO_2の累積総排出量と比例関係にあること、一年あたりの排出量が減少してもCO_2の排出が続いていれば地球温暖化も続くことは、あまり理解されていないようである。

また、気候変動対策についての国際的な目標も、よく知られていないらしい。２０１５年に成立したパリ協定では、産業革命前からの地球平均気温の上昇を2度より十分に低い水準に抑えることが目標とされ、1・5度に抑える努力をすることが合意されている。しかし、教育学部の学生を対象とするアンケート調査では、「地球平均気温の上昇を4度以内に抑えるという目標に多くの国が合意している」に関して、35・9%が「そう思う」と回答しており、「そう思わない」と回答した学生は

表2　教育学部学生の意識　(N＝131人)

	そう思う	わからない	そう思わない
現代の気候変動の主要な原因は人間の活動である	73.3%	21.4%	5.3%
世界の温室効果ガス排出量が半減すれば地球の平均気温は下がる	27.5%	53.4%	19.1%
地球平均気温の上昇を4度以内に抑えるという目標に多くの国が合意している	35.9%	53.4%	10.7%

丸山（2022）をもとに作成

10・7％でしかなかった。「地球平均気温の上昇を4度以内に抑える」ことが国際的な目標になり得るようなものとして受けとめられているのだとすれば、現在の地球温暖化の深刻度が過小評価されている可能性がある。

現在の若い世代も含めて、日本の人びとの気候変動に関する知識は概して不十分だと考えたほうがよいだろう。日本の学校において気候変動についての教育・学習が行われてこなかったわけではないが[15]、それらの教育・学習は十分な成果を生んでいないようだ。最新の科学的知見が多くの子どもと大人に共有されていくよう、気候変動についての教育・学習のあり方を考えていかなければならない。

（2）社会変革の課題

気候変動に関して、基本的な知識の教育・学習と同時に求められるのは、問題を解決する方法についての教育・学習だろう。多くの人が知識を身につけても、誰も行動しなければ、気候変動は止まらない。気候変動については、問題解決のための行動が大切になる。ただし、気候危機の克服のために何かしらの行動をとるとしても、その行動が的外れであったり、問題の本質に迫らないものであったりすると、行動の意義は乏しくなる。

そうした観点から、日本の人びとの意識に目を向けると、気になる特徴がある。政治・政策に気候変動対策を求める姿勢の弱さだ。2020年の国際調査の結果をみると、「政党の政策が気候変動を真剣に扱っていなかったら、その政党への投票を避ける」と考える人の割合は、29か国のなかで日本が2番目に低い[16]。国会議員選挙のときの世論調査でも、有権者の関心が「気候変動」や「環境問題」に集まることはない。

このことの背景には、日本の人びとが全体としては気候変動対策に消極的なことがあるのかもしれないが、気候変動対策が一人ひとりの心がけの問題として受けとめられていることもあるのかもしれない。個人の努力の寄せ集めによって解決すべきものとして気候変動の問題が考えられているなら、政治・政策に気候変動対策を求める意識は薄くなるだろう。

日本で実施されてきた意識調査・世論調査をみると、そもそも調査内容が個人の取り組みに偏っていることが少なくない。

内閣府が2016年に実施した「地球温暖化対策に関する世論調査」では、「家庭や職場で行う地球温暖化対策について」が主要な調査項目の一つになっており、「白熱電球とLED照明の使用状況」「電化製品等を選ぶ際の省エネ意識」「エコドライブの取り組み」など、個人の取り組みに関する内容が目立っている[17]。また、内閣府が2020年に実施した「気候変動に関する世論調査」でも、「脱炭素社会の実現に向けた取組」に関する調査項目においては、「冷暖房の設定温度を適切に管理」「こまめな消灯」「家電製品を購入する際に、省エネルギー効果の高い製品を購入」「エコドライブの実践」など、個人の取り組みが選択肢となっている[18]。

全国地球温暖化防止活動推進センターが大学生を対象として2019年に行った調査をみても、個人の「環境配慮行動」への着目が目立つ[19]。「冷蔵庫に物を詰め込みすぎないように気を付けている」「エアコンの温度は、冷房時28度、暖房時20度の設定を目安にしている」「電気カーペットの設定温度は低めにしている」といった「省エネ行動」や、「できる限り詰め替え用がある商品を買うようにしている」「資源ごみは、家庭ごみから分別し、決められた回収日に出すようにしている」といった「購買行動等」についての調査に重点が置かれている。

また、日本財団が17歳から19歳の人を対象に2019年に実施した調査の報告書では、「温暖化対策に向けて必要だと思うこと」の自由回答に関して、「必要だと思う対策は、『一人一人の努力が大切だと思う』『一人一人が環境について考えること』『一人一人の意識を高める事』『個人個人が意識を持ちできることから少しでも始めること』など、まず個人がこの問題についての意識を高めて行動することが大切であるという意見が多く挙がった」と述べられている[20]。

一方で、気候変動に関する人びとの意識についての外国の研究をみると、政治・政策との関係で人びとの意識に目を向けているものが多い[21]。気候変動の問題についての理解は、個人の行動の変容のためだけに求められているのではなく、気候変動対策のための政治・政策に不可欠なものとして考えられているのである。

気候変動についての教育・学習を考える場合にも、一人ひとりの努力ばかりに焦点を当てないほうがよい。気候変動を止めるために必要な社会変革はどのようなものか、その社会変革を促す政治・政策はどのようなものか、政府・自治体や企業の役割は何か、私たちが集団的に取り組むべきことは何か、といったことを考える必要がある。

NPO法人気候ネットワークの理事である平田仁子は、気候変動について、「個人の行動や努力だけで解決できるものでは全くない」と指摘し、「政治や政策が主導し脱炭素社会づくりを牽引することが重要となる」と述べている[22]。そして、日本における従来の「情報伝達」について、「地球温暖化現象や影響に関する知識を与えた後は、『個人でできること』に飛躍する」ことを問題にしている[23]。そのような問題点を乗り越えるような教育・学習が、今後の日本に求められる。社会変革の課題を発見していくような学びが大切だ。

(3) 気候変動対策への参画

気候変動を止めるための社会変革に関しては、気候変動対策への子どもの参画を促進することが重視されており、そうした参画のための教育・学習も求められている。

ユニセフ（国連児童基金）は、2015年の報告書『いま行動しなければ――気候変動の子どもへの影響』のなかで、子どもの声に耳を傾けることを求め、若者の参画の必要性を訴えたうえで、子どもたちが変革の主体になれるように気候変動教育を実施するべきことを提言している[24]。また、2021年の報告書『気候危機は子どもの権利の危機』においても、ユニセフは、気候関連のあらゆる意思決定への子ども・若者の包摂を求め、気候に関する教育を子どもたちに保障することを説いている[25]。

国連人権高等弁務官事務所が「子どもの権利と気候変動」を主題として2017年にまとめた報告書においても、気候変動に関する意思決定への参画は子どもの権利としてとらえられている。報告書では、「子どもは、自らの力の及ばない事象の受動的な犠牲者として扱われるべきではなく、政策の設計や実施に自らの意向や選択が公正に反映されるような変革の主体とみなされるべきである」と述べられ、「気候変動についての適応政策や緩和政策に関係することを含め、適切な意思決定過程への子どもの参画が保障されなければならない」とされている[26]。報告書は、子どもが変革の主体になることを励ますものとして気候変動教育をとらえ、「気候変動政策への参画に向けた子どものエンパワメント」を提言している。

また、国連子どもの権利委員会も、気候変動対策において子どもの見解（views）に着目することを各国政府に勧告しており[27]、気候変動に関わる子どもの参画を強調するようになっている[28]。

そして、子ども・若者の参画は、日本においても、気候変動対策を求める取り組みのなかで重視されるようになってきている。

Fridays For Future Japanは、気候変動を止めるための署名運動を2020年に行うなかで、日本政府に対する三つの要求の一つとして「若者の意見の尊重」を掲げた。署名運動にあたっての声明文では、「若い世代ほど気候危機の影響を受けやすいことから、選挙権のない人を含む若者全体の意見を汲み取る制度を設けることを求めます」と述べられている。[29]

また、気候変動の解決に向けての「あと4年、未来を守れるのは今」キャンペーンでも、若者の参画は重視されていた。多くの団体が参加して2021年に取り組まれた署名活動においては、「気候・エネルギー政策の見直しは、若い世代を参加させ民主的で透明なプロセスで行うこと」が五つの要望事項の筆頭になっていた。

気候変動対策への子どもの参画を具体的にはどのように進めるのか、気候変動対策への参画のために子どもたちに保障されるべき教育・学習はどのようなものか、といったことを急いで探究する必要がある。その探究を進めながら、気候変動対策への子どもの参画を追求するべきだろう。ただし、気候変動対策への子どもの参画を重んじることは、気候危機の克服のために大人が担うべき役割を軽くするものではない。そのことには注意が必要だ。大人が果たすべき責任を子どもたちに転嫁してはならない。[30]

子どもたちには権利があり、私たち大人には責任がある。気候変動対策への参画と、その参画に向けた教育・学習を子どもたちに保障することは、大人の責任だ。

3 学びの推進

（1）気候変動教育の拡充

子どもたちの権利を保障するという観点から、日本においても気候変動教育を積極的に展開していかなければならない。

子どもたちの教育・学習にとっては、学校での気候変動教育が特に重要になる。国連子どもの権利委員会も、各国政府への勧告のなかで、気候変動に関しての学校の役割を重視し、教育の課題に触れている[31]。２０１９年2月に示された日本政府への「総括所見」においては、国連子どもの権利委員会から次のような勧告がなされている。

> 学校の教育課程と教師の研修プログラムに気候変動や自然災害を組み込むことにより、気候変動および自然災害に関する子どもの意識と備えを高めること。

子どもの権利委員会の勧告を受けとめ、学校の教育課程に気候変動の問題を位置づけていくことが求められる。

外国に目を向けると、イタリアでは、２０２０年9月から気候変動に関する授業が必修になっている。公立学校に通う小学生から高校生までの子どもたちは、年間に33時間以上、気候変動に関する学習をする。

世界の若者が気候変動の問題についての思いを記した作文集をみても、気候変動教育の拡充を求める意見が少なくない(32)。たとえば、ウズベキスタン出身で26歳のタチヤナ・シンは、「イタリアにならって、気候変動と環境問題についての学習を、すべての教育段階で必修にしよう」と呼びかけている(33)。また、ニュージーランド出身で18歳のルーデス・フェイス・アウフラ・パレフイアは、「教育カリキュラムにもっと環境教育とシティズンシップ教育が組み込まれてほしい」と述べている(34)。

米国の大学で学ぶ20歳のブランドン・グエンは、「２０１９年3月に行われた世論調査では、アメリカ合衆国の親の圧倒的大多数が、子どもに学校で気候変動について学んでほしいと考えていることがわかった。でも、親や教員のうち、生徒たちに気候変動について実際に教えたり話したりしている人の割合は、半分にも満たない」と述べている。グエンは、「もっと簡単に多くの人が気候変動についての教育を受けられるようにする運動」に参加しており、環境保護団体と協力して、教科を横断した気候変動の教材を作成する活動を行っている(35)。

また、19歳のルビー・サンプソンらが結成したアフリカ気候連合は、南アフリカ政府に向けて

「すべての学校で、気候変動とその南アフリカへの影響について教える必修カリキュラムを作ること」を要求している[36]。

日本でも、気候変動教育の必修化を求めてよいのではないだろうか。また、さまざまな環境危機が深刻化していることを考えると、「環境」という教科の必修化を視野に入れるべきではないだろうか。

子どもたちが気候変動の問題を学ぶことになれば、教員の側にも気候変動についての理解が求められる。国連子どもの権利委員会が勧告しているように、教員の養成・研修に気候変動の問題が位置づけられれば、多少なりとも教員の意識が変わっていくだろう。市民でもある教員の意識が変われば、社会の流れが変わり、本格的な気候変動対策が進み始めるかもしれない。

文部科学省の統計によると、日本には約２００万人の教員がいる[37]。そして、それぞれの教員は、家族なり友人なり、人との関係をもちながら暮らしている。気候変動教育が積極的に推進され、多くの教員が気候変動の問題への関心を深めれば、その影響は広い範囲に及んでいく可能性がある。子どもたちの権利を保障するためにも、社会の流れを変えていくためにも、気候変動教育の飛躍的な拡充が求められよう。

もちろん、どんな内容の教育でもよいというわけではない。気候変動教育の質は問われる。「買い物にはマイバッグを持っていきましょう」「エアコンの設定温度に気をつけましょう」といった内容ばかりでは、まるで話にならない。「一人ひとりがエコライフを心がけましょう」という教育では、気候危機の克服にとっての社会変革の重要性が覆い隠され、問題の解決がむしろ遠のくかもしれない。

しかし、問題の本質に迫るような気候変動教育が各地で展開されていくなら、子どもたちの教育・学習は、気候変動を止めるための大きな力になる。子どもたちの学びは、教職員や保護者の学びとも連動するだろう。気候変動教育の潜在力を、現実のものにしていこう。

（2）学校全体での取り組み

気候変動教育に取り組んでいくために、その進め方を考えておくべきだろう。

ユネスコ（国連教育科学文化機関）は、学校における気候変動への取り組みに関して、ホール・スクール・アプローチを重視している[38]。教授・学習はもちろん、学校運営、施設管理、地域連携など、すべての面で学校が気候変動の問題に取り組んでいくということだ[39]。「持続可能性の学校文化」が形成されることにより、気候変動についての子どもたちの学びが後押しされる。

ホール・スクール・アプローチのもとでは、教授・学習についても、すべての教科で気候変動の問題を扱うことが想定される。ユネスコの学校向け手引きでは、気候変動の影響を示すポスターを作る（芸術）、気候変動によって世界のなかで特に危機にさらされている地域を示す地図を作成する（地理）、大気汚染のような環境要因と関連する健康リスクを調べる（保健・体育）、気候変動に関する写真やビデオに対応する詩や物語を書く（言語・文学）、気候に影響を与える自然要因や人間要因を調べる（科学・技術）、といったことが例示されている。[40]

また、ユネスコの学校向け手引きは、学校に関わる誰もが気候変動への取り組みにおいて役割をもつことを求めており、学校がより持続可能なものになっているかを評価する（生徒）、気候関連の学校の取り組みに学校関係者が参加することを促す（教師）、学校の冷暖房や照明を省エネ型にする（用務員・建物管理者）、学校菜園で育てて校内食堂で使うことができるような植物の種類を提案する（食堂職員）、印刷を両面にしたり必要最小限にしたりというように持続可能性の高い実践を事務室で進める（事務職員）、といったことを例示している。[41]

このようなホール・スクール・アプローチの観点は、日本での実践においても大切にされるべきものだ。気候変動をめぐる科学を理科の授業で学ぶこと、気候変動がもたらす諸問題や気候変動対策の経過を社会科の学習で知ることも重要だが、ほかにも学校教育に期待できることは多い。「総合的な学習の時間」は、気候変動の問題を扱うのに向いているかもしれない。外国語の学習のなかで気候変動について読んだり話したりすることも考えられる。家庭科は、環境負荷の少ない生活や、それを可能にする社会を考えていくうえで、大きな可能性をもつ教科ではないだろうか。それぞれの教科・科目をはじめ、学校の教育活動のさまざまなところで、気候変動を意識した実践を構想することができるはずだ。

学校施設を環境負荷の少ないものにしていくこと、その取り組みを教育活動に活かしていくことは、文部科学省も推奨している。「環境を考慮した学校施設づくり事例集」では、校内の木質チップボイラーを使って「地産地消エネルギー」に関する授業を行っている（北海道の小学校）、両面採光の校舎を活かして「光の授業」を行っている（滋賀県の中学校）、校舎の壁の外断熱などが室内環境に与える影響を計測・分析する学習を行った（大阪府の高等学校）、といった例が紹介されている。[42] 木質チップや断熱材の肯定的側面ばかりを学ぶことには問題もありそうだが、気候変動に対峙する施設づくりを進めること、その取り組みを教育活動に活かすという姿勢は、学校にとって大切なものだろう。

気候危機の克服に向けて、学校が最大限に力を発揮していくことが望まれる。

4　持続可能な生活に向けての教育

（1）無力な私たち

気候変動に向き合うためには、気候変動対策に直結していくような学びとともに、持続可能な社会を形成していくための幅広い学びが求められる。

気候変動の時代を生きる私たちは、今とは異なる社会を築き、今とは異なる生活様式を確立していかなければならない。そのために必要とされるのは、どのような力だろうか。

私たちは、環境負荷の小さな生活を追求していくことになる。その道筋においては、地元で生活の必要を満たしていくことが大切になるはずだ。身近な地域で物質が循環するような生活が望ましい。そうした生活のための力を、私たちは身に付けているだろうか。

第3章では、横井庄一氏がグアム島で送った「サバイバル生活」に触れた。横井氏は、自分たちで「住居」を作り、森の植物や動物を料理し、木の繊維で服をこしらえた。化石燃料を使うことなく、森の生きものに頼り、身のまわりのものを活用して生きた。それを可能にする知恵や体力、知識や技能をもっていた。

それに対して、私は、布からでさえ服を作れない。麻や綿から服を作ることなど、とてもできそうにない。麻や綿の育て方も知らない。味噌や醤油を自分で作ったこともないし、大豆の葉や小豆の葉を見分ける自信もない。家の建て方もわからないし、木を使って小さな箪笥《たんす》を作ることも難しそうだ。稲わらで草履を編むのも挫折した。大学院の博士課程まで、21年間も学校に在籍していながら、知らないことだらけだし、できないことだらけだ。

ユヴァル・ノア・ハラリは、『サピエンス全史』のなかで、「平均的な狩猟採集民は、現代に生きる子孫の大半よりも、直近の環境について、幅広く、多様な知識を持っていた」と書いている。(43)

そして、「人類全体としては、今日のほうが古代の集団よりもはるかに多くを知っている」としつつも、「個人のレベルでは、古代の狩猟採集民は、知識と技能の点で歴史上最も優れていたのだ」と述べている。[44]自分の無力さを振り返ると、ハラリの言っていることの意味がよくわかる。実際のところ、狩猟採集民は、現代の日本に生きる私たちがもっていない力をたくさん備えていたようだ。そうした知識や技能は、近年に至るまで狩猟採集に基づく伝統的な生活を営んできた人びとにも垣間見ることができる。

ジェイムス・スーズマンは、１９９０年代半ばから約25年にわたって、南部アフリカで暮らすサン人（ブッシュマン）と生活をともにし、サン人の狩猟採集の様子を記している。[45]サンの人びとは、採集の遠出を協力して行っており、食べものが採れる場所や季節の知識を共有していた。草原に食べものを採りにいくと、スーズマンには見分けがつかない茎のなかから、芋の茎を見つけることができた。サンの人びとは、１００種類の植物を食用に分類し、果実・茎・樹液・種・花・柄・根・根茎・球根など多様な部位を食べるという。

狩猟には毒矢を使い、ハムシの幼虫から毒を採取する。獲物の大きさにもよるが、毒が効くのに数時間から数日かかるため、獲物を追跡する技能が狩人には求められる。動物を発見するのにも、足跡を読むことが必要になる。スーズマンは追跡の術を身につけることができなかったが、サンの狩人は「最も仕留めやすそうで最も太っているもの」といった個体を足跡から見つけ、足跡だけで獲物を選んでいた。

これらの知識や技能は、今の日本で暮らす私たちの大半には縁遠いものだろう。私たちは、ある種類の力を獲得してきた一方で、ある種類の力を喪失してきた。

もっとも、現代の日本に住む私たちは、ジャングルでのサバイバル生活を強いられているわけではない。狩猟採集社会で暮らしているわけでもない。かつての狩猟採集民と同じ力が、そのまま私たちや子どもたちに求められるということではない。

現在の日本で暮らす多くの人は、毒矢を用いて狩りをすることはできないものの、自動車を運転することができたり、スマホを操作できたりする（私は両方ともできないけれども）。ウイルスの存在を知っていたり、インターネットを通じて買い物をする方法を知っていたりもする。私たちが知っていることもあるし、私たちにできることもある。

しかし、さまざまな文化や技術、知識や技能を私たちが失ってきたことは間違いない。そして、失ってきたものは、環境負荷の少ない生活を営むために大切なものだった可能性がある。持続可能な社会の形成にとって大きな価値のあるものを、私たちは置き忘れてきたのかもしれない[46]。

（2）気候変動時代の教育

20世紀後半に活躍した思想家のアンドレ・ゴルツは、次のように述べている。

学校では、外国語を、いや自国語さえ、話せるように教えてくれない。歌うことも、手足を使うことも、健康な食事をとることも、制度のジャングルのなかをくぐりぬけていくことも、病人や赤ん坊の面倒を見ることも教えてくれない。(47)

ゴルツは、現代の人間がさまざまな力を失い、商品・サービスに依存していることを指摘する。(48) 栄養のとり方を忘れ、不健康な食事をしては、治療のために医者や製薬会社に金を払っている。人びとは歌うことをやめ、プロの歌手が歌っているレコードを何百万枚も買うようになった。人びとは、水道の蛇口の修理ができず、薬を使わずに風邪を治す方法を知らず、サラダ菜を育てる方法もわかっていない。産業や国家に「おあつらえむきの勤労者や消費者や顧客や被統治者を引き渡すこと」が学校の使命になっているからだと、ゴルツは述べている。

資本主義は、賃労働のほかに生活の手立てをもたない労働者を必要とし、同時に、商品・サービスを購入しなければ生活できない消費者を必要とする。資本主義社会に生きる私たちは、生活の基本的な必要を自分たちで満たすことが難しくなっている。(49)

しかし、気候危機に向き合おうとするなら、商品の大量生産・大量輸送・大量消費・大量廃棄を続けるわけにはいかない。私たちは、環境負荷の少ない生活を構想し、それを実現する力を集団的に蓄えていかなくてはならない。また、避けられなくなった気候変動の悪影響に対応するためにも、自分たちの生活を守る力を高めていくことが求められる。私たちは、現在もっているのとは異なる力を育んでいくべきなのだろう。

マーク・ボイルは、「現在直面しているもろもろの試練を考えるに、次世代の人類が――いやおうなしに――受けつぐ世界は、ぼくらの子どものころとはかなり様子が変わっている」として、「教育のしかたを再考しなければならない」と述べている。[50] そして、「将来、子ども世代の関心事の中心が、どうやって食べていくかや、その他、生きのびるためのさまざまな必需品をどうやって生産するかにあるとすれば、ジャストインタイム生産方式のメリットとデメリットだとか、小売マーケティングにおける10の重要ルールだとかを教えるのは、はたして一番賢い前向きな道だろうか」と問いかけている。[51] ボイルは、「われわれが学んでいるのは、ハイテク社会向けの分業体制にもとづく経済のためのスキルであって、人間の生活に求められるごく基本的なニーズがまったく考慮されていない」ことを問題視する。[52]

また、ジュリエット・ショアも、「持続可能な経済」について述べながら、「生活に必要な衣食住などを自分でまかなう能力を広く一般の人びとが有している、という状態に戻ること」を重視している。[53] そして、「これから必要になる技能や実際の作業を普及させる方法」として、「自給」に着目する。ショアは、「自給」に求められる技術や技能を、「来るべき経済および環境の危機を乗り切るためにも、もっと普及させる必要がある」と考えている。それは、「必ずしも過去と同じやり方に戻るのではなく、21世紀を生き抜くために、過去やってきた事を学ぶという意味」である。

私たちは、気候変動の時代を生き、気候危機を克服していくために、失ってきた智恵や技能を取り戻さなければならない。

合わせて考えたい

気候変動と向き合う高齢者の学習

国連人権高等弁務官事務所は、社会的に不利な立場に置かれやすい人びとに着目しながら「気候変動と人権」の問題に取り組んでおり、[1] 2021年4月には「高齢者の権利と気候変動」についての報告書を公表している。[2]

報告書の主要な問題意識は、気候変動の悪影響が特に高齢者に被害を与えやすいことにある。「生命・健康・安全への権利」に関しては、ハリケーン等の災害の際に高齢者が死亡しやすいことが指摘されている。「適切な住居への権利」に関しては、暖房や冷房の仕組みが不十分な家に住んでいる高齢者が多いことへの言及がされている。「社会保障・ケア・支援への権利」に関しては、気候変動の影響を受けた地域を若い人が離れることで、残された高齢者のためのケアや支援が減退することが問題にされている。「ディーセント・ワークと生計への権利」に関しては、自給自足的な農業で生活している高齢者が世界各地に多いことが述べられ、農業生産への気候変動の影響が高齢者にはとりわけ強く及ぶことが指摘されている。

そうした問題を列挙しながらも、同時に、報告書は、「気候変動の有害な影響に対処するうえでの高齢者の力」にも着目している。たとえば、退職した高齢者には、気候変動問題を十分に学ぶ時間、気候変動対策に参加するための時間があるかもしれない。また、力のある立場にいる高齢者は、気候変動対策のなかで軽視されることの多い若い人の声を広げるために、その立場を役立てることができる。そうしたことを記しながら、報告書は、「気候変動対策への高齢者の参画の促進は、人権に関わる責務であるだけでなく、すべての人びとや地球にとっての効果的な解決策を手に入れるための手段でもある」と述べている。

みんなの力で気候変動を止めていくうえで、高齢者には大きな役割がある。気候変動対策を求める社会運動に多くの高齢者が参加するようになれば、社会の雰囲気は変わっていくだろう。子ども・若者の活躍ばかりに期待してはいられない。気候危機の打開には、高齢者の取り組みが不可欠だ。そして、高齢者が気候変動の問題を学ぶことは、その取り組みの重要な軸になる。

見逃してきた社会問題を知ること、無自覚のうちに自分が加担してきた環境破壊を直視することは、後悔の念をもたらすかもしれない。しかし、気候変動から目を背けることは、さらなる後悔につながるだろう。一方で、気候変動に目を向け、気候危機の解決に向けて行動することは、新しい仲間や新しい生活との出会いになる。

孫の誕生日にハウス栽培のイチゴを届けるようなことはやめよう。プラスチックの玩具を欲しがる子どもを甘やかすようなこともやめよう。代わりに、少しずつでも気候変動の問題を学び、気候危機を解決する社会をつくるための活動を模索しよう。高齢者が気候変動に真剣に向き合うことこそ、孫世代への最高の贈りものだ。

第Ⅲ部

第8章

自動車を減らす

現代の社会では、大量生産・大量輸送・大量消費がなされ、そのことが気候変動に結びついている。人や物の大量輸送は、それ自体が地球温暖化の原因になるのと同時に、地球温暖化をもたらす大量生産と大量消費を支えてもいる。

その大量輸送の中心に位置する自動車は、「単なる乗りもの」ではない。大地に道路網を張り巡らせ、家や店の配置を動かし、私たちが暮らす町の風景を変えてきた。自動車関連産業は、経済を左右し、社会の土台に根を食い込ませている。

そして、子どもたちの生活にも、自動車は深く入り込んでいる。日本の子どもの多くは、生まれて数日のうちには自動車に乗る。生まれた病院から自宅に移動するためだ。

生まれた子どもたちは、自動車が出した排気ガスを吸い込みながら育ち、高速で行き交う鉄の塊から身を守ることを強いられるようになる。

そのうえ、自動車は、気候変動の要因となることで、子どもたちの未来にも影を落としている。気候危機に直面する私たちは、自動車の今後をどのように考えればよいのだろうか。

1　自動車と気候変動

第6章で「乗るもの」について考えたときに触れたように、自動車の温室効果ガス排出量は大きい。

国土交通省によると、日本全体の排出量の18・6%は自動車・船舶等の運輸部門からのものであり（**図1**）、自動車の排出量は運輸部門の86・1%を占めている（**図2**）。自動車の排出量は、日本全体の排出量の16・0%に及ぶ。

また、人の輸送量（輸送した人数×輸送した距離）あたりの排出量をみると、自家用乗用車の排出量は、バスの約2・3倍、鉄道の約7・6倍である。そして、貨物の輸送量（輸送した貨物の重量×輸送した距離）あたりの排出量をみると、営業用貨物車の排出量は、船舶の約5・5倍、鉄道の約12・5倍となっている。

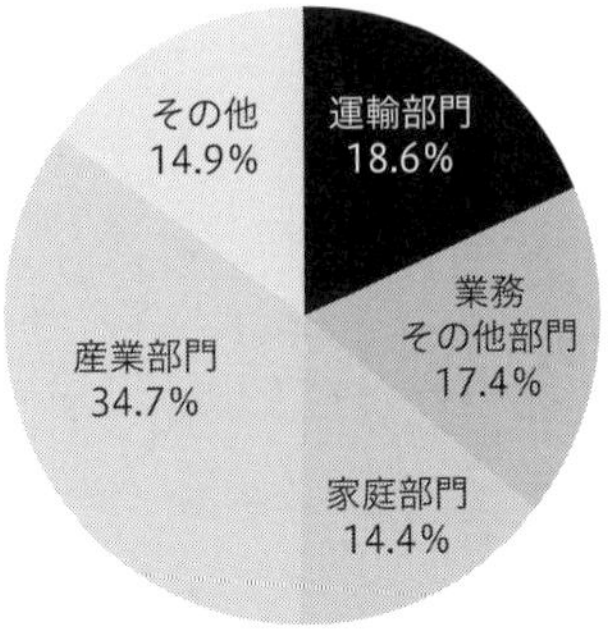

図1　日本の各部門におけるCO_2排出量（2019年度）

国土交通省のホームページをもとに作成

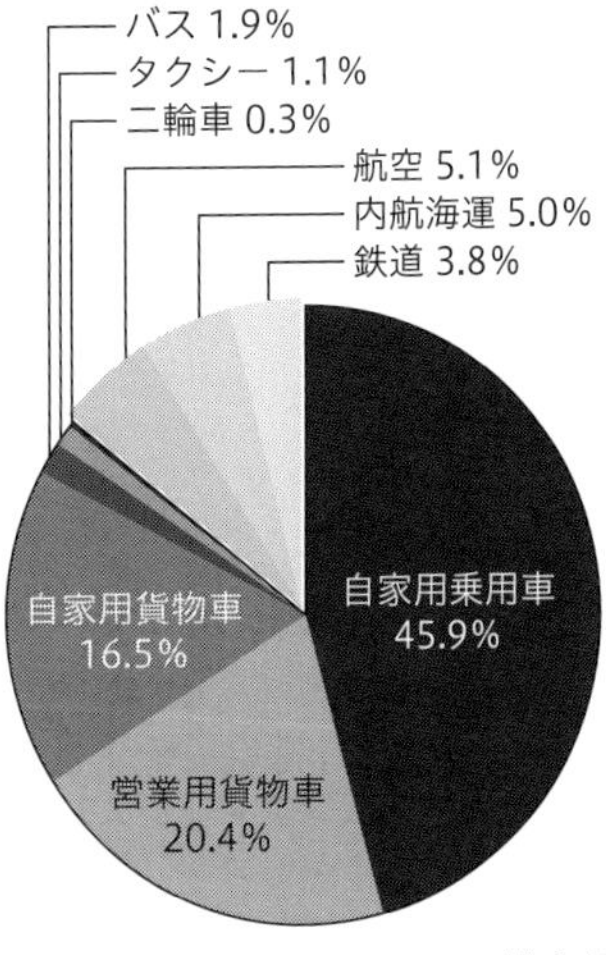

図2　運輸部門におけるCO_2排出量

国土交通省のホームページをもとに作成

実際の排出量でみても、輸送量あたりの排出量でみても、自動車の排出量は際立って大きい。

さらに、自動車の走行からの排出のほかにも、自動車に関連する排出がある。自動車の中でガソリンを燃焼させるためには、石油を採掘し、それを輸送し、ガソリンを精製しなければならず、その一連の過程でもCO_2が排出される。また、自動車が走る道路の舗装にもエネルギーが使われ、ガードレールや道路標識の設置にもエネルギーが使われる。信号機システムもエネルギーを必要とするし、交通違反を取り締まる警察の活動もCO_2の排出をともなっている。バッテリーやタイヤの交換も、洗車も、車検も、CO_2の排出をもたらす。自動車が廃棄される過程においても、CO_2は排出されるだろう。

自動車に関連する経済活動を広く視野に入れれば、CO_2の排出源はさらに多く浮かび上がる。自動車の宣伝・広告も、自動車の販売も、レンタカー会社の運営も、電気を使って行われている。それらの事業に用いられる物品の製造や輸送のためにも、化石燃料が使われているだろう。自動車に関連する雑誌、自動車に関係する玩具なども、CO_2の排出につながっている。チャイルドシートを製造するときにも、自動車の消臭剤を製造するときにも、CO_2は排出されている。

自動車に由来する温室効果ガスの排出を減らすには、人や物の移動・輸送を劇的に減らし、自動車を減らしていくことが、最も確実な道だろう。気候危機を克服するためには、地元を中心にした暮らしを築くことが求められる。(1)

しかし、人や物の大規模な移動を突然なくしてしまうことは難しい。当面は、鉄道やバスのような公共交通機関の整備が必要になるだろう。

それと合わせて、自動車の利用が不利になるような仕組みを広げなければならない。障害などによって今の生活に自動車が欠かせない人の権利は保障されるべきだが、自動車がどんどん不便なものになれば、自動車の利用は衰退していくはずだ。自動車が侵入できない道を増やす、駐車場を減らす、自動車の価格を高くする、ガソリンを高価なものにする、不必要な自家用車の所有を制限する、といったことが考えられる。

自動車を急に全廃することはできないにしても、気候変動を止めるためには自動車を減らすことが必要だ。

2 電気自動車を増やせばよいのか

(1) 自動車は素材がないと作れない

自動車そのものを減らさなくても、ガソリン車をなくし、電気自動車を増やせばよいのではないか――そういう疑問もあるかもしれない。

自動車による排出の削減に関しては、電気自動車が特に期待されている。再生可能エネルギーを使って電気自動車を走らせれば、電気自動車の走行はCO_2の排出を生まない。そうした理屈を背景に、電気自動車の普及が推進されている。

しかし、電気自動車の普及は、自動車によるCO_2排出という問題を真に解決するのだろうか。電気自動車は、CO_2を排出しないのだろうか。

まず確認しておくべきことがある。ガソリン車を電気自動車に転換するだけでは、CO_2の排出が減るとは限らないということだ。電気自動車のための電気を化石燃料から生み出しているなら、間接的なものであるにせよ、電気自動車の走行はCO_2の排出をともなうことになる。石炭火力発電による電気を使用する電気自動車の排出量は、通常のハイブリッド車の排出量より多いとも言われる[2]。

それでは、再生可能エネルギーで走る電気自動車にすれば問題ないのだろうか。残念ながら、それほど単純な話でもない。電気自動車には、当然ながら車体がある。車体に用いられる鉄やプラスチックの生産は、CO_2の排出と結びついている。しかも、製鉄による二酸化炭素の排出は「再生可能エネルギーへの転換」で解消される性質のものではないし、ほとんどのプラスチックは石油が原料になっている。

また、電気自動車のための充電設備を整えるためには、材料とエネルギーが不可欠だ。充電設備に電気を送り込む発電設備をつくるためにも、材料とエネルギーを使うことになる。そして、電気自動車が普及すればするほど、大量の充電設備や発電設備が必要になる。それらの設備の拡充がCO_2の排出につながらない保証があるだろうか。

さらに、レアメタルをめぐる問題もある。[3] 自動車には多種のレアメタルが使用されており、もともと自動車は「走るレアメタル」なのだが、[4] 電気自動車はガソリン車に比べても多くのレアメタルを必要とする。[5] 一方で、第6章でみたように、レアメタルの採掘・精製は大きな環境負荷をもたらす。中国の山東省ではグラファイト（電気自動車の製造に使われる）を精錬する工場の有毒廃棄物による井戸の汚染が起きており、[6] コンゴ民主共和国ではコバルト（電気自動車のためのリチウムイオン電池に用いられる）の採掘による川の汚染が発生している。[7]

電気自動車の環境負荷は軽くないし、電気自動車がCO_2の排出と無縁なわけでもない。

しかも、世界全体を視野に入れて考えると、電気自動車の普及は、今あるガソリン車を電気自動車に置き換えるだけでは終わらない。まさか「先進国」の人間だけが自動車を使えればよいという話でもないだろう。「途上国」の人びとの暮らしを考えてのことであれ、自動車業界の利益を考えてのことであれ、全世界の人が電気自動車を使えるようにするためには、どれほどの環境負荷が生じるだろうか。その環境負荷を想定してもなお、電気自動車の普及が気候危機の解決策だと言えるのだろうか。

(2) 自動車は道路がないと走れない

自動車は道路を走っているという単純な事実も忘れてはならない。道路が建設・修繕されなければ、自動車は走れないのだ。車体にエネルギーを注入するだけでは、電気自動車を実用することはできない。「空飛ぶ電気自動車」が普通になれば事情は違ってくるのかもしれないが、そういう未来は見えてこない。

そして、道路を建設・修繕する工事には、資材やエネルギーが投入されることになる。工事車両を製造するのにも、材料が用意され、エネルギーを必要とする機械が使われるはずだ。それらのことは、多かれ少なかれ、地球温暖化の原因になる。

また、気候変動との関係では、道路が占拠している土地の広さにも着目するべきだろう。穀物や野菜を育て、炭素を蓄えることができるかもしれない土地の上に、道路が敷かれている。日本の道路の総延長は、国土交通省によると、2019年の時点で約128万㎞に及ぶ。道路の平均幅を6mとして計算すると、道路の総面積は約7680㎢で、宮崎県や熊本県のまるごとの面積に匹敵する。自動車のためだけに道路が存在しているわけではないものの、道路の面積を軽視することはできない(8)。

道路が幅をきかせていることは、都市部のヒートアイランド現象を助長することにもなる。地球温暖化が進み、熱中症の危険性が高まっている時代に、アスファルトで覆われた道路を見直さなくてよいのだろうか。

さらに言えば、道路舗装は、世界的な砂の枯渇の原因にもなっている。アスファルト舗装には、石油の精製から得られるアスファルトだけでなく、砂・砂利が用いられるのだ。2050年までの約40年の間に全世界で2500万㎞ほど舗装道路が増えるという推定がされているが(9)、そこに投入される砂・砂利の量はささやかなものではないはずだ。

そうした環境負荷をもたらす道路のために巨額の費用が注がれていることも見逃せない。気候変動対策に回すこともできる費用が、温室効果ガスを排出するもののために使われている。

電気自動車が走るのは、そうやって整備される道路の上なのだ。電気自動車を「クリーン」で「グリーン」なものと考えられるだろうか。

(3)電気自動車も自動車だ

結局のところ、電気自動車は、再生可能エネルギーを活用したとしても、温室効果ガスの排出をはじめとする環境負荷をもたらす。

ガソリン車を電気自動車に置き換えても、問題がすっきり解消するわけではない。グレタ・トゥーンベリらも、「たとえ電気自動車であっても、自家用車は持続可能ではない」と述べている(10)。最善の道は、自動車を減らすことだ。

電気自動車に追い打ちをかけるようだが、電気自動車も自動車であることに変わりはない。自動車の害悪の多くは、ガソリン車にも電気自動車にも共通するものだ。車社会を批判するケイティ・アルヴォードは、「エコカー」が解決しない問題点として次のようなことを挙げているが、これらの指摘は電気自動車にも当てはまる。(11)

・人の死傷事故
・健康への悪影響
・道路やタイヤの埃による肺疾患
・クルマの生産および廃棄過程で生じる汚染
・街が人でなくクルマ優先で作られることで生じる社会的費用
・子ども、高齢者、障害者などの不利益
・加熱する道路建設
・道路建設による動物の事故、生物多様性の減少
・渋滞

電気自動車を普及させたからといって、子どもたちにとっての自動車の害悪がなくなるわけで

はない。

3 子どもと自動車

(1) 交通事故

自動車の害悪の代表は、命さえも奪ってしまう交通事故だろう。

WHO(世界保健機関)によると、世界全体では毎年およそ135万人が交通事故で死亡しており[12]、交通事故は子ども・若者の主要な死因になっている[13]。また、2000万人〜5000万人が交通事故で負傷していると推定されている。負傷者のなかには、大勢の子どもが含まれているはずだ。

自動車は、戦争を上回るような大量殺人を引き起こしてきた[14]。20世紀以降の米国において、交通事故による死亡者は、米国が関係した全戦争の戦死者の約2倍に上るという[15]。戦後の日本でも、交通事故死者が激増し、死者数が戦争に匹敵するものになるなかで、「交通戦争」という言葉が使われるようになった。1970年頃には、毎年2000人くらいの15歳以下の子どもが、交通事故で命を落としていた。

1970年代以降、日本では子どもの交通事故死が減少してきているが、2011年から

2020年にかけての交通事故死者・重傷者数は、小学生だけでも約1万2000人に及んでいる。[16] 交通事故で負傷した子どものなかには、障害を抱えることになった子どももいるだろう。交通事故死者数が減少傾向にありさえすればよいという問題ではない。

また、日本において、交通事故による死者数は減少しているものの、負傷者数は減少していないという指摘がある。[17] たしかに警察庁の統計によれば交通事故による負傷者は減少しているものの、それは警察による交通事故の取り扱い（物件事故か人身事故か）に左右された結果であり、自動車損害賠償責任保険の支払件数でみると、多くの「隠れ人身事故」が浮かび上がるというのである。そうだとすれば、交通事故による子どもの負傷も減少していない可能性が高い。

いずれにせよ、自動車が激しく行き交う町は、子どもたちにとって危険なものだ。自動車が電気で走るようになったからといって、その危険はなくならない。

自動運転の自動車が交通事故を大幅に減らすと期待されたりするが、[18] 自動運転車を本格的に実用できるという見通しはまるで立たない。[19] それどころか、自動運転車による死亡事故がすでに発生している。

やはり、自動車そのものをなくしていかない限り、子どもたちが犠牲になる交通事故もなくならないのではないだろうか。

（2）環境破壊と健康被害

交通事故による死傷は急性的な被害と言えるが、自動車がもたらす慢性的な被害としては、大気汚染の悪影響が挙げられる。自動車から汚染物質が排出されるだけでなく、自動車関連工場や石油精製工場などからも汚染物質が排出されており、自動車は大気汚染に大きな責任がある。WHO（世界保健機関）によると、外気の汚染によって世界では毎年およそ420万人が死亡している。大気汚染への対策は急務であり、自動車からの汚染物質を減らさなければならない。もっとも、有害な排気ガスを出さない自動車であっても、環境を汚染しないわけではない。自動車のタイヤの摩耗は、マイクロプラスチックの主要な発生源になっている。[20] 使いこまれたタイヤは、交換する時点で、新品に対して重量が一割以上も少ないという。[21]

また、自動車に乗ることが健康に及ぼす害もある。運動不足による肥満、座り続けることによる腰痛、渋滞のストレスに由来する不調、騒音の悪影響などだ。自動車で通勤することで肥満になるリスクが大幅に高まることが指摘されており、自動車をよく使う人は急性心筋梗塞・心不全・脳梗塞のリスクが高いという研究結果もある。[22]

子どもの健康にとっての自動車の害も、以前から指摘されてきた。たとえば、小児科医の今井博之は、子どもの健康に対する大気汚染の影響に着目し、小児喘息の増加傾向と自動車数量の増加傾向とが世界的にみて一致することを示している。[23] そして、自動車の交通と子どもの騒音性難聴との関係、自動車に依存した生活と子どもの肥満との関係についても、懸念を表明している[24]。自動車は子どもの身体に悪影響を与えていそうだ。

そのうえ、自動車の利用は、心理的・精神的にも子どもたちを蝕む可能性がある。「クルマ利用は、ほどほどに」と語る藤井聡は、車内という「プライベート空間」に長く身を置くこと、公共交通機関や道路という「公共空間」で過ごす時間がなくなることを問題視する[25]。そして、「あまりにクルマばかり使っていると、人間の精神によからぬ影響をもたらす可能性が生ずる」として、スイスや日本における調査結果を紹介しながら、「いつもクルマに乗せ続けていれば、それが子供の教育に影響を与え、うつ病にかかるリスクを上昇させ、攻撃的で傲慢な人間にしてしまったりすることになる」と述べている。

自動車の利用が子どもに及ぼす影響については、今後さらに研究・検証が必要だろう。しかし、現時点においても、自動車の利用が子どもの心身に害を与えかねないことは否定できない。

(3) 子どもを疎外する町

自動車は、子どもの心身をゆがめるだけでなく、町の姿も変えてしまう。

多くの人が自動車を使うようになることで、自動車がなければ出かけにくいような住宅地が形成される[26]。同時に、郊外に大型ショッピングセンターがつくられ、自動車の走る道路に沿って商店・飲食店が並ぶようになる[27]。それにともない、町の商店街からは人が消える。顔を見知った人が営む小さな店は、子どもたちの生活圏から失われていく。

また、自家用車に乗る人が増えると、公共交通機関が衰退する。公共交通機関が衰退すると、人はますます自家用車に依存するようになる。車社会化（モータリゼーション）は、移動の自由を広げたようでありながら、自動車でしか行けない場所を多く生みだした[28]。子どもたちと遠くに遊びに出かけようと思っても、目的地によっては、自動車を運転できないと難しい場合がある。

自動車の利用を前提にする社会が形成されると、自動車を運転しない人、自動車を運転できない人は、不利な立場に置かれ、疎外されていく[29]。車社会は、運転しない人や運転できない人に冷たい[30]。

そして、「運転しない人（できない人）」のなかには、子どもたちも含まれる。車社会化が進むと、自分が行きたい場所に自分で行くことが子どもたちにとって難しくなる。米国に住むアルヴォードは、「子どもは郊外に置き去りにされ、『何もすることがない』とため息をつく。一方、親はただでさえ忙しいのに運転手役にならざるを得ない」という状況を指摘している[31]。日本でも思い当たることのある話だ。

車社会のもとで、子どもは不自由な環境に置かれがちだ。そのうえ、子どもたちは、効果の疑わしい交通安全教育に参加させられ[32]、交通事故に遭わないように気をつけることを強いられる。

保育園に通う子どもは、自動車が接近してくると電信柱の影に隠れる習慣を学ばされたりする。自動車の脅威がなければ担わなくてすむ荷を、子どもたちは背負わされている。

自動車の危険を避けるための負担を押し付けられているのは、親も同じだ。自動車が走る道路では、小さな子どもを連れた親は緊張を途切れさせることができず、子どもを抱きかかえたり、子どもと手をつないだりする。結果として、子どもたちは、好きなように歩き回る自由を制約されてしまう。[33]

自動車は、子どもたちにやさしくない。

(4) 遊び場の喪失

自動車による子どもの疎外の最たるものは、遊び場の喪失だろう。自動車は、子どもたちの遊び場も奪ってしまった。

かつての日本では、子どもたちが道で遊んでいた。19世紀後半に日本に来日したドイツ人は、「交通のことなどすこしも構わず」に、道で子どもたちが遊びに没頭していることに目を見張った。[34]

1920年代に子どもたちの遊び場の調査が大阪で行われた際にも、「子どもたちはほとんど道であそんでいる（公園ではあそんでいない）」ことが確認されている。[35] 1950年代の東京でも、道で子どもたちがにぎやかに遊ぶ光景がみられた。[36]

しかし、自動車が道を行き交うようになり、状況が変わった。子どもたちの遊び空間について研究してきた仙田満は、「道が子どもたちの遊び場でなくなったのは1960年代半ばである。自動車交通が子どもたちの遊び場としての道を奪ったのである」と述べている。[37]

経済学者の宇沢弘文も、『自動車の社会的費用』のなかで、「自動車の通行がおこなわれるようになって生じた子どもたちの遊び場としての街路の喪失」に触れている。[38] 宇沢は、「児童公園などの施設を代替的に用意することができようが、街路ほど十分な、しかも魅力的な遊び場としての機能を全部は代替しえない」と述べ、「道幅の狭い街路の多くについては、自動車の通行を禁止するよりほかに手段はないであろう」と論じている。

問題を根深いものにしているのは、自動車による子どもの疎外が当たり前のように考えられていることだ。子どもを脅かす自動車に抗議が向けられるのではなく、道で遊んでいる子どものほうが警告を受けてしまう。[39]

まずは疑問をもつことから始めよう。どうして子どもたちが安心して歩ける道が少ないのだろうか。なぜ子どもたちは限られた空間でしか遊べないのだろうか。道は自動車のためのものなのか。子どもたちよりも自動車が優先される社会でよいのか。

ガソリン車を電気自動車に置き換えても、子どもたちの遊び場は取り戻せない。自動車が通らない道を増やし、行き交う自動車を減らすことによってこそ、道を子どもたちに返すことができる。

コラム▼自家用車を使わない暮らし

畑の世話ができる暮らしを求めて、京都の山の中に移り住むことにした。それまで大学(職場)には自転車で通っていたのだけれど、バスと電車での通勤になった。片道が1時間半くらいだ。

引っ越す前に、今の土地の人からは、自動車の運転免許を取ることを強く勧められた。けれども、自家用車は使わないと決めていたから、私も妻も未だに無免許だ。

家の前の道を通るバスは、一日に8便ある。バス停でなくても乗り降りできる方式なので、朝は家の前に立ち、バスに乗せてもらう。

気候変動との関係で言えば、バスや電車が良いものだとは思わない。自家用車よりは乗るときの罪悪感が小さいだけだ。

職場の近くに田畑や森林が広がっていたら、そのあたりに住もうとしたと思う。そうすれば、機械に頼って移動しなくてすむ。しかし、多くの職場があるところと、多くの田畑があるところは、たいてい離れている。そのことが問題なのだろう。

もっとも、田畑や森林に囲まれた職場があったとしても、たとえば妻の職場が遠く離れていたら、なかなか悩ましい。環境負荷を抑えた社会において、いっしょに住みたい人と暮らすことと、それぞれが望む仕事をすることとは、どう両立するのだろうか。そんなことを、ときどき考える。

4　自動車の問題を通して問われる姿勢

（1）生活様式の変容を避けない

自動車の問題は、「単なる乗りもの」の問題ではない。社会の基本的なあり方に関わるものであり、気候変動に向き合う姿勢を問うものでもある。

ガソリン車を電気自動車に置き換えるという発想は、現在の生活様式を維持しようとする発想と相性がよい。それに対して、社会全体として自動車の使用を極限まで減らしていくという方向は、現代の日本で暮らす私たちが経験しているような生活様式の変容を求めることになる。現在の生活様式の枠内で気候変動対策を考えるのか、気候変動を止めるためには生活様式の大幅な変容も辞さないのか、という基本的な姿勢が問われる。

もっとも、現在の生活様式の変容が私たちの生活の質を落とすとは限らない。車社会からの脱却は、私たちの生活を豊かにする可能性が高い。

私自身も実感していることだが、自家用車を使わなくてすむ生活は悪くない。自動車を購入する費用も、修理する費用も、駐車場代もかからない。給油や洗車の手間も不要だし、車検に煩わされることもないし、自動車事故の加害者になる心配もない。徒歩や自転車で移動していれば、出会った知り合いと言葉を交わすことができる。(本当は歩いて通いたいのだけれども)バスや電車で通勤すれば、行き帰りに本を読むこともできる。自家用車をもちたいとは思わない。

それでも、今のところ自家用車が生活に欠かせないという人もいるだろうし、「自動車がなければ暮らせない」と考える人は少なくないだろう。たしかに、急に明日から自動車を使えないということになれば、社会は大混乱に陥るはずだ。

しかし、自動車がなければ人間の社会は成り立たないのだろうか。そんなことは、絶対にない。人類は、その歴史のほとんどを、自動車なしで歩んできたのだ。(40)

自動車を使わないことで人類が滅びることはない(それとも、本当に自動車なしでは生きていけないほど、私たち人類は退化してしまったのだろうか)。けれども、自動車にしがみつく社会が続けば、人間の社会は破局を迎えるかもしれない。私たちが選ぶべき道は明らかではないだろうか。

(2) 企業の利益との衝突を避けない

私たちが自動車と別れていくという道は、自動車関連企業にとっては不都合なものかもしれない。

しかし、私たちが考えなければならないのは、企業の利益ではなく、気候危機の克服だ。企業の利益を損なうことなく気候危機を克服することができるのであれば、ことさら企業と衝突する必要はないし、むしろ企業と協力して気候変動の解決をめざせばよいのかもしれない。けれども、気候危機を克服するために企業の利益との衝突が避けられないのであれば（避けられないだろう）、そこから逃げてはならない。その逃げ道は、人間社会と生態系の破局につながっている。

主要な自動車会社のような巨大企業の利害と対峙することは、もちろん容易なことではない。現代の巨大企業は、並外れた財力をもち、社会に大きな影響力をもっている。

自動車会社とメディアの関係についても、自動車会社が多額の広告費をメディアに支払っていることがしばしば指摘される[41]。自動車会社がメディアの資金源になっていては、メディアが自動車会社にさまざまな配慮をしたとしても不思議ではない。自動車をテレビ番組の景品にすること以外にも、メディアが自動車会社に提供できる便宜はある。ドラマの主役が自転車ではなく自動車に乗っていれば、自動車の好感度が増すかもしれない。そして、地球温暖化への自動車の影響を伝えるのを控えれば、地球環境にとっての自動車の害悪を覆い隠せるかもしれない。

気候変動対策の本格的な推進を自動車会社が快く思うとは限らない。巨大企業の利益が「聖域」にされたままでは、気候変動を止めるための対策が制約されてしまう。企業の利益との衝突を避けていては、気候変動対策を徹底させられない。

ただし、念のために言えば、ここで考えているのは、「企業の利益」との衝突であって、「企業の従業員」との衝突ではない。企業で働く人の生活保障・権利保障は、それ自体として重要であるし、気候危機の克服をめざして企業の利益と対峙するためにも不可欠だ。地球環境を破壊するような仕事にしぶしぶ従事しなくてもよい社会をつくる必要がある。

(3) 社会の変革を避けない

日本の社会においても、自動車関連産業は大きな位置を占めている。自動車関連産業の就業人口は約５４９万人であり、日本の全就業人口の８・２％にあたる[42]（**図3**）。自動車関連の出版産業や広告産業、道路などのインフラに関わる産業などの就業人口を含めると、自動車に関連する就業人口は１０００万人に達するとも言われている[43]。

ガソリン車を電気自動車に転換していくだけでも、自動車関連産業には大きな影響が生じる。自家用車の使用を減らし、トラックでの輸送を減らし、全体として自動車を減らすことになれば、自動車関連産業の根底が危うくなる。自動車を減

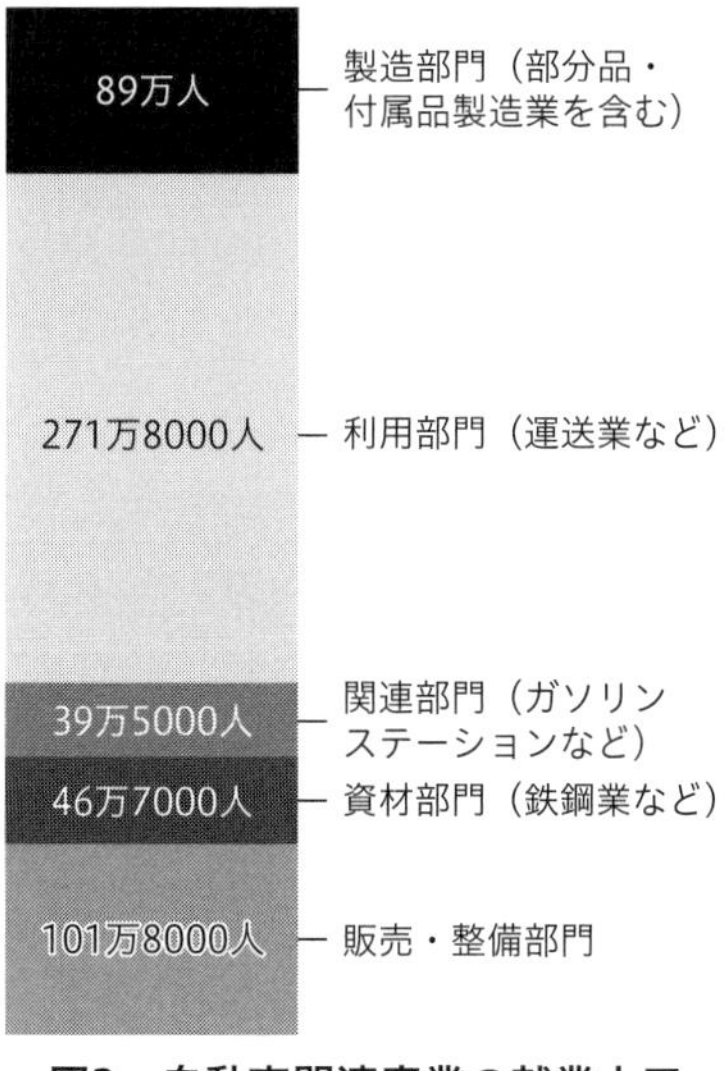

図3　自動車関連産業の就業人口

日本自動車工業会『日本の自動車工業2021』をもとに作成

らすというのは、簡単なことではない。

しかも、車社会を終わりにするとなると、話は自動車業界の中だけで終わらない。車社会化が地面や町並をつくり変えてきたことからもわかるように、車社会から脱却しようと思うと、社会を再びつくり変えることになる。自動車を減らすためには、社会全体の大規模な変革が求められるのだ。

自動車の問題が社会全体のあり方に関わっていることは、アンドレ・ゴルツによっても指摘されている。[44]ゴルツは、「自動車に対する代案は、包括的なものでしかありえない」として、「もっと便利な公共交通手段を提供するだけでは十分ではない」と述べる。「人びとが全然輸送されないですむようにしなければならない」というのである。ゴルツは、「職場から住居まで徒歩で――あるいはやむを得ぬ場合でも自転車で――通うのに喜びをおぼえるようでなければなるまい」と語り、人びとが地元で心地よく暮らせる社会を求めたのである。ゴルツにとって、交通の問題は、「労働」「居住」「食料品」「教育」「気晴らし」と結びつけて問うべきものだった。[45]

自動車を劇的に減らすことを含め、社会の大規模な変革は、現実的なものに感じられないかもしれない。ただ、現実的に感じられる対策だけで気候変動を止められる保証はない。現実的に思える方法だけで気候危機を克服しようとすることは、必ずしも現実的ではない。

さまざまな産業に従事する人やその家族の生活が守られるようにしつつ、環境危機を解決するための大規模な社会変革を実現していくことは、とても困難な課題だ。しかし、その困難な課題を、私たちはやり遂げる必要がある。

やりたいかどうか、やれそうかどうか、という問題ではない。やらなければならない。

合わせて考えたい

自動車と障害者

経済学者の宇沢弘文は、『自動車の社会的費用』（1974年）のなかで、次のように述べている。

> 横断歩道橋ほど日本の社会の貧困、俗悪さ、非人間性を象徴したものはないであろう。自動車を効率的に通行させるということを主な目的として街路の設計がおこなわれ、歩行者が自由に安全に歩くことができるということはまったく無視されている。あの長い、急な階段を老人、幼児、身体障害者がどのようにして上り下りできるのであろうか。[1]

人間ではなく自動車を優先する社会は、子どもを疎外するだけでなく、障害者の社会的困難を増幅させる。

一番の問題は、歩道橋そのものというよりも、歩道橋に表れている、社会の基本的な姿勢だろう。自動車を優先する社会のもと、公共交通機関が衰退すれば、鉄道などを必要とする障害者の活動は制約されてしまう。鉄道が廃線に至らなくても、駅が無人化されると、障害者の移動や安全が脅かされる。

宇沢は、およそ50年前に、そうしたことも指摘していた。「乗用車依存度が高まってきたために、鉄道、バスなどの利用者が少なくなり、サーヴィスの質の低下、さらには路線の廃止という結果が必然となってきつつある点」を憂慮し、「バスなどの公共的交通機関のサーヴィスの低下あるいは廃止によって、もっとも大きな被害をうけるのは、低所得者層であり、また老人、子ども、身体障害者だ」と述べている[2]。

もっとも、自動車があることで、障害者の自由が広がるように見える面もある。歩いたり自転車に乗ったりすることが難しい人でも、自動車に乗れば遠くに移動することができる。障害者施設への通所を送迎車が助けている実態もある。自動車で訪問するヘルパーに支えられている障害者もいる。

しかし、障害者にとっての自動車の害悪を忘れてはならない。

子どもや大人が交通事故によって障害を負うこともあるが、障害者が交通事故に遭うこともある。道を行く子どもや親が自動車の往来に緊張を感じるのと同じように、歩いている近くを何台もの自動車が通ること自体が、障害者や同行者に緊張を強いる。学生時代に私は知的障害のある子どもと遊ぶボランティアや知的障害のある人と出かけるヘルパーをしていたが、自動車が走る道路には危険を感じることがあった。

自動車による危険を避けるために外出を控えるということもあるだろう。自動車が大きな顔をしている町は、障害のある子どもの自由な外出・外遊びを困難にする。

電気自動車を普及させたとしても、そうした問題はなくならない。すべての人がのびのびと暮らせる社会は、自動車を優先する社会ではないはずだ。

第9章
消費を減らす

現代の日本のような社会では、商品の消費のほとんどが温室効果ガスの排出に結びついている。瓶詰めの離乳食も、虫よけスプレーも、クレヨンも、各種のキャラクターグッズも、ランドセルも、ゲーム機も、テニス部のユニフォームも、ことごとく二酸化炭素の排出をともなっている。

直接的に物を消費するのではない場合でも同じことだ。東京ディズニーリゾートやユニバーサル・スタジオ・ジャパンに出かけることは、温室効果ガスの排出につながっている。水泳教室に通うことも、教育産業が展開する通信教育を受けることも、二酸化炭素の排出に関係している。

子どもたちの生活と発達に必要なものは保障されるべきだが、社会全体としては、子ども関連のものも含めて、（サービスを含む）商品の消費を減らしていかなければならない。大量消費は、気候変動をもたらす。

それでは、どうすれば消費を減らしていけるのだろうか。

この章では、消費について考えたい。

1　大量消費と子どもたち

（1）子どもを標的にした商業

商品の消費は、気候変動につながっているだけではない。子どもたちの健康を脅かし、子どもたちの生活と発達を蝕むこともある。

WHO（世界保健機関）やUNICEF（国連児童基金）の関与のもとで2020年に公表された報告においては、子どもたちへの「商業的圧力」が特に問題にされている[1]。ファストフードや甘い飲みものなど、健康と福祉（ウェルビーイング）を損なうような製品の売り込みに子どもたちがさらされていることに関して、報告は、商業的な害悪を規制する仕組みを要求している。子どもに対する「商業的圧力」の抑止は、国際的な課題になっているのだ。

そうした状況があるのに、どうして子どもが商業の標的にされ続けるのだろうか。子どもに関係する大量消費が止まらないのは、どうしてなのだろうか。

問題の核心にあるのは、資本主義だ。資本主義は、商品の消費を必要とする。存続しようとする企業は、商品を売り続けなければならない。商品が子どものために望ましいかどうか、商品の生産や販売が気候変動を助長するかどうかは、企業にとって本質的な問題ではない。たとえ子どもに害のある商品であっても、社会的な歯止めが作用しない限り、その商品の販売への衝動に企業は突き動かされる。

資本主義のもとでは、商品の消費を増大させることが自己目的化していく。「消費が冷えこむと困る」「消費を温めなければならない」などと言われることも、消費させることの自己目的化を反映している。

本来は、子どもにとっても大人にとっても、商品の消費を増やすこと自体は重要ではないはずだ。自給であれ贈与であれ、暮らしに必要なものが手に入ればよいのだし、必要以上のものはいらない。それなのに、資本主義のもとで経済を回そうと思うと、生活に不要な消費であれ、消費の増大そのものが重視されることになる。庭の金柑ではなくスーパーのオレンジを子どもたちが食べなければ、資本主義の経済は活性化しない。国全体の経済成長のためにも、消費の拡大が求められる。それぞれの企業にとっても、消費の維持・拡大は死活問題だ。

そして、商品の消費を増やそうと思うと、子どもを消費者にしていくことが重要になる。[2] そのため、企業によって「子ども市場」が開拓され、その市場に子どもたちが絡めとられていく。[3]

その過程は、日本においても百年以上前から進行してきたようだ。大量生産・大量消費の社会が到来するなかで、子どもは「消費の担い手」とみなされるようになった。[4]「子ども市場」に先陣を切ったのは、子ども用品に力を注ぎ、子どものための商品が並ぶ博覧会を開いた百貨店だ。子どもの文化を研究する加藤理は、「子どもが大量生産・大量消費社会に取り込まれていく端緒が三越によって開かれる」ことになったと述べている。[5]

1910年代半ばには「ライオンコドモハミガキ」「森永ミルクキャラメル」などが販売されるようになり、子ども向け雑誌に「カルピス」などの宣伝が掲載されるようになった。[6]「かつては身近な草木や端切れ、縮緬紙、千代紙などを用いた手作りがほとんど」であった人形も、「人形、衣服、小物類を箱入りのセットにした商品」に置き換えられていく。[7]「子どもには大人と共用させるのではなく子ども専用の用品を買い与えるべきという観念」が消費者に植え付けられ、子ども用品が広がっていった。[8]

戦後の「子ども文化」も、商品の消費に彩られている。[9] おまけの野球カード・野球道具で子どもを引き寄せたキャラメル、（本体よりも）付録が人気の子ども向け雑誌、1950年代末に流行したフラフープ、プラスチック製の「リカちゃん人形」や「ウルトラ怪獣」、「スーパー戦隊シリーズ」のスポンサー企業が売り出す各種の玩具、1983年に発売された「ファミリーコンピュータ」をはじめとするゲーム機、1990年代半ばに生まれた「たまごっち」、「ポケモンセンター」などで売られているポケモングッズなど、「子ども文化」に入り込んだ商品は数多い。

現代の子どもたちは、生まれたときから消費者にさせられる。

（2）行事と消費

子どもたちが関わる行事も、商品の消費のために利用されている。

たとえば、「伝統行事」という雰囲気の漂う七五三にしても、衰退していた風習を百貨店が強調するなかで1900年代あたりから広がったものらしい。[10] 家族に受け継がれる晴れ着が用いられるのではなく、流行の商品が購入されるようにすることで、百貨店は七五三を市場拡大の機会にすることができた。

3月3日の「ひな祭り」や5月5日の「端午の節句」も、「百貨店を中心とした商業主義の戦略」が働いて復興させられたものだという。[11] ひな人形や五月人形などが商品として売れれば、店は潤う。[12]

また、利用されたのは「伝統行事」だけではない。商業的意図のもとで、入学祝いやクリスマスプレゼントの習慣が広がり、正月のお年玉の習慣も新しい意味を与えられた[13]。

現在の小学生にバレンタインデーが浸透していることも苦々しく感じるが、1980年生まれの私が驚くのは、ハロウィンの普及だ。私が子どもだったときには、ハロウィンはとても縁の薄いものだった。中学校に入って英語を学習するなかで、英米の文化としてハロウィンを知った。それなのに、今となっては、近所でもハロウィンのパレードが行われ、子どもたちがプラスチック製品を身につけて歩いている。

そして、子ども関連の消費を促す行事は、カレンダーに印刷されているものばかりではない。地域ごとの行事もあれば、保育園や学校が母体になる行事もある。

私が住んでいる京都では、「地蔵盆」という行事が夏に行われる。各町内にある「お地蔵さん」に関係するもので、子どもたちのための行事という面をもつ。我が家にとって悩ましかったのは、「地蔵盆」の数日の間に何度も「おやつ（駄菓子・スナック菓子の詰め合わせ）」が配布されることだ。時間になると、「おやつ〜、おやつ〜」という合図の声が町内に響き、集まった子どもたちはプラスチックに包まれた「おやつ」を受け取る。加えて、私がいた町内では福引きやビンゴもあり、子どもたちは何かしらの玩具を手に入れて帰る。地域の「伝統行事」も、やはり消費の機会になっているわけだ。

誕生日のように一人ずつ日程が異なる「行事」にも、商品の消費はつきまとう。買ってきたケー

コラム▼サンタクロースの来ない家

我が家には、2人の小学生がいる。けれども、サンタクロースが来たことは一度もない。考えてみると、クリスマスにケーキを食べたこともない。

サンタクロースが来ないことについて、子どもたちがどう思っているのか、よくわからない。「あれ、何か変だな」「ほかの子の話と違うな」と感じている可能性はある。

以前は、私たち親が、「サンタさんは保育園に来てくれるよね」と話していた。我が家にとって、サンタクロースは、自宅ではなく保育園に現れる人で、いつも絵本を届けてくれる人だった。

小学校に入ってから、子どもたちはサンタさんに放置されているのだけれど、今のところ疑問や不満は出ていない。「うちは、そういう家」と子どもたちは思っているのかもしれない。

もしかすると寂しい思いをするときがあったかもしれないが、少なくとも親の目から見る限り、子どもたちは楽しそうに年末年始を過ごしている。近所の餅つきに出かけて、腹いっぱいに餅を食べ、「昼ごはん、なくていい」などと言っている。

子どもたちに何より必要なのは、異国の工場で製造される玩具ではない。ともに暮らす仲間であり、きれいな土や水や空気であり、住み続けられる地球だ。それをプレゼントしてくれるサンタクロースはいないようなので、私たちが何とかするべきなのだろう。

キを食べれば、ケーキが消費される。そして、誕生日を迎えた子どもにプレゼントがあるとすれば、そのプレゼントは購入された商品であることが多いだろう。

ちなみに、消費の問題などを研究するジュリエット・ショアは、『浪費するアメリカ人』のなかで、贈り物の問題性について述べている。[14] ショアは、「私たちが贈り物としてお互いに与えあっている物の多くは私たちが結局ほしいものではない」という研究結果も紹介しながら、贈り物が人びとの消費を増大させていることを指摘する。

クリスマスや誕生日のプレゼントも、消費を増やし、環境に負荷をかけているのではないだろうか。[15]「行事」のときの子どもたちへのプレゼントは、商品の消費を膨張させ、結果的には子どもたちに地球温暖化をプレゼントすることに一役買っているようだ。

2　学校と消費

学校も、消費を促す企業の活動から自由ではない。

米国においては、学校が「企業付属の販売部門」と表現されるほど、[16] 企業が学校に入り込んできた。[17]

子どもたちが集まる学校は、子どもを標的とするマーケティングの舞台にもなる。周囲への影響力のある子どもを選び出して企業がゲーム機を渡すと、授業中にも遊びかねないくらい、子どもたちがゲームに熱中していく。[18] 子どもたちの交友関係は製品販売の手段として利用され、学校は「口コミを中心とする伝染性のキャンペーン」の拠点となる。[19]

また、より直接的な宣伝のためにも、学校が企業に利用されることがある。米国で批判の対象になってきたのは、1989年に学校に向けて放送され始めた「チャンネル・ワン」だ。[20] 契約を交わした学校にテレビ等の機材が無償で提供されるのだが、10分間ほどのニュース番組には2分間のコマーシャルが挿入されており、子どもたちは学校でコマーシャルの視聴を強いられることになった。

学校の予算不足につけこむようにして、企業は学校に介入していく。米国のある学校では、体育館の改修にあたって、一枚ごとに企業のロゴの入った床板に張り替えることになった。[21] 米国のあるホットドッグ会社は、小学校の唱歌コンテストを後援し、最優秀校に1万ドルの賞金を出した。[22] 食べもの・飲みものについても、学校への企業の侵入は著しいようだ。米国では、ファストフード会社が学校内で事業を展開してきたし、[23] 飲料企業が学校側と独占販売契約を結んで学校内に自動販売機を設置してきた。[24] 米国の学校は、「ジャンクフードの消費を積極的に推奨する空間」にされてきたのである。[25]

さらに、企業は、学校の教育の中身にも手を伸ばす。米国では、「ナイキのスニーカーをデザインする」という授業が多くの小学校で展開されることがあった。(26) また、小学校の算数の教科書にマクドナルドのような有名企業の商品が登場し、「オレオ・クッキーの直径を計りなさい」という問題が提示されることもあった。(27)

サンキスト社は自社の飲料の製造工程を伝える教育プログラムを学校に提供してきたし、シリアルを販売するケロッグ社は朝食を考える教育プログラムのスポンサーになってきた。(28) 米国のある旅行代理店は、ドミノピザやトイザラスを訪問する「社会見学」を仲介してきた。(29)

このようなことは、米国だけにみられるものではない。程度の差はあるかもしれないが、日本においても、かなり前から、学校は企業活動に巻き込まれてきた。森永製菓は1930年代に「キャラメル芸術」の事業を展開し、キャラメル等の空き箱を用いて作った作品を公募して、小学生などからの応募作品による図画工作展を開催した。優秀な小学校に対しては図画工作の奨励金が渡されたという。(30) また、1913年に「ライオンコドモハミガキ」が発売されてからは、子どもの歯磨き習慣を普及させるために「ライオン」が学校を拠点としたキャンペーンを展開しており、全国各地の学校で歯の磨き方の講習会が開催されている。(31) 洋菓子の消費量が急増していくなかで、学校に入り込んだ企業の後押しにより、歯磨き用品の消費が子どもに促されていったわけだ。(32)

近年の日本でも、企業は積極的に学校に働きかけている。カルビーは「おやつの必要性」や「ポテトチップスが届くまで」を内容とする「出張授業」を小学生向けに行っており、日本マクドナルドは小学校向けのデジタル教材を提供して「食育授業支援」を進めている。[33]我が家の子どもたちは、サントリーが提供する「水育」の授業を小学校で受け、水の入ったペットボトルを持ち帰ってきた。

そうやって企業が浸透していくのは、学校だけではない。保育園や幼稚園も企業の標的になる。[34]また、我が家の子どもたちが通っていた学童保育では、学校の長期休業期間に、大手企業のハンバーガーとフライドポテトを昼食にする日、宅配されるようなピザを弁当代わりにする日があった。

子どもたちは、商品の消費を誘う手に囲まれている。

3 消費を減らすために

(1) 使わない

あの手この手で企業が消費をあおるなか、消費を減らすにはどうすればよいのだろうか。

一つの単純な方法がある。なるべく物を使わないことだ。子ども用品に限らないことだが、使わない物は、購入しなくてすむ。

たとえば、我が家の台所ではラップを使っていない。プラスチックのラップに代わるものとして「蜜蝋ラップ」が注目されてきているが、それも使っていない。家に電子レンジがないことも関係しているのかもしれないが、とにかくラップの必要性を感じない。

また、我が家の風呂場にはシャンプーやコンディショナーを置いていない。洗顔フォームはもちろん、ボディーソープもない。固形の石鹸だけで、頭も、顔も、お尻も洗う。その石鹸も本当は必要ないのかもしれないが、妻の友人が送ってくれるものをありがたく使っている。

同じように、家電製品の使用も抑えている。エアコンは長いこと使っていない（ときどき扇風機は使っている）。空気清浄機や加湿器は、家に置いたことがない。トイレの便座に電気は通っていない。洗面所には、電気シェーバーもないし、ドライヤーもない。食器洗い機は、ほしいと思ったこともない。当然、トースターやミキサーもないし、電気ポットもない。

やせ我慢をしているわけではない。掃除機ではなく箒《ほうき》を使って掃除をすると、（少し埃《ほこり》は立つけれども）騒音がなく、静かで快適だ。料理のレシピに「ミキサーに入れて回す」とか「電子レンジで3分加熱」とか書かれていると少し戸惑うけれど、そうしたことは大きな問題ではない。家電製品を減らして困ることはほとんどない。

もっとも、恥ずかしながら、我が家にも家電製品は少なくない。冷蔵庫や洗濯機だけでなく、テレビもあるし、ブルーレイレコーダーまである。私と妻が髪を数ミリ程度に刈るためのバリカンもある。パソコンもあるし、デジタルカメラもある。素朴な型のものだけれど、電話機もある（電話線のみの接続で、電源コンセントにはつないでいない）。

物の使用を徹底的に減らすことは簡単ではないものの、必要性の薄い物を使わないことはできると感じている。不要な物と縁を切っていけば、いくらかは消費を減らすことができる。

消費をしないことは、「環境にやさしい消費」をすることよりも、「環境にやさしい」はずだ。使い捨て容器に入った洗剤よりは詰め替え用の洗剤が良さそうだけれども、洗剤を使わないのに越したことはない（昔ながらの代用物はいろいろある）。包装されていない入浴剤のほうが過剰包装の入浴剤より害が少ないかもしれないが、入浴剤がなくても入浴はできる（お風呂には摘んできた蓬《よもぎ》を入れることもできる）。

不要な消費は、家計にも環境にも悪そうだ。

（2）買わない（作る）

物を使わないのが消費を減らす最善の道だとしても、何も物を使わずに暮らすことはできない。子どもが使う物にしても、物の使用を無理に減らすと、子どもの生活が貧相になり過ぎるかもしれない。

ただ、何か子どもに与えたいものがあるとき、本当に買わなければならないものなのかどうか、立ち止まって考えてみてもよいだろう。

たとえば、「ままごとセット」を買い与える必要があるだろうか。段ボールとガムテープで「ままごとセット」を作ることができるかもしれない。いろいろな野菜、柄のついた小鍋、フライパン、お皿など、さまざまなものに段ボールは姿を変える。できることならガムテープを使わないほうがよいだろうし、段ボールの環境負荷もゼロではないけれど、おもちゃ屋でプラスチックの「ままごとセット」を購入することに比べると、ずいぶん良いような気がする。いい加減な形の切れ端でも、「これ、ジャガイモ」と言ってしまえばジャガイモになるのだから、素材は段ボールでも大丈夫だ。子どもたちはたくましい。

将棋の盤と駒も、段ボールで作れる。「金ころがし（まわり将棋）」はできないが、本来の将棋や「はさみ将棋」をするのには困らない。子どもたちを本物の文化に触れさせてあげたい気もするけれど、（すぐに駒を補充できるので）「〝歩〟が一つ足りない！」と騒がなくてすむことを考えると、本物にはない利点が段ボール製にはあるようにも思う。

そして、遊び道具を作ることは、それ自体が遊びになり得る。「次は何を作ろうかなあ」などと言いながら手を動かすのは、悪くないものだ。

双六《すごろく》も、自分たちで作ることができる。家の近所を巡るオリジナル双六は、なかなか楽しい。既製の工業製品を買う必要はない。サイコロにしても、積み木の一つで代用することができるし、木や紙で作ることもできる。きれいな正六面体は得にくいかもしれないが、（賭博ではなく）遊びに使うぶんには問題ない。

身のまわりにあるもので欲しい物を作れば、商品の消費を抑えることができる。[35] 段ボールなどでなく、木の枝・葉・実などで作ることができれば、なお良いだろう。

商品を買わなくても、物を使うことができる場合はある。「物を手に入れるには買わなければならない」「物は買うのが当たり前」という発想は、転換が必要なのではないだろうか。

(3) 共有する

欲しい物を作ることができればよいが、自分たちで作るのは難しい物もある。そういうものについては、共有を考えてみることができるだろう。

米国のジュリエット・ショアは、乗って運転する芝刈り機を例に挙げながら、「たまにしか使わないような高価な品物は、隣人同士で共有すればいい」と述べている。[36] そして、「あまり高価ではなく、個々人では利用の機会が限られていて、またすぐには摩耗しない製品（本、おもちゃ、ビデオ、CD、衣服など）」についても、共有が「非常に合理的である」と指摘している。[37]

使う物を社会的に共有する仕組みとしては図書館が代表的だが、本以外の物についても共有の仕組みをつくっていくことは可能だろう。子どもが使う物で言えば、おもちゃの共有が考えられる。ショアも、「公共の図書館をお手本にして」おもちゃを共有していくことについて、「子どもにとってはおもちゃの種類が多くなるし、親も頻繁に新しいおもちゃを買わなくてもよくなる」と述べている。[38]

日本では、障害のある子どもと家族のための取り組みを出発点として、おもちゃの貸し出しなどを行う「おもちゃ図書館（おもちゃライブラリー）」が全国に広がってきた。[39] このような取り組みを多様に広げていくことが求められる。赤ちゃん用品、おもちゃ、子ども服など、子ども用品の貸し出しを地方自治体・公共施設が行うことも考えられよう。共有の仕組みの拡充は、家庭の経済的負担の軽減にもつながるし、地域の人びとの社会的な結びつきを深める可能性もある。

なお、使わなくなった物を次の使い手に譲ることも、広い意味での共有として大切にすべきだろう。第3章では衣服の「おさがり」について考えたけれども、衣服以外でも「おさがり」は可能だ。年上の子どもから遊び道具を譲ってもらえば、新品の消費を減らすことができるし、家計も助かる。

子どもが使う物は年齢によって変わるので、子ども用品については「おさがり」がとても重要になる。[40] 近所で必要としている人に譲ることも考えられるし、親から子へと受け渡していくことも考えられる。おまる、絵本、子ども用の自転車など、さまざまなものを譲り合っていけるとよい。そうすることで、消費を抑えることができ、温室効果ガスの排出を減らすことができる。

4　企業と対峙する

（1）企業の活動を規制する

商品の消費を減らすための一人ひとりの努力も大切ではあるものの、それだけで社会全体の大量消費を抑え込むのは難しい[41]。

できる限り商品を消費させようとする企業の活動に対して、社会的な規制を強めていく必要がある。社会的な規制がなければ、企業は止まらない（止まれない）。

次から次に新製品を売り出し、旧製品を「時代遅れ」にしたり使えなくしたりする「計画的陳腐化」は、どうにかして規制するべきものだ[42]。新しい「仮面ライダーシリーズ」が始まるごとに玩具を買わされるのでは、親にも地球にも負担がかかる。どんどん新型のゲーム機が登場するようでは、電子ゴミも増えることだろう。

学校を巻き込む企業活動についても、制限が必要だ。特に、有害な食品や飲料を学校から排除することは、子どもたちの健康にとっても重要になる。子どもの健康を害するような食品のマーケティングを学校で行うことは国際的に問題にされてきており、小学校や中学校でのジャンクフードの販売を禁止する（英国）、学校内の自動販売機でのソフトドリンクの販売を禁止する（オーストラリア)、学校内における食品や炭酸飲料の自動販売機の設置を制限する(フランス)、といった対応がみられる。[43] ペットボトル飲料や缶飲料の自動販売機を学校に置くことは、気候変動を考えても、子どもたちの健康を考えても、問題が多い。[44] ペットボトル飲料の消費を正当化するような環境を学校につくるべきではないし、飲料企業の広告を学校に持ち込むべきではない。

子どもを標的にした広告も、規制されるべきものだ。[45] 広告は、それ自体が温室効果ガスの排出につながるうえに、商品の消費を促すことで温室効果ガスの排出を増大させる。しかも、宣伝される商品が子どもにとって有害でない保証はない。それなのに、テレビ番組とコマーシャルとを区別できない子どもに対しても、広告の裏にある意図を理解するのが難しい子どもに対しても、企業の広告は展開されていく。

食品や飲料については、子どもたちの健康にとっての懸念などを理由に、子ども向けマーケティングの規制が国際的に議論されてきている。[46] 欧米では、法律によって子ども向け広告を制限・禁止する動きが進んできた。[47]

一方で、日本に関しては、子ども向けの広告・マーケティングの規制が国際的にみて緩いことが指摘されてきている。[48] 食品の広告に関して、藤原辰史は、EUでは子ども向けの広告が「攻撃的取引方法」の一つとして規制の対象になっていることに触れながら、そうした広告が日本では「野放し」になっていることを問題にしている。[49] ファストフード会社のコマーシャルがアニメの時間帯に繰り返し流されることについて、藤原は、「これは広告ではなく洗脳と言っても過言ではありません」と述べている。

気候変動対策のためにも、子どもたちの健康のためにも、企業の活動に対する規制を強めていくべきだ。

(2) 企業の介入を問題にする

日本では、子どもの生活への企業の介入・影響に対する警戒感が希薄だったのではないだろうか。教育をめぐる議論や研究をみても、教育への国家権力の介入には批判的な目が向けられてきた一方で、企業の広告や商品が子どもたちに与える影響は十分に注目されてこなかったように思う。

国家権力による教育の統制のもとで日本が侵略戦争に突き進んだ歴史を考えれば、日本の教育関係者が国家権力を警戒するのは、当然のことであり、大切なことでもある。しかし、子どもや親を統制(コントロール)したがるのは、国家権力だけではない。子どもの意識・内面に踏み込んでくるのは、「日の丸」「君が代」や「特別の教科 道徳」だけではない。子どもの生活に強い影響を及ぼすのは、国の制度や政策だけではない。

キャラクターグッズのほとんどない我が家にも、アンパンマンやミッキーマウスは入ってくる。ディズニーのアニメ映画を観たことのない子どもたちでさえ、いつの間にか「ディズニーソング」

を歌うようになる。小学校で用意されるノートには、「ムーミン」や「ドラえもん」が描かれている。そうやって、子どもたちは、直接は目に見えない大きな力で、企業が提供する「文化」に染められていく。

企業の広告・商品・サービスは、子どもの生活に入り込まずにはいない。子どもたちが大きくなるにつれ、ゲーム機、カードゲーム、炭酸飲料などと子どもたちとの距離は縮まりがちだ。学校では、「GIGAスクール端末」として、企業の商品であるパソコン・タブレットが子どもたちに渡される。学童保育に行くと、子どもたちは添加物まみれの袋菓子を与えられる。通信教育や学習塾などの教育産業を親や子どもが頼りたくなるような状況もつくられている。休日に親子が出かける先も、商業的な場であることが少なくない。

そうしたことに違和感をもたない人もいるだろう。子ども以上に保護者が積極的に子ども向けの商品・サービスに手を伸ばすこともある。子どもが求める商品・サービスを子どもに与えることは、自然なことのようにも見える。子どもの生活が企業の影響下にあることに疑問を感じない人は多いかもしれない。

しかし、私は、企業の商品・サービスに子どもたちが否応なく引き寄せられること、経済的価値を追求する企業の活動によって子どもたちの生活が方向づけられていくことに、健全ではないものを感じる。そして、気候変動の問題を考えると、子ども向けの商品・サービスの消費に無批判ではいられない。温室効果ガスの排出をもたらさない商品・サービスなど、今の日本にはほとんどないからだ。

（3）魅力的な文化を創造する

私たちは、国家権力による教育の統制だけでなく、子どもの生活への企業の介入を問題にする必要がある。

ただし、子どもの生活への企業の介入に単に抵抗するだけでは、子どもたちの生活は充実しないし、企業の介入にも抵抗しきれない。大切なのは、企業の影響をはねのけるような魅力的な文化と、それを可能にする環境だ。(50)

地面に線を描くだけで楽しめる遊びはたくさんある。鬼ごっこの変化形・発展形は多様につくられてきた。時間・空間・仲間が保障され、必要な場合に指導者・支援者がいれば、小学生の遊びは豊かになっていく。

小さな子どもの遊びを考えても、工場で作られるプラスチック玩具は必需品ではない。縄があるだけでも遊びは広がるし、体だけでも十分に遊ぶことができる。環境が良ければ、白詰草で花の冠を作ったり、松葉相撲をしたり、木の葉の舟を川に流したりすることもできる。近くに森や林があれば、探検したり、ドングリを集めたり、虫を探したりすることもできる。

そして、身近なところに枇杷《びわ》の木や柿の木があれば、おやつに工業製品を食べなくてすむかもしれない。子どもたちが世話をする畑があれば、おやつに胡瓜《きゅうり》や芋や人参を食べることができる。畑の世話は、それ自体も楽しい活動になる。

また、環境負荷の少ない歌や踊りの文化が若者のなかで活性化すれば、商業的な文化が入る隙間は小さくなっていく。若者がおしゃべりをして過ごせる公共の場が町に増えれば、ファストフード店やフードコートの吸引力はいくらか低下するかもしれない。

たくさんの商品を消費しなくても、子どもたちの生活を豊かにすることはできるはずだ。消費を促す企業の圧力に向き合いながら、子どもたちと文化をつくっていきたい。

合わせて考えたい

子どもの意思と消費

5歳のときだったか、私はサンタクロースにポテトチップスを頼んだ。ポテトチップスというものを食べたことがなくて、ぼんやりとした憧れがあった。クリスマスの朝、目覚めた私の枕元には、ポテトチップスの袋が置かれていた。

少し驚いた記憶がある。「サンタクロースはこんなものも持ってきてくれるのか」という意外感があった。サンタクロースというのは、合体ロボとかラジコンとか、いくらか豪華な雰囲気のものを持ってくるものだと思っていた。

クリスマスには不似合いなプレゼントだったけれども、私がポテトチップスを希望した背景には、甘いものやスナック菓子を子どもになるべく食べさせないという、両親の育児方針があった。日常のなかでは、私はポテトチップスを口にすることができなかった。小さな私の意思は、家庭の消費に反映されにくかった。

そして、私自身が親になっている今、妻と結託して、ほとんど肉のない食生活を子どもたちに経験させている。ペットボトル・缶・紙パックに入った飲料は買っていない。子どもたちが家でテレビ・動画を観ることはめったにないし、ガラケーが使えなくなるまでスマホは家になかった。絵本や図鑑は少なくないが、家にゲーム機はないし、おもちゃ類も「もらいもの」「おさがり」「景品」が多い。たくさんの商品を消費しなくても子どもは楽しく暮らすことができる、という確信は強まっている。けれども、親が強権をふるっている感は否めない。「焼肉が食べたい」という息子の主張は通らないし、「鶏の唐揚げが食べたい」という娘の欲求がかなうのは特別な日だけだ。子どもの生活を親が決めてしまうことには、ためらいも覚える。

一方で、子どもの意思に企業（の商品）が強烈な影響を及ぼすことについて、強い疑問を感じている。「子どもの意思」の背後には、しばしば企業の影が見え隠れする。

消費について、子どもの意思を親が尊重することは、企業の思うつぼかもしれない。頑固な親の存在は、子どもたちに消費を促す企業に対しての防波堤になり得る。

企業が子どもたちを消費に誘導する際、親が「番人」として立ち塞がることがある。[1] だから、企業にとっては、子どもたちの意思が尊重され、子どもたちが親から「解放」されることが望ましい。子どもの意思が消費に直結するなら、企業は親を説得しなくてすむ。

親の「管理」から自由になり、子どもが消費を「自主的」にするようになれば、消費についての「自立性」を子どもが手にするように見える。しかし、ベンジャミン・バーバーが言うように、「その自立性は、外側からの操作には脆弱で、無防備で、そして影響されやすいままにされている[2]」。「外側からの操作」をたくらむのは、商品を売りたい企業だ。

企業の思い通りにさせたくはない、と思ったりしている。

第10章
労働を減らす

大量消費を支え、大量消費に支えられているのが、大量生産だ。そして、大量生産の背景には大量の労働があり、大量の労働は長時間労働をともなっている。

長時間労働がはびこる社会で、大量生産・大量輸送・大量消費が拡大し、気候変動が進行してきた。

大量生産や大量消費を抑え、気候変動を止めるためには、標準的な労働時間を大幅に短縮し、労働を減らしていくことが求められる。

この課題は、子どもたちに

も深く関係するものだ。労働時間のあり方は、親・保護者の生活を左右し、子どものいる家庭の生活を左右する。また、保育士や教師の労働時間は、子どもたちの日常に関わる。

労働時間を減らし、環境負荷を抑えるには、どのような社会を築けばよいのだろうか。労働時間を減らした先にあるのは、どのような暮らしだろうか。

この章では、労働について考えたい。

1　長時間労働と気候変動

(1) 長時間労働と環境負荷

長時間労働は、働く人の生活を圧迫するだけでなく、環境負荷を大きくする。長時間労働は、活発な経済活動と結びつきやすく、大量生産・大量消費に親和的だ。労働時間の長い社会で環境負荷が大きくなる傾向は、これまでにも指摘されてきた[1]。

スウェーデンの研究では、労働時間を1%減らすことで温室効果ガスの排出を0・8%減らすことができると指摘されている[2]。また、米国の研究では、労働時間が長い州では二酸化炭素の排出量が多くなる傾向が示されており、労働時間短縮は排出量を減らしながら生活の質を高めると述べられている[3]。

そして、英国では、賃金を減らすことなく週4日労働に移行することで2025年までに温室効果ガスの排出量(カーボン・フットプリント)を21・5%減らすことができる、という提言がされている[4]。

また、英国のあるシンクタンクは、温室効果ガスの排出量との関係から考えて、OECD諸国の労働時間が著しく過剰だと指摘している[5]。シンクタンクの報告書は、ドイツでは週6時間程度、英国では週9時間程度、スウェーデンでは週12時間程度が、「持続可能な労働時間」であるとしている。

労働時間と気候変動との関係に結論を出すためにはさらなる研究が必要だという指摘もあるものの[6]、労働時間が長いと温室効果ガスの排出量が大きくなるという考えは驚くようなものではない。労働時間が短くなれば必ず排出量が減るということではないとしても、長時間労働をともなう活発な経済活動が環境負荷を増大させることは想像しやすい。

だからこそ、環境危機の克服をめざす立場からは、労働時間を削減することの重要性が繰り返し主張されてきた[7]。

たとえば、「脱成長」を説くセルジュ・ラトゥーシュは、労働時間の削減によって「自然資源消費の3分の2ほどの削減を実現する」ことができると考えており[8]、「私たちがいまの働き方を変えないという選択をするならば、それは生態学的な破局のときを早めることしかできない」と語っている。[9]

また、ヨルゴス・カリスらも、「脱成長」を論じるなかで、「望ましい未来を導くために組み合わせて推進していきたい五つの改革」の一つとして、「労働時間の削減」を挙げている。[10] カリスらは、「現在の欧米諸国は国民全員が必要とする量をはるかに超えて生産している」と述べつつ、[11]「労働時間を総体として削減すれば、炭素排出量をはじめとして環境に与える負荷が減少する」と指摘している。[12]

気候変動を止めるためには、労働時間の短縮を考えなければならない。

(2) 長時間労働と大量生産

そもそも、どうして長時間労働と大量生産が止まらないのだろうか。現代の社会では、石炭や石油を燃やしながらであるにせよ、短い時間で多くの物を生産できるようになっている。それに合わせて労働時間が短くなってもよさそうなものだ。しかし、現実には、生産力の飛躍的な向上にもかかわらず、労働時間は依然として長い。高まった生産力のもとで、大量の労働がなされ、大量生産が進められている。環境負荷がふくらまないほうが不思議だ。実際に、世界の温室効果ガスの排出量は増えてきた。

問題の根底には、やはり資本主義がある。資本主義のもとでの生産は、人びとの必要を満たすことを本質的な目的にしていない。資本主義社会は、経済的価値の追求によって導かれている。人びとの必要そのものではなく、経済的価値のために、生産がされている。そして、（ロボットやＡＩを使うにしても）人間の労働によって生産がなされ、人間の労働によって経済的価値が生みだされている。だから、資本主義のもとでは、労働させることや生産することが半ば自己目的化する。

一方、働く人びとも、賃金を得て生活するしかない状態に置かれることで、労働・雇用に向かうことを余儀なくされる。生活の糧を得ようと思うと、多くの人は、田畑で穀物や野菜の世話をするのではなく、金銭的報酬に結びつく仕事をする。スカートがほしいときには、布を織るために麻を育てることはせず、お金を得てスカートと交換しようとする。住む家が必要だからといって、柱にする木を山に伐りにいく人はほとんどいない。

ところが、私たちが本当に求めているのは、必ずしも「雇用」や「お金」ではない。私たちが必要としているのは、着るもの、食べるもの、住むところであったり、学ぶことであったりする。私たちが本当に望んでいるのは、病気や障害についてのケアであったり、子育てについての援助であったりする。それなのに、私たちは、「食べるものがほしい」と言わずに、「仕事がほしい」と言ってしまうことがある。考えてみると、どこか不思議な社会だ。

資本主義のもとで、経済的価値を生む労働に人びとが吸い寄せられ、半ば自己目的化した労働と生産が止まることなく進んでいく。

そして、資本主義の原理のもとでは、どれだけ生産力が向上しても、労働時間が自動的に短くなることはない。資本主義の原理は、長時間労働を好む。

そうしたことの結果、化石燃料を基盤に高い生産力が築かれている現代において、長時間労働と大量生産が続き、気候変動が続いている。

(3) 長時間労働と大量消費

長時間労働は、大量生産と結びついているだけでなく、大量消費にもつながっている。長時間労働が、商品・サービスの消費を助長する[13]。

長時間労働によって余裕を奪われると、私たちは商品への依存を深めやすい。料理をするための時間や気力が乏しいと、食事を店ですませたり、食べるものをコンビニで手に入れたり、インスタント食品に頼ったり、プラスチック容器に入った惣菜を買ったりすることになる。手軽に栄養補給できることが利点とされる固形・ゼリー状・液状の食用工業製品に手を出すこともあるかもしれない。

仕事に追われるなかで、経済的な余裕がある場合には、ベビーシッターを頼んだり、家事代行サービスを頼んだりするかもしれない。早くて便利という理由で自家用車を使ったりタクシーに乗ったりすることも考えられる。靴下の修繕に手間を割くことが難しければ、安価な靴下を新しく購入しかねない。欲しいものがあると、中古品を探す手間を省いて、新品を購入してしまうかもしれない。長時間労働のもとでは、時間を節約するための消費が増える。

また、過酷な労働が長時間に及ぶと、健康維持や気分転換のための消費が増える。栄養ドリンクのCMで「24時間、戦えますか」という文句が使われたこともあったが、栄養ドリンクは長時間労働と縁が深そうだ。日本でリラクゼーションやマッサージの店が増えてきた背景にも、長時間労働があるのかもしれない。仕事を休むことが難しければ、市販の風邪薬に頼ることも増えるだろう。仕事のストレスは、酒の消費を増やしている可能性がある。毎週のように短歌や太鼓の集まりに参加する余裕がなければ、たまに行く短い海外旅行が数少ない楽しみになるかもしれない。

さらに、子どもに関わる消費に着目すると、子どもと過ごすことに時間を割けない親の罪悪感を埋め合わせるための消費があると言われる[14]。「仕事時間の長い親ほど、おもちゃやビデオや本など、なくても済ませられるものにお金を費やす」ことが指摘されている[15]。

長時間労働は、大量生産と大量消費の両方に結びつき、温室効果ガスを増やし、気候変動を進行させる。

コラム▼洗濯機をなくすには

引っ越しは、生活を見直す機会になる。

古い家に手を入れて移り住むにあたり、洗濯機の置き場所は必要なのか、という話になった。洗濯機をなくすことを考えてみたわけだ。脱衣所の脇のところに防水パンを設置するかどうか、妻と相談をした。

洗濯機を使わない生活がしたいという思いは、2人に共通していた。しかし、片道に1時間半かけて通勤することになる私は、洗濯に長い時間をかける自信がない。子どもたちが運動部に入るなどして洗濯物が増えたら、機械を使わずに衣類を洗うのはかなりの負担かもしれない。

そのうち洗濯機にサヨナラするかもしれないけれど、今のところは洗濯機を使えるようにしておいたほうが無難ではないだろうか。そんなふうに考えて、洗濯機の置き場所はつくってもらうことにした。

時間にゆとりがあれば、洗濯機を使わずに暮らすことは難しくないと思う。けれども、現状では、簡単でないように感じてしまう。もうしばらくは洗濯機を使うことになりそうだ。

ただ、引っ越しを機会に、冷蔵庫の電源プラグをコンセントに差し込むのをやめ、冷蔵庫を「食べもの収納庫」として使ってみることにした。

2 労働時間の短縮

気候変動を抑えるためには、労働時間の短縮が求められる。

(1) 4時間労働の社会

私は、これまでに何度か「4時間労働の社会」について書いてきた。[16]「4時間」という量に特別な根拠があるわけではない。抽象的に「大幅な労働時間短縮」や「短時間労働の社会」を語るだけでは具体像を描きにくいので、標準とされる労働時間を半減させるくらいの大胆な変革を思い浮かべて「4時間労働の社会」という表現を用いた。残業をなくすとか、7時間労働制にするとか、週休3日制にするとかにとどまらない社会変革が必要だと考えている。

一日あたりの労働時間を4時間程度まで減らすというのは、日本の現状から考えると、突拍子もない提案のように思われるかもしれない。ただ、「4時間労働の社会」というのは、単なる私の思いつきではない。似たような構想は、以前から繰り返し提示されてきた。

たとえば、19世紀後半のフランスにおいて、社会主義者のポール・ラファルグは、一日あたり3時間を労働時間の上限とすることを求めた。「怠ける権利」を主張したラファルグは、労働者たちが労働に「愛」や「情熱」を示すことを厳しく批判し、「一日3時間しか働かず、残りの昼夜は旨いものを食べ、怠けて暮らすように努めねばならない」と述べている。[17]

また、イギリスの経済学者であるジョン・メイナード・ケインズは、1930年に、100年後には「一日3時間勤務、週15時間勤務」でよくなると予想した。[18]技術の進歩や生産効率の向上を想定してのことではあるが、ケインズは、「今後に獲得できるはずの余暇をいかに使って、賢明に、快適に、裕福に暮らしていくべきなのかという問題」を心配していた。[19]

そして、アンドレ・ゴルツは、1980年代に、年1000時間労働を現実的な目標として提案している。[20]一年あたり1000時間の労働というのは、一日あたり4時間の労働というのに近い。ゴルツは、「社会的労働の時間を短縮すること」「誰も自分の職業を一日平均4時間以上行なわないこと」を提言し、そうすることで多くの人たちが「きわめて高度な知識や公的責任をもつように」なり、「大工仕事をし、畑を耕し、教育し、学び、育児や料理に携わる人になる」と述べていた。[21]

一日あたりの労働時間を4時間以内に抑えるという発想は、必ずしも突飛なものではない。人間の歴史・社会を広い視野で顧みるなら、むしろ「8時間（を超える）労働の社会」のほうが異常だ。

人類学者のマーシャル・サーリンズは、狩猟採集民の生活を調べ、「労働」の時間が非常に短いことを示している。[22]狩猟採集民は、食べもの探しに時間を奪い尽くされてはいなかった。狩猟採集民が食べものを得るために費やす時間は、一日あたり3～4時間ほどだった。オーストラリアの狩猟採集民は、豊富な余暇をもち、日中によく眠っていた。

南部アフリカのブッシュマン（サン人）は、短時間の「労働」で食べるものを確保することができ、日常生活に必要な道具を身近なところで自由に手に入れることができた。狩猟採集民は、「ある種の物質的潤沢さ」を享受していたのであり[23]、飢餓に向き合い続けていたわけではない。狩猟採集民の社会は、「すべての人びとの物質的欲望がたやすく充足される社会」だったという意味で、豊かさにあふれていた[24]。そして、同時に、狩猟採集民の社会は、「労働」の少ない社会だった[25]。

近代の資本主義のもとでの労働時間が長すぎる。ジュリエット・ショアは、13世紀から20世紀末にかけてのイギリスにおける労働時間の変遷を示しながら、資本主義が進展するなかで労働時間が中世の1・5倍以上に増加したことを指摘している[26]。

中世の社会では、「労働のペースがゆっくり」で、「生活全般のペースがゆったり」していた[27]。中世の暦には休日が多く、「聖人の祭日や安息日もたくさん」で、「これらの休日には、厳粛に教会へ行ったり、また、ごちそうや酒でばか騒ぎをして過ごした」という。

それなのに、「資本主義は、中世の社会に広くゆきわたっていた余暇を確実にむしばんでいった」のである[28]。1840年のイギリスでは、平均的な労働者の年間労働時間が3000時間を大きく上回っていた[29]。そして、ジュリエット・ショアの整理によれば、1980年代のイギリスの製造業労働者（年1856時間労働）も、13世紀のイギリスの農民（年1620時間労働）より多く働いていた。

週に40時間以上も働くというのは、人間の歴史・社会に普遍的なことではない。むしろ極めて特殊なことのようだ。

（2）不要な労働を減らす

現代の労働時間の異常な長さに目を向け、労働時間の短縮をめざすべきだ。標準的な労働時間を大幅に短縮したからといって、社会が働き手の不足に陥るとは限らない。現代の社会には、なくせる労働、なくすべき労働も少なくない。

人類学者のデヴィッド・グレーバーは、「被雇用者本人でさえ、その存在を正当化しがたいほど、完璧に無意味で、不必要で、有害でもある有償の雇用」が社会に少なくないことを指摘している。[30] そして、「余暇にあふれた社会へと変化することも、週20時間労働の社会を設計することも、わたしたちにとっては容易だろう。おそらくは、週15時間労働の社会でさえも」と述べている。[31] グレーバーの言うように無意味な仕事が少なからず存在しているのであれば、それをなくすことで社会全体の労働時間を減らすことができる。

また、一般に「無意味ではない」と考えられている労働のなかにも、なくせる労働、なくすべき労働がある。気候変動に関わりの深いものとしては、化石燃料の採取に関わる労働が典型だ。石炭火力発電のための労働も、原子力発電のための労働と同じく、早期になくしていく必要がある。

本格的な気候変動対策を進めるなら、自動車関連の仕事や航空関連の仕事も減るだろう。農薬や化学肥料を製造・輸送・販売する労働も減らすことになる。プラスチック玩具を製造する労働も縮小するし、子どもたちの健康を害する食品を製造する工場の仕事も減るはずだ。また、それらの宣伝・広告のための労働も減らすことができる。

そして、公的な社会保障が整えられ、みんなが安心して生きられる社会に近づけば、保険会社の仕事は不要になっていく(社会保障の仕事は増えるかもしれない)。また、学力競争・受験競争の圧力が弱くなれば、子ども向けの学習塾・通信教育のような教育産業の仕事はしだいに消えていく可能性がある(公教育の仕事は増えるかもしれない)。

さらに言えば、人間の安全な暮らしのためには、軍隊の「仕事」もないほうがよい。軍需産業にしても、暮らしに必要なものをつくる代わりに、(温室効果ガスを排出しながら)生活を破壊するものを製造している。日本について考えると、皇室のための労働も、本来は不要な労働だ。

なくせる労働、なくすべき労働は少なくない[32]。環境負荷の少ない社会に向かう過程では、そうした労働をどんどん縮小させていくことになるだろう[33]。

（3）必要な仕事は増える

もっとも、社会全体としての仕事の量は、それほど劇的には減らないのかもしれない。気候危機・環境危機を克服し、真に豊かな生活を実現しようと思うと、増える仕事もある。

たとえば、農薬と化学肥料を大量に使用する工業的農業を減らしていくと、生産量を増やさなくても、必要な労働量は増える。[34] 環境負荷の少ない農・農業においては、機械の使用は少なくなり、人間の仕事が多くなる。[35] また、大量輸送・大量生産を前提にした工業を縮小させ、環境負荷の少ない手仕事を復興させれば、人間が担うべき仕事は多くなる。

そして、保育や教育の仕事のように、少なくとも当面は働き手を増やすべき仕事がある。障害のある子どもの療育の仕事、障害者施設や高齢者施設の仕事などについても、今より充実した職員体制が求められる。

また、気候危機・環境危機を克服するためには、環境負荷の少ない生活を社会の標準にしていく必要がある。そうした生活は、概して手間がかかり、時間がかかる。金銭的報酬に結びつく「労働」の時間は減っても、生活のなかでの「仕事」の時間は増えるかもしれない。

アイルランドで「テクノロジー」を使わずに環境負荷の少ない生活を送るマーク・ボイルは、自らの暮らしについて、「つねに、例外なく、何かしらすべき仕事がある」と述べている。[36]「ひねるだけの蛇口、押すだけのボタン、タイマー設定するだけのセントラルヒーティング、気軽に立ち寄れるカフェ、一日じゅうのんびりさせてくれるスイッチ類など」はない。「ほぼ毎日、生きている実感をおぼえる」という生活だ。

マーク・ボイルが試みたように、環境に負荷を及ぼす商品を購入せずに暮らそうと思うと、生活には時間がかかる。[37] 洗濯を始める前には自分で石鹸を作らなければならない。石鹸を作るためには、木を拾ってきてロケットストーブで湯を沸かし、ソープナッツを煮つめる。もちろん、簡易流し台を使う洗濯そのものにも時間がかかる。そして、部屋を暖めるのにも、一杯のお茶をいれるのにも、トイレに行くのにも時間をとられる。「シンプルライフ」は複雑で、「スローライフ」は忙しい。[38]

完全には「テクノロジー」や商品を排除しないとしても、自分たちで穀物や野菜を育てるためには、そのための手間が必要になる。自分たちで料理をすれば、インスタント食品を用意するよりも時間がかかるだろう。衣服を修繕するのも、家の手入れをするのも、多かれ少なかれ時間のかかる「仕事」だ。[39]

生活のための「仕事」に時間をかけるためにも、「労働」の時間は減らさなければならない。

3 自由時間文化の創造

標準的な労働時間の大幅な短縮を実現できたとしても、環境負荷の少ない生活を営もうとするなら、純粋に自由になる時間が大幅に増えるとは限らない。しかし、現代の日本に蔓延しているような長時間労働が解消されれば、多くの人に今よりも長い自由時間が生まれるだろう。

そうだとすれば、労働時間の短縮と合わせて考える必要があるのは、自由時間のあり方だ。自由時間の過ごし方が環境負荷の大きいものであれば、自由時間の拡大が気候危機・環境危機の克服につながっていかない(40)。

たとえば、趣味としてのドライブやバイクでのツーリングは、温室効果ガスの排出に結びつく。ウェットスーツなどの装備を整え、長距離を移動してダイビングやサーフィンに向かうことも、環境負荷が小さくなさそうだ(41)。スキー場に行ってリフトに乗ることも、人工雪の上を滑ることも、(体力とは別に)エネルギーの消費をともなう。

ゴルフについても再考してみたほうがよいだろう。日本の国土を上空からの写真で見ると、山の中に迷路のような模様が散らばっている。ゴルフ場の姿だ。全国のゴルフ場の総面積は、東京都や大阪府の面積を大きく上回るらしい。広大なゴルフ場には、どれくらいの資源・エネルギーが投入されているのだろうか。

親子での自由時間の過ごし方を考えても、それが商品の消費に満ちたものであるならば、環境負荷がふくらむ。気候変動との関係で言えば、飛行機を使う家族旅行は推奨されるべきものではない。自家用車でテーマパーク・遊園地に出かけることも、温室効果ガスの排出に結びつく。

そうしたレジャーを全面的に否定するかどうかはともかく、レジャーが温室効果ガスの排出につながる現実には目を向けておくべきだ。そして、大きな環境負荷を生まずに豊かな自由時間を過ごせる社会を追求する必要がある。(42)

ジュリエット・ショアは、およそ30年前に、労働・生産・消費の悪循環が「人間の生息場所を回復不可能な状況に追い込んでしまう」として、(43)「『余暇の商品化』を逆転させる意識的な努力をしなければならない」と述べ、「政府と地域社会が、芸術活動から成人向けの教育活動の場までもっと気軽に利用できる余暇活動を支援する必要があろう」と指摘していた。(44)

また、ナオミ・クラインは、気候変動対策を論じるなかで、労働時間の短縮を求めつつ、「果てしない消費サイクル以外の面で喜びを見いだす」ことの意義に触れ、「公的資金に支えられた芸術や都市部でのレクリエーション、または新たな自然保護区で自然を楽しむことなど」の重要性を述べている。(45)

まずは、商品・サービスの消費をともなわない自由時間の過ごし方を豊富にすることが重要だ

ろう。(46)

図書館など、みんなが無料で活用できる公共施設の存在は魅力的だ。公民館のような施設での活動に誰もが無償で参加できることも大切になる。音楽・舞踊・演劇といった文化的活動を自由に楽しめるような場が増えれば、活動の幅が広がる。

商品を消費せず、あまり環境に負荷をかけない楽しみ方を考えていこう。歌うことは、電気を必要としない（いろいろな音響機器を使わなければ）。野草を摘んだり、野山を歩いたりすることは、化石燃料がなくてもできる（プラスチックの靴底はすり減るかもしれないが）。サッカーは、ボールがあればできる（ボールやシューズやユニフォームは工業製品だろうけれども）。畑の世話をするのも、すてきな過ごし方だ。ときには風景をただ眺めるのも悪くない。

自由時間の文化を豊かに育んでいきたい。

4　短時間労働社会と子どもたち

(1) 家庭の姿

長時間労働が解消され、環境に大きな負荷をかけずに豊かな自由時間を過ごせるようになると、子どものいる家庭の姿も変わっていくだろう。

労働時間が短くなれば、親（保護者）は子どもと接する時間をもちやすくなる。家の近くで子どもと遊んだり、おしゃべりを家族で楽しんだりすることもしやすくなる。親子で地域の「おまつり」に出かけてもよいし、川遊びに行ってもよい。親にゆとりがあると、子どもといっしょに衣服の繕いができるかもしれない。親子で干し柿を作ったり味噌を仕込んだりすることもできる。

もちろん、子どもと親がいっしょに長い時間を過ごすことは、強要されるようなものではない。親と過ごすことが苦痛になる子どももいるだろうし、子どもと過ごすことに負担を感じる親もいるだろう。子どもと親の関係性や、家族のあり方は、一様でなくてよい。

しかし、親子がともに過ごす時間は、長時間労働によって奪われるべきものではない。もっと子どもと過ごしたいという親の思いは社会的に尊重されてよいし、もっと親と過ごしたいという子どもの願いに親が応えられる環境は必要だ。

バーバラ・ポーコックは、オーストラリアでの調査から、「多くの子どもたちは、することの決まっていない『ただ一緒にいる時間』を親と過ごすことを好む」ことを示している。[47] 多くの子どもたちは、（親により多く稼いでもらうことよりも）親とより多くの時間を過ごすことを望んでいた。[48] ところが、親が長時間労働を強いられていると、その望みはなかなか満たされない。

そのうえ、長時間労働によって親が疲弊していると、子どもたちにも否定的な影響が及ぶ。ポーコックは、「多くの子どもにとって重要なのは、親たちが働きに行くか行かないかではなく、どんな状態で帰宅するかである」と述べている[49]。長時間労働をする親が「不機嫌」になっていることを語る子どもが多い。ポーコックは、「子どもは長時間労働に、親子両方にとってのマイナスの要素を見る」と指摘している[50]。

標準的な労働時間が短くなれば、親は、今よりも健康な状態で、子どもたちとゆったりした時間を過ごすことができるだろう。

（2）保育園や学校の姿

労働時間の短縮によって変わるのは、家庭だけではない。保育園や学校も、今とは違うものになるはずだ。

標準的な労働時間が大幅に減る社会では、保育士や教師の労働時間も短縮されることになる。ただ、保育や教育の仕事においては、一般に、保育士や教師と子どもたちとの親密な関係、安定的・継続的な関係が大切になる。それぞれの保育士がいつも午前（あるいは午後）だけしかいないとか、週に3日しかいないといった状況は、子どもと保育士の両方にとって望ましくない可能性がある。ていねいな保育のためには、ある程度まとまった労働時間が必要なのかもしれない。

また、現代の保育は、保護者の就労を保障することだけが役割ではない。仲間がいる環境のなかで子どもたちに豊かな生活と発達を保障することが、保育の重要な役割になっている。保護者の労働時間が大幅に短くなったとしても、それに合わせて子どもの保育の時間を同じように短くするのがよいとは限らない[51]。

そして、学校教育の時間も、労働時間と完全に同じ歩調で短くしていくようなものではない。もちろん、学校教育の時間を短縮し、学童保育などの社会教育を拡充することは、積極的に検討すべき魅力的な選択肢ではある。しかし、大人の労働の日数・時間と、子どもにとって最適な学校教育の日数・時間とは、さしあたり別の問題だ。

そう考えると、保育士や教師の労働時間を機械的に減らしていくことには無理がある。夜遅くの帰宅が続くような労働実態は早急に改善されるべきだが、保育士や教師の仕事が一日あたり4時間程度でよいのかどうかについては、議論の余地がある。

それでは、保育士や教師の労働時間の大幅な短縮は、どのように実現すればよいのだろう。可能性として考えられるのは、いくらか変則的な働き方だ。「4時間労働の社会」をつくるにしても、毎週「4時間×5日」の労働を標準にすることはない（「4時間労働の社会」というのは便宜的な表現だ）。「5時間×4日」を週あたりの労働とすることもできる。また、毎週「5時間×5日」の仕事を4年間したら1年間は休む、といった働き方を考えてみてもよい[52]。どういう方式が最善なのか、私にはわからないが、少なくとも労働時間の現状を固定的に考える必要はない。保育や教育の将来像については、みんなで知恵を寄せ合うのがよいと思う。

もっとも、このような議論にそもそも意味を感じない人もいるだろう。教師の労働時間の現状は、8時間労働にさえ程遠い。しかも、労働時間の大幅な短縮どころか、かなり控えめな短縮さえ見通せない。「4時間労働の社会」など、妄想にしか思えないかもしれない。

しかし、私は、「4時間労働の社会」を真剣に議論するべきだと考えている。まず、「4時間労働の社会」の可能性を思い描くことで、現在の長時間労働の異常性と問題性を認識しやすくなる。また、すぐには到達できない遠い目標であっても、目標を見定めることで、進むべき道がみえてくる（目的地によって、次の一歩の向け方が変わる）。

そして、何より、実際に「4時間労働の社会」を実現していきたいと思う。現代の気候変動は、これまでに人間が直面したことのない巨大な脅威だ。私たちは、途方もない危機を前にしているのだから、途方もない課題を成し遂げていくしかない。[53]

合わせて考えたい

労働時間短縮と女性

長時間労働が一般的になっている社会では、育児や介護をしながら「一人前」の仕事をすることが難しい。そして、現在の日本では、女性が育児や介護を担うことが多い。

育児や介護に関して、育児休業や介護休業の制度が存在してはいる。時間外労働の制限や短時間勤務の制度なども創設されている。そうした制度は大切なものだ。しかし、それらの仕組みを誰もが活用できるようにはなっていない。また、それらの仕組みを活用したからといって、家族のケアを担いながら働く女性が抱える困難や葛藤は必ずしも解消されない。

長時間労働が標準とされたまま、育児や介護を理由に、例外としての配慮・対応だけがなされると、問題が生じやすい。たとえば、配慮・対応の結果として仕事の内容が制限されると、昇給や昇進だけでなく「やりがい」が損なわれる可能性もある。[1] 同僚の負担が大きい職場においては、例外としての配慮・対応を受ける人が引け目を感じてしまうこともある。

現在の「男性の働き方」を標準にしたまま、その標準に女性を巻き込んではならない。家族のケアを担いながら働く人を標準として考え、[2] 標準的な労働時間を変えていくことが求められる。[3]

それでは、どれくらいの労働時間が標準になるとよいのだろうか。私の実感としては、やはり8時間では長すぎる。「8時間働けば普通に暮らせる社会を」と言われることもあるけれど、一日あたり8時間も働いて「普通に暮らせる」とは思えない。

仕事（労働）のほかにも、いろいろとすることがある。朝食の前には、保育園に通う子どもの着替えを手伝い、小学生の子どもが昨夜は出し忘れていた手紙に目を通し、洗濯物を干す。朝食の後は、保育園の連絡帳に記入をして、「学校、行きたくない」とぼやく子どもをなだめ、仕事に向かう用意をする。

仕事が終わると、延長保育に突入する時間を気にしながら保育園に向かう。家に帰ったら、きょうだい喧嘩の声を聞きながら夕食の用意をする。お風呂の後は、2冊ほど絵本を読んで、下の子といっしょに布団に入る。子どもが眠ったら布団を抜け出し、いくつかメールに返事をした後、学童保育に提出する出欠予定表を書く。夜はずいぶんと遅くなっている。

一日に8時間も労働をしていては、家族をケアしながら働く人は、自分自身の休息や文化的活動のための時間を十分にもつことができない。食べるものを菜園で育て、ていねいに衣服の繕いをし、環境負荷の少ない暮らしをすることなど、夢物語に思えてくる。そんな生活を「普通」と呼ぶべきではない。8時間労働制というのは、働く人が家族をケアすることを想定していないのではないか。

家事・育児・介護の責任が女性に偏る状況を変えるためにも、近しい人をケアする人が無理なく働けるようにするためにも、長時間労働はなくしていかなければならない。

標準的な労働時間の大幅な短縮と、少ない労働時間で生活できる給与や社会保障の体系の確立は、気候危機の克服にとっても、女性の仕事と生活にとっても、重要な課題だ。

終章

懐かしい未来へ

気候危機を克服し、真に持続可能な社会を築いていきたい。環境危機を解決し、みんなが豊かに生きられる社会をつくっていきたい。

それは、どのような社会だろうか。子どもたちとともにつくり、子どもたちに手渡したいのは、どういう社会だろうか。

終章では、社会の未来像を考える。

1 脱成長と脱資本主義

(1) デカップリングという幻想

めざすべき未来像の方向性を決める最初の大事な分岐点は、気候変動と経済成長との関係のとらえ方だ。経済成長を続けた先に未来社会を描くのか、そうではないのかによって、描かれる未来像は大きく異なる(当面の取り組み方も異なってくるだろう)。

気候変動対策についての議論のなかでは、気候変動対策と経済成長の両方を同時に求める主張が目立つ。「持続可能な開発」や「グリーン成長」は、(どこまで本気かはともかく)気候変動対策を経済成長と両立させようとするものだ。

その両立を実現するためには、経済成長と温室効果ガス排出量との結びつきを切り離すこと

（デカップリング）が必要になる。経済成長と排出量の増大との従来の連動を解消し、経済成長を進めながら排出量をゼロに近づけていかなければならない。

しかし、世界の現実をみたとき、デカップリングは進んでいない。特定の国に着目すれば経済成長と排出量の連動に緩みが見られることはあっても、世界全体としてのデカップリングはまるで達成されていない。2000年頃から、高所得国の排出量が抑えられてきた一方で、低中所得国の排出量は急増してきた。欧米で消費されるものが中国等で製造されるというように、裕福な消費者のための排出が相対的に貧しい国の排出として表れるという構造も背景にあってのことだ。世界のGDP（国内総生産）の合計と温室効果ガスの排出量との比例関係は、ほとんど揺らいでいない。そうした事実を示しながら、ティム・ジャクソンは、デカップリングを「神話」と呼んでいる(1)。

マーヤ・ゲーペルに言わせれば、経済成長と環境負荷のデカップリングは「夢」でしかない(2)。ゲーペルは、「経済成長と気候変動の結びつきを解こうとするあらゆる試みが、これまで何ひとつ十分な成果を収めてこなかった」と指摘している(3)。世界の経済成長を示すグラフ曲線と、二酸化炭素濃度の上昇を示すグラフ曲線は、その推移がほぼ完全に一致する。ゲーペルは、「今日の経済成長とは気候変動のことです。そして、さらなる経済成長とは気候変動が深刻化するということです」と述べている(4)。

そして、斎藤幸平も、ジャクソンの議論を紹介しながら、デカップリングは「幻想」だと指摘する。[5] 経済成長が順調であれば、経済活動の規模が大きくなる。経済活動がより活発になれば、資源の消費量は増え、排出量の削減は難しくなるため、地球温暖化を1・5度以内に抑えられるような速さで十分なデカップリングを実現することはできない。[6]

さらに、経済成長とのデカップリングが進んでいないのは、温室効果ガスの排出量だけではない。消費された天然資源量を表すマテリアル・フットプリントも、経済成長に比例して増大してきた。世界のマテリアル・フットプリントは、経済成長とのデカップリングを実現するどころか、2000年以降はGDPの成長を上回る勢いで増えている。[7] 経済成長を資源消費量の削減と両立させるのは極めて難しい。[8]

経済成長を追求しながら気候危機・環境危機を克服しようとすることは、あまりにも無謀だ。[9]

仮にデカップリングが可能だとしても、その可能性に賭けるのは危険すぎる。これまで、私たちの社会は十分なデカップリングに成功したことがない。今度こそ成功するだろうと考え、その可能性に運命を託すのは、まともな判断だろうか。人間社会と生態系の未来は、宝くじの1等を狙うような博打にゆだねるべきではない。

現代の経済成長は排出量の増加をともなってきた。経済成長とともに気候危機が深刻化してきた。それなら、気候変動を止めるために経済成長をやめる、というのは当然の発想ではないだろうか。[10]

お酒を飲んで気分が悪くなってきたなら、まずは飲むのをやめたほうがよい。そうしないと、取り返しのつかないことになるかもしれない。それと同じようなことだ。

デカップリングに賭け、経済成長を追い求めることは、子どもたちに対して責任ある態度ではない。経済成長という今の道を行けば、私たちは崖から落ちてしまう可能性が極めて高い。それなら、進むのをやめ、向きを変え、もともと暮らしていた土地で豊かに生きることを考えるべきではないだろうか。

(2) 脱成長という希望

マーヤ・ゲーペルは、「限界のある世界で、限りある資源を使い、常に成長することをめざす経済のあり方は、持続可能ではありません」と述べている。[11] 単純な理屈だ。地球の上で果てしない経済成長を実現することはできない。

そして、経済成長と環境負荷が切り離せないなら、環境危機を解決するためには経済成長の追求を見直す必要がある。

そうした発想は、特に新しいものではない。経済学者のシューマッハーは、1973年刊行の『スモール・イズ・ビューティフル』のなかで、「だれも彼もが十分に富を手に入れるまでは際限なく経済成長を進めるという考え方には、少なくとも二つの点、すなわち基本的な資源の制約か、経済成長によってひき起こされる干渉に自然が堪えられる限度か、あるいはその双方から見て重大な疑問がある」と述べている[12]。また、アンドレ・ゴルツは、1970年代に、「成長のイデオロギーと絶縁する」ことを説き、「文明の袋小路に対する解決は（中略）成長のなかにではなく、物質的生産の制限ないし減少のなかに求められるべきである」と述べていた[13]。

このような考え方を「脱成長」という言葉によって提示している論者の代表は、セルジュ・ラトゥーシュだろう。ラトゥーシュは、「生態系の再生産に見合う物質的生活水準に戻ること」を求めている[14]。脱成長の考え方は、経済成長のための経済成長に突き動かされる社会との決別をめざすものだ[15]。ラトゥーシュは、「自らの意思で節制を選択した社会」として「脱成長の社会」を説明している[16]。

脱成長は、ラトゥーシュが繰り返し強調しているように、ゼロ成長でもマイナス成長でもない[17]。際限のない経済成長を追求する社会での（意図しない）ゼロ成長やマイナス成長は、脱成長ではない[18]。脱成長とは、意識的に経済成長の追求から抜け出すことだ。

そして、脱成長は、いわゆる「先進国」だけに求められるものではない。「途上国」においても、脱成長は重要な課題になる[19]。「途上国」にとっても、本当に必要なのは、子どもや大人のウェルビーイング（良い状態）であって、経済成長ではない。生活水準の改善と経済成長とが一体であるかのように見えてしまう状況こそが問題だ。今も不確かな経済成長と生活水準との結びつきを解き、自己目的化した経済成長に巻き込まれないかたちで生活を豊かにしていけるとよい。

ヨルゴス・カリスらが端的に述べているように、脱成長論とは、「経済成長の追求をストップして、生活と社会の視点をウェルビーイングに置き直すことを主張する議論」である。[20] 脱成長は、「豊かな生活」をあきらめることを意味しない。むしろ、本当の意味での「豊かな生活」をめざすものだ。

経済成長ではなく、住み続けられる地球を追求しよう。経済成長を続ける格差社会よりも、みんなが安心して暮らせる平等な社会をめざそう。経済成長のもとで余裕を奪われて生きるのではなく、大空のもとで豊かに生きよう。

現在の気候危機・環境危機を考えるとき、脱成長は、単に望ましいだけでなく、私たちの希望そのものだ。[21]

(3) 脱資本主義という必然

脱成長を追求するなら、必然的に脱資本主義をめざすことになる。資本主義は経済成長を強いるものだからだ。

セルジュ・ラトゥーシュは、脱成長の考え方が資本主義の批判を含むことを述べたうえで、[22] 脱成長を「『エコロジカルな社会主義』と見なすことができる」ものだと説明している。[23] ラトゥーシュは、脱資本主義を直接的に強調することは多くないものの、「資本主義の精神、わけても（利潤増大への執着として現れる）経済成長への執着の破棄に成功すれば、脱成長社会は徐々に資本主義的なものではなくなる」と述べており[24]、脱成長社会が資本主義社会ではないことを明言している[25]。脱成長は、脱資本主義と切り離すことができない[26]。

日本においても、「脱成長コミュニズム」を語る斎藤幸平は、「拡張を続ける経済活動が地球環境を破壊しつくそうとしている今、私たち自身の手で資本主義を止めなければ、人類の歴史が終わりを迎える」として、「資本主義ではない社会システムを求めることが、気候危機の時代には重要だ」と述べている[27]。

また、「脱成長」という表現は用いられていなくても、気候危機・環境危機をめぐる議論のなかでは、資本主義を克服する必要性が指摘されてきている。

たとえば、ショラル・ショルカルは、「資本主義の論理と持続可能な経済のそれとの間には、根本的な矛盾がある」として[28]、次のように述べている。

　多くのエコロジストが、資源消費の劇的な削減をともなう、さらなる経済成長が可能だと信じているのは、まったく奇妙なことである。さらに奇妙なのは、これが資本主義の枠内で可能だと、彼らが信じていることである[29]。

ショルカルは、「資本主義の枠内においては持続可能な経済もそれへの移行も機能しない」と述べている[30]。

また、「エコ社会主義」を語るミシェル・レヴィーは、「エコロジー危機」の責任が「資本主義システム」にあることを強調しており、「人間は何千年も地球上に住んできたが、大気中の二酸化炭素濃度が危険なレベルになったのはここ数十年のことである」として、その責任は「人間」ではなく「資本主義システム」にあると述べている[31]。

資本主義の原理が優先するのは、経済的価値の追求であって、環境の保全ではない[32]。資本主義のもとで環境破壊を防ぐことは難しい[33]。利潤追求が最優先されるなかでは、環境が破壊されていく[34]。気候危機・環境危機の克服は、資本主義の原理と衝突する[35]。

なお、念のために言えば、ここで議論しているのは、資本主義に賛成か反対か、資本主義が好きか嫌いか、という問題ではない。ここで確認しておきたいのは、有限の地球で無限の経済成長を実現することはできない、だから無限の経済成長を強いる資本主義は持続可能ではない、という事実だ。また、資本主義のもとで気候変動が進んできた、資本主義のもとで気候危機が解決する見通しが立っていない、という事実だ。経済的価値の追求を強いられる社会、経済成長が自己目的化する社会では、安定した生活や安定した生態系は望みにくい。

もちろん、それでも資本主義にしがみつく権力者はいる。生態系を崩壊に追いやってでも資本主義と経済成長を維持しようとする大金持ちはいる。

しかし、考えてみよう。資本主義や経済成長は、私たちが固執するようなものだろうか。資本主義のもとで、気候変動が進み、人びとが苦しみ（あるいは亡くなり）、何十億年もの生命の歴史に育まれてきた生物種がどんどん絶滅している。空気や水や土が、有害化学物質によって汚染されている。原子力発電によって、放射能汚染が生じ、何万年もなくなることのない放射性廃棄物が増え続けている。世界には貧困が広がり、およそ8億人が飢えに直面している。[36] そういう世界は、私たちがそのまま維持するべきものだろうか。

経済成長が実現してきた社会で、人びとの日常は豊かなものになっているだろうか。ある人は、朝起きると慌ただしく（農薬が残留している）パンをかじり、（外国産の）バナナを食べる。その後、満員電車に詰め込まれるか、交通渋滞を耐え忍ぶかして、職場にたどりつく。夜遅くに仕事が終わると、プラスチック容器に入った食べものを体内に流し入れる。そうやって、家事もままならないまま仕事に追われ、ときには（食べ放題の）焼肉店に出かける。お金に少し余裕があると、たまの休みに短い旅行を楽しむ。ときおり、過労死のニュースを目にすることもある。そういう生活は、変えてはならないものだろうか。

資本主義や経済成長は、私たちの暮らし、人間の社会、地球の生態系を犠牲にして追い求めるようなものではないはずだ。

2　2つの未来像

（1）未来像の重要性

気候危機を克服するために脱成長と脱資本主義が求められるのなら、私たちは脱成長と脱資本主義の道を歩むべきだろう。

ただし、脱成長を理念に掲げるだけでは、社会の未来像は見えてこない。脱資本主義を抽象的に語るだけでは、気候変動対策の道筋は定まらない。

未来像を具体的な社会変革に結びつけていくためには、未来像を豊かにかたちづくることが求められる。産業・エネルギー・交通・建築・教育・労働時間などのあり方から、歯の磨き方、ひげの剃り方、鼻水の拭き方、雨具の素材、靴の行末、死者の送り方といったことまで、未来を具体的に構想する必要がある。衣服のつくり方、食べものの保存方法、糞尿の処理方法なども大切な問題だ。また、紙の新聞・雑誌・書籍を際限なく発行し続けるのか、大量の電子機器を使い続けるのか、飛行機を使ってオリンピックやパラリンピックを開催し続けるのか、トイレットペーパーを水に流し続けるのか、といったことも考えなければならない。

そうした構想は、誰か一人の力でできることではない。また、するべきことでもない。めざすべき未来の具体的な姿は、さまざまな人、たくさんの人の手によって練りあげられていくものだろう。本書では、詳細な未来像を描くことはできないし、それを描くつもりもない。

しかし、気候危機の克服という問題意識を基盤に、めざすべき未来の方向性を考えておきたいと思う。未来像は、はるか先の問題ではなく、現在の問題だ。未来像のあり方によって、現在の取り組み方が違ってくる。ここでは、私たちがめざすべき未来を考え、その未来像の輪郭を描いてみたい。

(2) 現代的な未来

気候変動対策をめぐる議論のなかで垣間見えることが多いのは、「現代的な未来」とでも呼ぶべき未来像だ。「現代的な未来」では、現代の社会の生活様式が基本的には維持されていて、現在の「先進国」に似た生活が広がっている。

あたりに太陽光パネルや風力発電機が並ぶ社会で、人びとは通信機器とインターネットで結ばれている。室内の空気はエアコンで快適に保たれ、冷蔵庫や洗濯機が便利な生活を支えてくれる。木造のビルが立ち並ぶ街を電気自動車が走り、都市に住む人びとは路面電車や地下鉄に乗っている。あらゆる物がリサイクルされ、ほとんどゴミは出ない。学校に通う子どもたちは、整った照明と空調のもと、電子機器を用いて学習に励む。そうした暮らしを太陽光発電や風力発電が支えており、再生可能エネルギー産業に従事する人が少なくない。——そういう未来は、「現代的な未来」だ。

気候変動の問題について鋭い議論を展開してきたナオミ・クラインも、「現代的な未来」を思い描いているようだ。クラインが制作責任者を務めた7分間の映像作品は、気候変動対策が成功した未来が描かれたもので、成功の立役者が高速鉄道に乗って移動する場面から始まる。[37] 金属製らしき車両の向こうには、発電用の風車が何基も並んでいる。列車の車内は現代風だ。その未来では、草木の繁る都市に人びとが住み、太陽光パネルや風力発電装置が稼働している。

クラインは、都市が高速鉄道で結ばれる未来を想定している。[38] その未来に向けて、課題になるのは、たとえば「地下鉄や路面電車、LRT（軽量軌道交通）システムをあまねく敷設する」ことだ。[39] クラインは、「化石燃料からの撤退が進めば不要になる仕事に携わる労働者」の新しい仕事として、「地下鉄車両の製造や風力タービンの設置」を挙げている。[40] クラインが描く未来は、手が届きそうなものでもあり、現在の社会よりも「環境にやさしい」ように思える。

しかし、「現代的な未来」は、真に持続可能なものだろうか。

風力発電や太陽光発電にともなう環境負荷は、どのように解決されるのだろう。[41] 古くなったり壊れたりした発電設備はどう処理されるのだろう。

世界で建設されている無数の都市に、もれなく地下鉄網を張り巡らせるのだろうか。[42] 米国だけでなく、世界中の都市を高速鉄道で結ぶのだろうか。車両の素材は何だろう。どのように車両を製造するのだろう。

都市に住む人が食べるものは、どこで誰が世話をしているのだろう。食べるものは、どのように人びとに届いているのだろう。穀物や野菜の生育に欠かせない窒素やリンは、どのように循環しているのだろう。

化石燃料の使用をやめ、太陽光発電や風力発電を広げるだけで気候危機・環境危機を克服できるのであれば、「現代的な未来」は悪くない未来像だろう。現代の社会の骨格を維持したまま気候危機・環境危機を解決できるのであれば、「現代的な未来」をめざしてもよいのかもしれない。

しかし、それほど問題が単純ではないとすれば、私たちは現代の社会を根底から問い直すべきではないだろうか。

(3) 懐かしい未来

考えられる未来像は一つではない。私たちは、「現代的な未来」ではない未来を構想することもできる。

19世紀末にウィリアム・モリスが物語に描いた未来像は、「現代的な未来」とは大きく異なるものだ。(43)

主人公である初老の男性が22世紀のロンドンに目覚めると、そこには美しい世界が広がっている。川にはきれいな水が流れ、優美な石の橋がかかっている。木材と漆喰でできた田舎風の家々は良い雰囲気で、草木の茂った庭に囲まれている。「現代風」な服装はなく、人びとは華やかな装いをしている。煙を吐く工場はなくなり、人びとは小さな作業場で手仕事をするようになっている。

機械は一つひとつ姿を消していっていた。川を行く舟も、推進装置を備えたものではなく、帆をかけた舟や手漕ぎの舟だ。主人公は、元の世界にあった「蒸し風呂のような地下鉄」には乗らない。馬車に乗り、舟を漕いで、新しい社会を見て回る。

モリスは、別の文章のなかで、「未来の社会」について、次のように述べている。

それは、素朴な暮らしを送るという願いを自覚した社会である。より人間的で非機械的であるために、これまでに勝ちとった自然制圧の術の一部を、あきらめることを意識した社会である。(44)

モリスが語る未来の社会は、高層建築が立ち並ぶわけでもなく、金属の乗りものが高速で行き交うわけでもない。高性能な機械や優秀なロボットが大量に動いているわけでもないし(45)、豪華な商品があふれているわけでもない(46)。モリスは、昔ながらの暮らしのなかに理想の未来を見ようとしている。
また、ヘレナ・ノーバーグ＝ホッジも、ラダックに住む人びととの伝統的な生活のなかに、めざすべき未来の手がかりを見出している。[47] スウェーデン生まれのノーバーグ＝ホッジは、1975年から、ヒマラヤ山脈の西端に位置するラダックの人びとと生活をともにした。

ラダックの人びとは、畑で作物を育て、家畜の世話をし、糸紡ぎや機織りをして、生活を営んでいた。仕事は歌声や笑い声とともにあり、仕事と遊びの間には明確な区別がなかった。分単位で時間が測られることはなく、あり余る時間のゆとりがあったという。貧富の格差も、「開発」を経験した社会に比べると小さいものだった。人との結びつき、まわりの環境との結びつきのなかで、人びとは大きな安心感をもっていた。「ラダックの人ほど落ち着いていて感情的に健康な人たちを、今まで私は見たことがなかった」と、ノーバーグ＝ホッジは書いている。[48]

現代の「先進国」のような社会が最善のものだとは限らない。また、現代の生活様式を維持したままでは、真に持続可能な社会は実現できそうにない。

そうだとすれば、気候危機を克服し、真に持続可能な社会を実現するためには、不要な要素、あってはならない要素を、私たちの暮らしから切り離さなければならない。

マーク・ボイルは、次のように語っている。

人類は歴史の転換点にいる。高速で走る車や、カードサイズのコンピューターや、さまざまな文明の利器を手ばなすことなく、澄んだ空気、豊かな熱帯雨林、清浄な飲料水、安定した気候を手にすることはできない。われわれの世代はどちらかを選べるが、両方は選べない。人類は選択を迫られている。どちらを選んだとしても、なんらかの痛みを引きうけることになる。便利な小道具か、それとも自然環境か。選択をまちがえれば、次の世代は両方とも失うかもしれない。(49)

現代の社会の持続可能でない部分は、意識的に放棄していこう。(50) そして、真に持続可能な社会をめざそう。

その先にあるのは、私たちが「懐かしい」と感じる未来かもしれない。私たちは、そういう「懐かしい未来」を思い描くこともできる。

もっとも、過去への回帰を思わせる未来像については、異論もあるだろう。「江戸時代には戻れない」という反発や、「江戸時代に戻る気か」という嘲笑もあるかもしれない。

しかし、現代の生活や社会はそれほど良いものだろうか。江戸時代の生活や社会はそれほど悪いものだろうか。たしかに、現代の社会には良い面がいくつもあるだろう。一方で、江戸時代には、今ほど急速に生物が絶滅していなかった。核兵器や原子力発電所もなかった。そして、今のような気候変動が起こっていなかった。気候危機を克服する手がかりを江戸時代の暮らしが与えてくれるのなら、私たちは喜んで江戸時代の暮らしに学ぶべきだ[51]。

過去に戻ることはできないし、戻る必要もないし、戻るべきでもない。けれども、現代のような気候変動を引き起こさない社会が過去に長らく存在していたのは事実だ。温室効果ガスの排出をゼロ以下にしようとしている今、人間の活動による温室効果ガスの排出がゼロに近かった時代を参考にするのは、とても自然なことだろう。気候危機に直面している私たちにとって、昔ながらの生活に目を向けることは理にかなっている。

真に持続可能な未来が「懐かしい未来」であるのなら、私たちは「懐かしい未来」をめざすべきだ。

3　地元を中心にした暮らし

(1) ローカリゼーション

脱成長と脱資本主義を展望し、「懐かしい未来」を構想しようとするときには、(再)ローカリゼーション(地域化・地元化)が重要な核になる。

資本主義のもとでグローバリゼーションが急速に進み、経済成長と並行して地域ごとの自律性が衰退してきた。その流れの見直しが求められる。

セルジュ・ラトゥーシュは、最初期から脱成長プロジェクトの中心的役割を担っていた」と述べている。[52] ラトゥーシュは、「再ローカリゼーション」を説き、住民が必要とするものを地元で生産することを重視するとともに、自分たちのことを自分たちで決めていける地域社会を求めてきた。[53] 外部に対して地域社会を完全に閉ざすわけではないが、「再ローカリゼーション」のなかでは、人や物の移動や輸送を抑え、地域社会の自律性を高めることになる。

また、ノーバーグ＝ホッジは、ラダックの伝統的な生活に学びながら、ローカリゼーションの重要性を強調している。[54] ラダックでは、塩・茶・調理器具・工具を共同体の外部に頼る以外、共同体がほぼ自立していた。[55] そして、村の規模は小さく、顔の見える間柄で人びとの関係が築かれていた。

ノーバーグ＝ホッジは、「生産者と消費者との間の距離を短くし、地域、地方、国、それぞれのレベルで、経済をより自立したものに変えること」の意義に触れ、次のように述べている。


ビジネスや市場の規模を縮小することで、責任と義務のありかが明確になり、全体の透明性が増すでしょう。また、暮らしや仕事が自然環境によって支えられていることを理解しやすくなります。人で混み合う地球ではあっても、人間が自然を壊さない範囲で十分やっていけることを、自分の生き方で示すことができるでしょう。[56]

地元を中心にした暮らしを築くことで、人間の活動が環境に及ぼす負荷を小さく抑えることができる。わかりやすい面だけを考えても、人や物の移動・輸送が大幅に減れば、自動車・大型船・飛行機のために膨大なエネルギーを消費せずにすむ。道路・港・飛行場を整備する必要性も少なくなる。また、必要な物が地元で手に入るようになれば、物を梱包・包装しなくてもよい場合が増える。

地元を中心にした暮らしに向かうことで、真に持続可能な社会への道が見えてくる。[57]

(2) 規模や距離の問題

地元を中心にした暮らしは、移動・輸送を抑えるだけでなく、持続可能なかたちで地域社会を営むことを可能にする。

シューマッハーは、『スモール・イズ・ビューティフル』のなかで、次のように述べている。

小さな単位に組織される人たちは、宇宙全体が自分の縄張りの伐採地だという気でいる大企業や大型指向の政府よりも、小さくてもだいじな自分たちの土地や天然資源の面倒をよくみることは明らかである。[58]

ノーバーグ＝ホッジも、ラダックの人びととの生活のなかで「社会の規模の重要性を実感するようになった」と語っており、かつてのラダックの暮らしについて、次のように述べている。

100戸を超えるような大きい村はまれなので、相互依存の関係を直接体験できる程度の規模の生活になっている。全体像がつかめ、自分自身がその一部である社会の構造やネットワークが理解でき、自分の行動がおよぼす影響が見えるので、責任を感じることができる。また、自分自身の行動がほかの人にもはっきり見えるので、責任の所在が明らかとなる。[59]

地元を中心にした暮らしのなかでは、自分たちの行動の意味を理解しやすい。何をすれば地域社会の持続可能性が損なわれるのか、どうすれば地域社会が持続可能になるのか、といったことが比較的わかりやすい。

逆に、自分たちの行動の影響が及ぶ先と自分たちとの間に隔たりがあると、私たちは自分の行動をうまく調整しにくい。自分の行動が影響する先が見えなければ、意図していなくても、他者や環境に打撃を与えてしまう。

マーク・ボイルは、次のように、「消費者と消費される物との間の断絶」を問題にしている。

われわれが皆、食べ物を自分で育てなくてはならなかったら、その3分の1を無駄にするなんてことは(これはイギリスで現に起きていることだ)しないだろう。机や椅子を自分で作らなければならなかったら、部屋の模様がえをしたとたんに捨ててしまったりはしないだろう。目抜き通りの店で気に入った服も、武装兵士に監視されながら布地を裁断する子どもの表情を見ることができたら、買う気が失せることだろう。豚の屠畜処理の現場を見ることができたなら、ほとんどの人がベーコンサンドイッチを食べるのをやめるだろう。飲み水を自力できれいにしなければならないとしたら、まさかその中にウンコはしないだろう。(60)

私たちの暮らしを真に持続可能なものに近づけるためには、私たちが日常的に深い関係をもつ範囲、小さくない影響を及ぼす範囲をなるべく縮小させる必要がある。

もちろん、現状において、遠い土地でカカオの栽培に携わる人たち、海の向こうでシャツの縫製をしている人たちを思い浮かべるのは大切なことだ。商品が生産される過程を知り、働く人や環境のことを考えて「エシカル消費(倫理的消費)」をするのは悪いことではない(良いことだろう)。しかし、一つひとつの商品の背景を十分に把握することは、私たちにとって現実的ではない。また、長い距離を運ばれてくる生産物の背景を知ったからといって、輸送にともなう環境負荷を解消することはできない。

真に持続可能な社会のためには、地元を中心にした暮らしが求められる[61]。

4 農を中心にした暮らし

(1) 家の近くに田畑や森林があること

地元を中心にした暮らしをしようと思うと、食べるものを主には地元で得ることになる。着るものの素材も、住居や施設の建材も、道具類の材料も、地元に求めることになる。そのため、地元を中心にした暮らしには、農の営みが欠かせない[62]。

狩猟採集の社会が高い持続可能性をもっていたことを思うと、狩猟採集を中心にした暮らしを考えてもよいのかもしれない。しかし、急に狩猟採集の生活に移行することはできない。私たちは、狩猟採集に必要な知識や技能を失ってしまっている。かなりの学習と訓練が必要になるだろうし、過去の知恵の掘り起こしから始めなければならないかもしれない。また、何より、狩猟採集を中心とする暮らしは、農を中心とする暮らしに比べて、はるかに広大な土地を必要とする[63]。今の世界の人口を考えると、みんなで狩猟採集の生活に移行することは難しい。

少なくとも当分の間、持続可能性を追求する暮らしは、農を中心にしたものになるだろう。[64]そして、農を中心にした暮らしをしようと思うと、田畑や森林がなくてはならない。地元を中心にした暮らしのためには、家から歩いて行けるくらいのところに（なるべく家のそばに）田畑や森林があるのが望ましい。

身近なところで米や野菜が手に入るようになれば、自動車での輸送やプラスチックでの包装も不要になる。エネルギーを使って冷蔵する必要性も低くなる。食料廃棄・食品ロスも減らすことができるだろう。

また、森があれば、薪を燃料にすることもできる。薪の集め方が間違いのないものなら、森は立派な再生可能エネルギーを与えてくれる。薪のようなエネルギー源があれば、化石燃料はもちろん、太陽光発電や風力発電にも依存しなくてすむ。

田畑や森林とともに生きる暮らしを実現すれば、人間の生活がもたらす環境負荷は今よりずっと小さくなるはずだ。

そして、田畑や森林があれば、たくさんの虫たちもいるだろう。あたりには、カエル、クモ、ムカデ、ヘビ、トカゲ、イタチなど、いろいろな生きものの姿があるはずだ。人間の目には見えなくても、無数の微生物もともに暮らしている。殺虫剤や除草剤を使わなければ[65]、田畑や森林のある環境は、さまざまな生きものの居場所になる。

私たち人間にとっても、田畑や森林とともにある暮らしは、心地よく安心なものになり得る。近くの畑で育った新鮮な野菜を食べることができる。また、生きるために必要なものが基本的には身のまわりにあるのだから、非常事態にも強い。

家の近くに田畑や森林のある暮らしは、環境負荷の軽減を可能にするとともに、気候変動の悪影響への耐久力を与えてくれる。

(2) みんなで田畑や森林の世話をすること

田畑や森林の世話をするのは、やはり近くに住んでいる人だ。農を中心にした暮らしのなかでは、みんなで自分たちが住む地域の田畑や森林の世話をすることになる。

そのような発想は、近世の日本にも存在していた。江戸時代の医者・思想家である安藤昌益は、「直耕」という独自の概念を用いながら、「万国の人、すべて転定《てんち》(天地)とともに直耕して、安食・安衣して、生死は転定とともにして」という生活を説いている。[66] 安藤昌益は、すべての人が「直耕」する世の中を、あるべきものとして考えていた。[67]

春に種をまき、夏に草取りをし、秋に収穫をして、冬には翌年に備える。「平土」に住む人はたくさんの穀物を生み出し、「山里」に住む人は木を伐り出し、「海浜」に住む人は魚を獲る。そして、必要なものを交換しあい、誰もが過不足のない生活を送る。物資のやりとりはあるものの、

「金銀銭」の流通はない。そうした営みが始まりも終わりもなく続いていく。それが、安藤昌益の思い描く「自然の世」だった[68]。

みんなが農を営むことを重視する考え方は、現代の日本にもみられる。たとえば、自然農法を実践して広めた福岡正信は、「国民皆農論」を説き、「万国の万人が、必須とせねばならない根本的な仕事が農である」と語っている[69]。また、(資本主義ではない)「農本主義」を説く宇根豊は、「百姓する人は国民の大半になっています」「多くの人は食べものを中心に可能なかぎり自給を心がけています」という「100年後の未来」を描いている[70]。

もちろん、みんなで田畑や森林の世話をするには、そのための時間が必要だ。長い時間をかけて通勤し、一日あたり8時間(以上)に及ぶ労働を強いられていては、田畑や森林の世話をするのは難しい。労働時間の大幅な短縮があってこそ、農を中心にした暮らしが可能になる。

農を中心にした暮らしは、みんなが農業を職業にするというものではない。多くの人が田畑や森林の世話に携わるようになれば、農業を職業にする人はむしろ減るかもしれない。自分で料理をする人が増えると飲食店の役割が縮小するのと似ている。農を中心にした暮らしのなかでは、それぞれの人が田畑や森林の世話とは別の社会的役割を仕事にすることが多いだろう。みんなで田畑や森林の世話をするのは、農作物を販売するためではなく、自分たちの暮らしのためだ。農を中心にした暮らしは、「集団的な自給自足」という面をもつ。

そして、「集団的な自給自足」という原則は、子どもたちの生活のなかにも生きるはずのものだ。学校のような場では、地産地消の給食を徹底的に追求していくと、米や野菜を自給するのが理想になる。給食のための農園があれば、子どもたちは先生といっしょに農園の世話をすることができるだろう。また、保育園や学童保育のような場にも、畑などがあるとおもしろい。子どもたちが集まる場所に、いろいろな果樹が育っていれば、季節の果物をおやつにできる。

田畑や森林とともにある暮らしは、豊かな暮らしだ。

5 都市から田園・里山へ

(1) 都市を離れる

家の近くに田畑や森林があり、みんなで田畑や森林の世話をしているとすれば、そこは都市ではない。「現代的な未来」では都市に住む人が多いのかもしれないが、環境負荷を抑えた生活を考えていくと、どうも都市にはたどりつかない。

持続可能性という観点からすると、都市は本質的に問題の多いものだ。ヘレナ・ノーバーグ＝ホッジは、都市の問題性を次のように語っている。

都市部を維持するために消費される資源は、とてつもない量にのぼります。都市という大規模で中央集約型のシステムは、ほぼ例外なく、地域に適応した小規模で多様性に富んだ町や村というシステムよりも多大な環境負荷をかけます。都市部で消費される飲料、水、建材、エネルギー資源は、それ自体が膨大なエネルギーを必要とする巨大インフラを経由して、長距離を移動してくる。そしてそれらが消費されることで発生する大量の廃棄物は、トラックや船で都市の外へと運び出されるか、焼却されて、環境を汚染することになる。窓も開かないガラスと鉄の建物では、人間が呼吸するための空気さえ、再生不能エネルギーを使った電気で動く送風装置で各部屋に送り込まれる。これのどこが効率的なのでしょう？(71)

世界では20世紀から都市化が急速に進んできており、今後も都市に住む人の数と割合が増えると考えられている。(72) しかし、都市は環境に大きな負荷をかける。(73) 大きな建造物に鋼鉄が使われ、道路の舗装にアスファルトが使われる。都市建設のために大量のコンクリートが使われ、そのコンクリートのために大量のセメントが用いられ、そのセメントのために大量の二酸化炭素が排出されている。都市化が進むなかで、砂も枯渇に向かっている。(74)

また、ノーバーグ＝ホッジも指摘しているように、人が都市に集まっていると、食べもの等を都市に運び込み、廃棄物・排泄物を都市から運び出さなければならない。運搬のために、大量の自動車が使われており、自動車を動かすために大量の化石燃料が使われている。水を運び込むためにもエネルギーが消費されているし、汚された水を運び出すためにもエネルギーが消費されている。

そして、都市は、基本的に自立性に乏しい。たとえば、農林水産省が発表している都道府県別食料自給率をみると、東京都は0％、大阪府は1％、神奈川県は2％となっている（**表1**）。大都市を抱える都道府県の食料自給率は極めて低い。都市は、存続の基盤を外部に依存しており、災害時などに弱さを露呈する。

加えて、現代の都市は、ヒートアイランド現象を引き起こし、居住環境の高温化を招く。都市は、気候変動の進行を助長するだけでなく、気候変動の悪影響を増幅させている。

そうしたことを考えると、太陽光発電や風力発電でエネルギーをまかなうにしても、都市建設を進めることには問題がある。大量の砂とセメントが投入された高架の上を電気バスが走ればよいわけではない。建造物とアスファルトで覆われた地面の下に地下鉄を通せばよいわけではない。自動

表1　都道府県別食料自給率

（2019年度：カロリーベース）

北海道	216%	山　梨	19%
秋　田	205%	福　岡	19%
山　形	145%	静　岡	15%
青　森	123%	兵　庫	15%
新　潟	109%	奈　良	14%
岩　手	107%	愛　知	12%
福　島	78%	京　都	12%
鹿児島	78%	埼　玉	10%
富　山	76%	神奈川	2%
宮　城	73%	大　阪	1%
佐　賀	72%	東　京	0%

農林水産省のホームページをもとに作成

車を減らして地下鉄を増やしても、都市の問題性は解消されない。

私たちの課題は、新しく「環境にやさしい都市」を増やすことではない。都市を広げないこと、都市を増やさないこと、都市を解きほぐすことこそ、「環境にやさしい」のではないだろうか。

(2) 田園・里山に向かう

もちろん、「環境にやさしくない都市」の環境負荷を減らしていくこと、都市の居住環境を改善していくことは大切だ。真に持続可能な社会に向けての変革期において、それらは重要な課題になる。

駐車場をなくし、都市菜園を拡充すれば、都市のなかでも野菜を育てることができる。(江戸時代にみられたような)都市と農村の間で物質が循環する仕組みをつくれば、都市の問題性が少し軽くなる。また、都市に緑地を増やし、街路樹を豊かにすることで、生きものの居場所を増やし、ヒートアイランド現象を緩和することができる。[75]

しかし、真に持続可能な社会を実現するためには、都市という存在そのものを問い直す必要がある。持続可能な暮らしを都市に築くことは難しい。[76]

ウィリアム・モリスが描いた22世紀の社会は、「田舎」を基調とするものだ。[77] あちこちに小麦畑や牧草地があり、さまざまな果樹が栽培されていて、たくさんの鳥の声が聞こえる。製造業の中心になっていた大都市は消えてなくなり、町の郊外は田舎に融合してしまっている。そして、草原には家が点在している。社会全体が「庭園」のようなものになっており、原野や森や岩山も豊かに広がっている。

このような未来像は、モリスの個人的な願望かもしれないが、改めて顧みる価値のあるものだ。現代の社会がもたらしてきた環境負荷と都市の弱点を考えるなら、田畑や森林に囲まれた未来社会には必然性がある。

思えば、かつての日本でも、田畑や森林とともにある暮らしが成立していた。田園・里山は、食べるものをはじめ、暮らしに必要なもののほとんどを恵んでくれる。田園・里山での暮らしは、概して持続可能性の高いものだった(78)。田園・里山を育んできた暮らしに未来社会の面影を求めるのは道理のあることだ。

趣味や道楽としての「田舎暮らし」を語っているのではない。「自然」への憧れを述べているのでもない。農を中心にして田園・里山で暮らすのは、持続可能性という観点からみると自然なことだ。地元を中心にした持続可能な生活を営もうとするなら、必然的に田園・里山での暮らしにたどりつく。

そして、田園・里山での農を中心にした暮らしは、気候危機・環境危機を克服するために強いられる耐乏生活ではない。不便さ、不自由さを嘆くことはない。「懐かしい未来」の暮らしは、今より豊かに生きることを可能にするものだ。

夜は虫の声を聞きながら布団に入り、ゆっくり眠る。太陽の光を感じて目覚め、家の外をぶらぶらと散歩してから、おいしい朝食を子どもたちと食べる。しばらく畑の世話をした後は、図書館に歩いて行って昔の本を読み、社会に残っている課題の解決方法を考え、仲間と話し合う。自分が学んできたことを若者に伝えたり、若者の話を聞いたりする。夕方には、家を訪ねてきた友人とくだらないおしゃべりをしたりする。夕食には、隣人にもらった豆と家の畑で育った野菜を食べる（お酒を少し飲む夜もある）。太陽が沈んで暗くなったら、あまり夜ふかしはせずに、布団に入る。そんな日々を、私は生きたい。

6　変革期を歩む

(1) 変革期の存在

真に持続可能な社会、みんなが豊かに生きられる社会に向けて歩むことが大切だ。

ただし、田畑や森林を再生させ、田園や里山での暮らしを築くのには時間がかかる。地元を中心にした暮らし、農を中心にした暮らしへの転換は、数年の間にできるものではない。「懐かしい未来」をめざすとしても、大規模な社会変革には時間がかかる。

一方、地球温暖化を1・5度以内に抑えるためには、2030年までに世界全体のCO2排出量を半減させる必要があると言われている。悠長に取り組んでいる時間はない。気候変動対策が遅れると、地球温暖化の悪循環が始まり、取り返しのつかない状況に陥る可能性が高い。

気候危機の切迫度を考えると、即効性のある強力な気候変動対策が必要になる。たとえば、日本について言えば、石炭・石油・天然ガスの輸入量に上限を設定することが考えられる。幸か不幸か、日本は化石燃料の100%近くを輸入に頼っている。化石燃料の輸入量の上限を年ごとに引き下げていけば、少なくとも国内の排出量は減っていくはずだ。荒療治に思われるかもしれないが、本気で排出量削減を実現するつもりなら、化石燃料を大量に輸入し続ける理由はない。

真に持続可能な社会に向けての社会変革を進めながら、あらゆる手を尽くして気候変動の進行を抑えなければならない。気候変動対策を「省エネ・再エネ」に限定する必要はない。気候危機の克服につながる幅広い取り組みを一斉に推し進めることが求められる。

ここでは、本書の第Ⅱ部や第Ⅲ部で触れられなかったことのなかから、気候変動対策において特に重要なことをいくつか取り上げておきたい。

(2) 軍備の縮小

軍隊による温室効果ガスの排出は、気候変動対策を求める議論のなかでも忘れられやすいことの一つだ[79]。日本でも、自衛隊や在日米軍の排出量の削減を訴える声は少ない[80]。

しかし、軍隊が排出する温室効果ガスの量は膨大だ。軍事活動の排出量は、世界の排出量の6％に当たると推定されている[81]。米軍の排出量は、2014年において、多くの国の一国全体としての排出量を上回り、1億5000万人以上の人口を抱えるバングラデシュの排出量と同等だったと推定されている[82]。また、2017年の米国防総省の排出量は、スウェーデンやデンマークの排出量よりも多かったと指摘されている[83]。日本の自衛隊の排出量を把握できる資料は見つけられなかったが、防衛省のもとでの排出量はかなりの量に及んでいるのではないだろうか。

軍隊は、存在しているだけで二酸化炭素を排出する。軍事基地ではエネルギーが消費されている。人員や物資の移動のためにもエネルギーが使われる。軍事演習が行われると、一気に二酸化炭素が排出される。

そして、軍隊によって戦争が起こされると、人間の生活と生命が甚大な被害を受けるだけでなく、環境が破壊され、大量の二酸化炭素が放出される。戦闘機・爆撃機・輸送機は、多量の化石燃料を消費する。軍用車両も化石燃料によって動く。戦争のなかで油田が炎上すると、そこからも二酸化炭素が排出される。また、破壊された地域の復興も、温室効果ガスの排出をともなう。

戦争に至らなくても、軍備がなされることによって、二酸化炭素が排出される。米国の軍事産業の排出量は、1年に1億5300万トンと推定されており[84]、日本全体の排出量の1割を大きく超えている[85]。

また、軍隊が広大な土地を占有していることも軽視できない。田畑や森林にできる土地、田畑や森林だった土地が、軍事基地にされてしまっている。環境再生型農業によって土壌に炭素を蓄積することもできるはずの土地が、温室効果ガスを排出する軍事活動のために使われている。

さらに、気候変動対策に活用できるはずの費用・資源が軍事に費やされているという問題もある。世界の軍事費は、地球温暖化対策のための費用の10倍以上だと言われる[86]。日本でも、2021年度には、軍事費が約5兆3400億円に及んでいる一方で、環境省が示す「地球温暖化対策関係予算案の額」の合計は約6600億円となっている[87]。

軍隊の存在は、平和を脅かすだけでなく、気候変動を助長することで私たちの安全を奪っていく。気候危機の克服のためにも、私たちの安全の保障のためにも、軍備を減らしていく（なくしていく）ことが求められる。気候危機に向き合う取り組みは、平和を求める取り組みと重なり合うべきものだ。

（3）社会保障の拡充

軍備を縮小し、社会保障を充実させることが必要だ。社会保障の拡充は、私たちの豊かな生活にとって大切なだけでなく、気候変動対策にとっても大きな意義をもつ。

しっかりした社会保障があると、家計の心配をする代わりに、地球の心配をすることができる。値段ではなく環境負荷を基準に商品を選ぶこともしやすくなる。また、十分な生活水準が公的に保障されれば、環境に大きな負荷をかける仕事に執着する理由が減るし、農を中心にした暮らしに踏み出すことも容易になる。職業として農業に取り組むにしても、経済的収入を最優先しなくてもよいだけの余裕があれば、環境負荷に配慮しやすい。社会保障が充実していると、日々の生計や将来の生活を心配することなく気候危機・環境危機に向き合える。

また、国や地方自治体は、保育・学童保育を含む社会福祉の領域にきちんと責任をもつことで、気候変動対策を推進することができる。有機食材による給食を広げることは、子どもたちの健康を守りながら、排出量削減に貢献する。また、公的な後押しによって、プラスチックの玩具・遊具・道具を保育園から減らしていくこともできる。規制や補助金の整備によって施設の建てものを環境負荷の小さいものに導くこともできる。

図書館が充実すれば、子どもや親の居場所が広がるとともに、本の共有が進む。公的責任のもとで赤ちゃん用品・子ども用品の貸し出しをすることも考えられる。「おもちゃ図書館」の拡充も魅力的だ。環境負荷の少ない木材で児童館を整備し、子ども・若者の文化的活動の拠点とすることもできる。

さらに、社会福祉が豊かなものになれば、保育や介護にともなう環境負荷を減らしやすい。ゆとりのある職員配置が実現すれば、介護現場で無線機（インカムなど）を使用する動機は薄れるだろうし、紙おむつやレンタルおむつを使わずにすむ（以前は保育所で布おむつの洗濯がされていたらしい）。施設に人的・財政的な余裕があれば、給食をレトルト食品や冷凍食品に頼らなくてすむ。また、事務の煩雑な障害児者支援の制度を改めることで、施設職員の不要な労働を減らすことができ、事務処理ソフトの開発・販売・使用にともなう環境負荷も削減することができる。

そして、避けられなくなった気候変動の被害を抑えるためにも、社会保障が重要だ。みんなが猛暑・豪雨・台風などへの対策を整えやすい環境が求められる。また、被害が生じてしまったときに生活の再建を支えるのも、社会保障の役割だ。

気候変動対策という観点から考えても、社会保障は充実したものでなければならない。「共助」を強調し、公的責任を曖昧にして、社会保障を「支え合い」や「相互扶助」に解消していくような政策は、それ自体が私たちの生活を危ういものにするだけでなく、気候変動の脅威をふくらませることによっても私たちの生活を脅かす。気候危機に向き合う取り組みは、社会保障の拡充を求める取り組みと重なり合うべきものだ。

(4) 社会運動の推進

最後に強調しておきたいのは、社会運動の重要性だ。軍備の縮小にせよ、社会保障の拡充にせよ、各種の気候変動対策にせよ、私たちが黙っていては進まない。「懐かしい未来」に向けての社会変革であれ、別のかたちの社会変革であれ、社会変革は自然には実現しない。社会変革を推し進める力が必要であり、その力を社会運動によって形成しなければならない。

気候変動を止めるためには、政治の変革が重要になる。本格的な気候変動対策に向けて、国や地方自治体の政治・政策を動かしていくことが求められる[88]。そして、政治・政策を動かすのは、大勢の人が参加する社会運動の力だ。

もちろん、投票に行けば気候変動が止まる、良い政治家を選べば環境危機を解決できる、という簡単な話ではない。繰り返し述べているように、気候危機を克服するためには、幅広い気候変動対策が必要であり、あらゆる手を尽くすことが求められる。私たちが市民として行う多様な取り組みも重要だし、そうした取り組みを広げるための社会運動も大切だ。選挙での投票はもちろん、選挙についての活動や政治家への働きかけも大切だが、それだけが大切なのではない。

しかし、国や地方自治体の役割を軽視してはならない。国や地方自治体だからこそ実行できることがある[89]。気候変動を止める責任を市民有志の自主的・自発的な取り組みばかりに求めるべきではない。ましてや、一人ひとりの「エシカル消費」に気候危機の解決を期待するべきではない。

マーヤ・ゲーペルは、「世界的な環境破壊をくい止めることを、個々の市民の買い物に押しつけて」しまうような流れを批判し、次のように述べている。

環境のために何かをしたいなら、持続可能な消費をすべきだというのです。これはまさに環境保護の民営化でした。これを経営の側は喜んでいました。責任感の強い消費者に、その良心を満たすようなラベルを貼りつけた商品を余計に提供できたからです。政治の側も喜んでいました。さまざまな抵抗にあらがって政治の力で何かを規制し、最終的には禁止するという、気まずい仕事を避けられたからです。[90]

ゲーペルは、「そういうやり方で、どれほどの成果が上がったでしょう?」と問いかけている。[91]必要な役割を国や地方自治体に果たさせるための社会運動が大切だ。本書で触れてきたことだけを考えても、気候危機の克服に向けて国や地方自治体に担わせるべき役割は少なくない。

・衣服の修繕や「おさがり」をしやすい環境を整えること。
・保育園や学校の給食に有機食材が使われるようにすること。
・森林が健全に育まれる仕組みをつくりながら、保育や教育のための施設が環境負荷の少ない木材によって建てられるようにすること。
・保育園や学校でプラスチック製品が使われなくなるような仕組みをつくること。

・気候変動についての教育が学校で適切に展開されるような環境を整えること。
・必要な公共交通機関を整備し、自動車を不利で不便なものにして、自動車の利用を減らすこと。
・環境負荷の少ない文化的活動を自由時間に楽しめる環境を整えること。
・労働時間の規制を強化し、標準的な労働時間の大幅な短縮を実現すること。短い労働時間で生活が成り立つように賃金や社会保障の体系を整えること。

一人ひとりの個人的努力だけでは、気候変動を止められない。民間の自主的・自発的な取り組みだけでは、気候危機を解決できない。

気候危機を克服していくうえでは、中小の国家を上回るくらいの並外れた財力をもつ巨大企業の利害と向き合うことになる。巨大企業の身勝手を抑え込むような、強い国家権力が必要だ。強大な国家権力には危険性もあるけれど、重要なのは国家権力の用いられ方だ。強い国家権力を、私たちを含む生態系のために活用しなければならない[92]。

そのためには、強い社会運動が必要だ。

私たちにできること、私たちがすべきことは、何だろうか。

あとがき

最後まで読んでくださった方に感謝します。

気候変動について考えていると、絶望的な気分になることも少なくありません。そういうとき、支えになるのは、同じように課題に向き合おうとする仲間の存在です。

この本を執筆するなかで、たとえば文献を読むことを通しても、私は仲間の存在を感じてきました。勉強させてもらった文献の筆者は、面識のない人がほとんどですし、この世に今はいない人もいます。それでも、気候危機を解決しようとする人、より良い世界をつくろうとしている人の存在に、私は励まされてきました。前を行く人、ともに歩む人によって積み重ねられてきた膨大な努力を、私は拠りどころにすることができました。

この本に書いたことの責任のすべては私にありますが、当然のことながら、私だけの力で本書が生まれたわけではありません。

かもがわ出版の伊藤知代さんには、本書の構想段階から、（伊藤さんならではの視点からのものを含めて）いくつもの助言をいただいてきました。「まずは書きたいことを全力で書いてみたら？」と言ってもらったことに、私は勇気づけられ、懸命に取り組んできました。伊藤さんの支えがなければ、本書はもっと

「ぼんやりしたもの」になっていたかもしれません。

30年以上の付き合いになる斎木稔貴さんは、長い原稿を読み、表現のわかりにくい点などを指摘してくれました。「毎日の生活が大変だと、気候危機対策を考える余裕がないけれど…」という彼の感想は、しっかり受けとめるべきものだと思っています。

ロケットストーブ愛好家で百姓を志している近藤未希子さんには、こだわりが細部にまで届いた、すてきな挿絵を描いてもらいました。未来像を共有できる人といっしょに一つの本を作れたことを、私は幸せに感じています。

私が毎日の生活を送り、本を執筆できること自体も、いろいろな方に支えられています。会ったことのある方もいれば、会ったことのない方もいます。誰に御礼を述べればよいかもわからないくらい、多くの人との結びつきのなかで、私は暮らしています。そのことは、みなさんも同じだと思います。

そして、私たちが何かしらの関係をもっているのは、人間だけではありません。高いところから食べものを探しているらしいトンビ、山に立っているスギたち、薪ボイラーの煙突に巣を作ったクモ、よく部屋に入ってくるカメムシ、たまに姿を見せるゴキブリ、急に落ちてきて妻を驚かせたムカデ、娘が世話していたチューリップを食べてしまったシカ、息子が家に連れ込んだヤモリ、同じく息子によって畑に放たれたミミズ、堆肥になるはずの野菜の皮をつつきに来るカラス、生い茂って畑づくりを阻むササ、ササにしがみつくケムシ、アリの活動場所になっているカキの木、その木の肌を這うカタツムリ、夜に声を響かせるカエル……。私たちは、たくさんの生きものとともに暮らしています。

生きものに満ちた世界を感じることは、気候危機に立ち向かう足場を固めてくれるような気がします。また、たくましく生きる動物や植物の存在に触れると、ちょっと安心するときもあります。

資本主義も、気候変動も、生きものの営みを根絶やしにすることはできません。総体としての生命は、とても力強いものです。そのことに、私は確信をもっています。

けれども、資本主義と気候変動が長引くと、私たちが住む世界は激しく傷つきます。個々の生きものに危害が及び、種としての絶滅も続いていきます。

気候変動が進めば、我が家の子どもたちも、隣の家の子も、彼らの友人たちも、まともには暮らせなくなります。世界中の子どもたちが、大きな苦難に直面します。

私は、そういう未来を望みません。だから、この本を書きました。

気候変動を止めるために、この本が役立ってほしいと思います。本書の製造や流通にともなう環境負荷が無意味なものにならないことを望みます。気候危機の克服に向けて、みなさんと力を合わせられることを、強く願っています。

2022年　初夏

丸山啓史

注

序章

（1）たとえば、次のようなものがある。堤江美『気候危機！子どもたちが地球を救う』汐文社、２０２０年。高橋真樹『こども気候変動アクション30――未来のためにできること』かもがわ出版、２０２２年。

（2）次の書籍で全訳を読むことができる。堅達京子・ＮＨＫＢＳ１スペシャル取材班『脱プラスチックへの挑戦――持続可能な地球と世界ビジネスの潮流』山と溪谷社、２０２０年、１８５-１８８頁。

（3）丸山啓史「気候変動を止めるための社会変革の道筋――『再生可能エネルギーへの転換』の危うさ」『唯物論研究年誌』第26号、２０２１年、１５８-１７１頁。

（4）傘木宏夫は、再生可能エネルギーの開発が引き起こす環境破壊に目を向け、「消費レベルを維持するために、再生可能エネルギーで原子力や火力の代替をさせるのであれば、環境破壊は必然です」と指摘している。傘木宏夫『再生可能エネルギーと環境問題――ためされる地域の力』自治体研究社、２０２１年、70頁。また、「再生可能エネルギーの開発を大規模かつ短期間に進めることは、持続可能な開発としては不適切です」とも述べている（１５２頁）。

（5）永幡嘉之は、太陽光発電施設や風力発電施設のために日本の里山が開発されて生態系が破壊されていることを問題にしている。永幡嘉之『里山危機――東北からの報告』岩波ブックレット、２０２１年、43-47頁。また、太陽光発電や風力発電の設備が製造される段階で二酸化炭素が排出されていることにも言及している（46頁）。

（6）鈴木宣弘は、日本の風力発電に関して、「山を崩して風力発電する」企業の存在にも触れつつ、「漁民から漁業権を取り上げて企業が洋上風力発電で儲ける道具にする、という農林漁業の一連の法律改定」を批判している。鈴木宣弘『農業消滅――農政の失敗がまねく国家存亡の危機』平凡社新書、２０２１年、43頁、82頁。

（7）マーヤ・ゲーペルは、「私たちが望むほど迅速には、再生可能エネルギーを拡大することはできません」と指摘しつつ、「エネルギーへの渇望があまりに強いため、再生可能エネルギーは従来のエネルギーを押しのけるのではなく、従来のエネルギーを補完するだけになっています。それはちょうど、100年前に石油が石炭を押しのけず、補完しただけだったのと同じです」と述べている。マーヤ・ゲーペル『希望の未来への招待状——持続可能で公正な経済へ』三崎和志・大倉茂・府川純一郎・守博紀訳、大月書店、2021年、116-117頁。また、ケイト・アロノフは、米国の実情を指摘しながら、「再生可能エネルギーの電力供給量を増やすだけでは、化石燃料の使用量を十分に削減することはできない」と述べ、「石炭・石油・ガスに関連する企業に真の制約を課すことが、気候変動に対する目標を確実に達成するための、唯一の方法だ」と論じている。ケイト・アロノフ「火をつけたのは、私たちではない」ヴァルシニ・プラカシュ／ギド・ジルジェンティ編著『グリーン・ニューディールを勝ち取れ——気候危機、貧困、差別に立ち向かうサンライズ・ムーブメント』朴勝俊ら訳、那須里山舎、2021年、46頁。

(8) レベッカ・ウィリスは、化石燃料の使用を減らすことではなく再エネを増やすことに焦点を当てるような戦略、否定的なものと闘わずに肯定的なものを奨励するような戦略を「心地よい誤謬（feelgood fallacy）」と呼び、従来の気候運動が抱える基本的な問題点として指摘している。Willis, R., *Too Hot to Handle? The Democratic Challenge of Climate Change*. Bristol University Press, 2020. ウィリスは、近年においては再エネが急成長すると同時に化石燃料の使用も拡大してきたことに言及しつつ、航空需要の増大、食肉消費の増大、化石燃料の採取などから目をそらすことの問題性を指摘している（69-70頁）。

(9) 日本繊維輸入組合「日本のアパレル市場と輸入品概況2022」。

(10) 農林水産省が公表している2020年の数値。

(11) 林野庁が公表している2020年の数値。

(12) 80種類の気候変動対策を整理したポール・ホーケンらは、最も大きな効果が期待される気候変動対策として、冷媒（代替フロン）の放出の削減を挙げている。ポール・ホーケン編著『ドローダウン──地球温暖化を逆転させる１００の方法』江守正多監訳、山と溪谷社、２０２１年、３００-３０２頁。

(13) Hickel, J., *Less is More: How Degrowth Will Save the World*. William Heinemann, 2020,146. ジェイソン・ヒッケルは、「１００％クリーン・エネルギー」が森林破壊、過剰漁獲・土壌劣化・大量絶滅を回復させはしないことに言及しつつ、クリーン・エネルギーによる経済成長の追求が環境破壊を引き起こすことを指摘している（22頁）。

(14) IPCC, *Global Warming of 1.5°C: Summary for Policymakers*, 2018, 15.

第1章

(1) IPCC, *Global Warming of 1.5°C: Summary for Policymakers*, 2018.

(2) Ibid., 8.

(3) IPCC, *Climate Change 2021: The Physical Science Basis: Summary for Policymakers*, 2021, 12.

(4) 気候非常事態宣言をめぐる経過については、山本良一が整理を行っている。山本良一『気候危機』岩波ブックレット、２０２０年、55-81頁。

(5) 日本のような「先進国」については、「２０３０年に２０１０年比でCO_2排出量を１００％近く、あるいは１００％以上削減する必要」があると指摘されている。明日香壽川『グリーン・ニューディール──世界を動かすガバニング・アジェンダ』岩波新書、２０２１年、38-39頁。

(6) ２０２１年10月に閣議決定された「第６次エネルギー基本計画」では、２０３０年の電源構成に関して、石炭が19％、ＬＮＧ（液化天然ガス）が20％、原子力が20~22％という見通しが示されている。

(7) IPCC, 2021, op.cit., 4.

(8) Ibid., 8.

(9) Ibid., 8.

(10) Ibid., 4.

(11) Ibid., 8.

(12) Ibid., 5.

(13) Ibid., 8.
(14) Ibid., 8.
(15) Ibid., 28.
(16) 人間の活動による温室効果ガスの排出がゼロになっても、悪循環による自己増幅的な地球温暖化が始まっていれば、平均気温の上昇は続く。地球温暖化が2度を超えると、そのような悪循環が起こる可能性が小さくない。オーウェン・ガフニー／ヨハン・ロックストローム『地球の限界――温暖化と地球の危機を解決する方法』戸田早紀訳、河出書房新社、２０２２年、１１９-１２８頁、１３１-１３３頁、など。
(17) デイビッド・ウォレス・ウェルズは、数多くの資料をもとに、気候変動によって生じる影響を整理している。デイビッド・ウォレス・ウェルズ『地球に住めなくなる日――「気候崩壊」の避けられない真実』藤井留美訳、ＮＨＫ出版、２０２０年。
(18) 出典を逐一示すことはしないが、ＩＰＣＣの第6次評価報告書などを参照している。
(19) IPCC, 2021, op.cit., 8.
(20) Ibid., 21.
(21) Clement, V., Rigaud, K. K., Sherbinin, A., Jones, B., Adamo, S., Schewe, J., Sadiq, N. & Shabahat, E., *Groundswell Part 2: Acting on Internal Climate Migration*. The World Bank, 2021.
(22) Jafino, B. A., Walsh, B., Rozenberg, J. & Hallegatte, S., *Revised Estimates of the Impact of Climate Change on Extreme Poverty by 2030*, 2020. World Bank Policy Research Working Paper 9417.
(23) そのため、米軍等は気候変動の影響に関心を払ってきた。Crawford, N., *Pentagon Fuel Use, Climate Change, and the Costs of War*. Brown University, 2019.
(24) アニエス・シナイ「気候変動が紛争を増大させる」『世界』２０１５年11月号、１５４-１５８頁。
(25) 中村哲「大旱魃に襲われるアフガニスタン――気候変動が地域と生活を破壊している」『世界』２０１９年2月号、34-41頁。

(26) IPCC, *Climate Change 2022: Impacts, Adaptation and Vulnerability: Summary for Policymakers*, 2022, 35.

(27) Ibid., 20.

(28) Ibid., 13.

(29) Ibid., 14.

(30) 小西雅子は、気候変動対策をめぐる国際交渉の経過をわかりやすく整理している。小西雅子『地球温暖化は解決できるのか――パリ協定から未来へ！』岩波ジュニア新書、2016年、39–93頁。また、平田仁子も、気候変動の問題をめぐる国際交渉の経緯を整理している。平田仁子『気候変動と政治――気候政策統合の到達点と課題』成文堂、2021年、31–38頁。

(31) UNEP, *Emissions Gap Report 2021: The Heat is On*, 2021, 5.

(32) UNEP, *Emissions Gap Report 2019*, 2019.

(33) UNEP, 2021, op.cit.

第2章

(1) UNICEF, *The Climate Crisis is a Child Rights Crisis: Introducing the Children's Climate Risk Index*, 2021.

(2) 同様のメッセージは、ユニセフが2015年に発表した『いま行動しなければ』の冒頭にも記されている。UNICEF, *Unless We Act Now: The impact of Climate Change on Children*, 2015, 6.

(3) 日本は、イギリス・フランス・ドイツ・イタリアといった国々と比べて、「子どもの脆弱性」が高くなっている。日本の「子どもの気候リスク指数」は、163か国のうち94位であり、低いとは言えない。

(4) UNICEF, 2021, op.cit., 111.

(5) OHCHR, *Analytical Study on the Relationship between Climate Change and the Full and Effective Enjoyment of the Rights of the Child*, 2017. 国連の人権理事会は、2008年から毎年のように「人権と気候変動」についての決議を行っている。2016年から2020年にかけての決議は子ども・移民・女性・障害者・高齢者に注

目する内容になっており、それに対応するかたちで国連人権高等弁務官事務所が報告書をまとめている。丸山啓史「子ども・障害者・高齢者の人権と気候変動——国連人権高等弁務官事務所の報告書から」『障害者問題研究』第49巻第3号、２０２１年、68–73頁。

(6) 丸山啓史「国連子どもの権利委員会の総括所見にみる『気候変動と子ども』——世界の問題状況と日本の位置」『京都教育大学紀要』No.１３９、２０２１年、35–46頁。

(7) 日本エネルギー経済研究所 計量分析ユニット『ＥＤＭＣ／エネルギー・経済統計要覧（２０２１年版）』理工図書、２０２１年、２３５頁。

(8) 同前、２４８頁。

(9) 環境省『気候変動影響評価報告書（総説）』、２０２０年、12頁。

(10) 同前、13頁。

(11) 文部科学省・気象庁『日本の気候変動２０２０——大気と陸・海洋に関する観測・予測評価報告書』、２０２０年。

(12) 「4度上昇シナリオ」の場合、東京では年間の猛暑日の日数が（現在の5・6日から）46日に増加すると予測されている。前掲、文部科学省・気象庁、45頁。

(13) 前掲、環境省、63頁。

(14) 同前、58–59頁。

(15) 前掲、文部科学省・気象庁、13–15頁。

(16) 同前、15頁。

(17) 同前、20–21頁。

(18) 前掲、環境省、53頁。

(19) 国立研究開発法人農業・食品産業技術総合研究機構編著『地球温暖化と日本の農業——気温上昇によって私たちの食べ物が変わる!?』成山堂書店、２０２０年、など。

(20) 農林水産省「令和2年 地球温暖化影響調査レポート」、２０２１年。

(21) 山本智之『温暖化で日本の海に何が起こるのか——水面下で変わりゆく海の生態系』講談社、２０２０年。

(22) ＩＰＣＣ（気候変動に関する政府間パネル）による「1.5度特別報告書」では、サンゴ礁の消失は、「1.5度の地球温暖化」の場合には70～90%、「２度の地球温暖化」の場合には99%以上に及ぶと予測されている。IPCC, *Global Warming of 1.5°C: Summary for Policymakers*, 2018, 8. さまざまな生物の拠りどころとなっているサンゴ礁が衰退すると、生態系に深刻な影響が及ぶ。

(23) 井田徹治『追いつめられる海』岩波書店、２０２０年、１０８-１２２頁、など。

(24) 鈴木宣弘『農業消滅――農政の失敗がまねく国家存亡の危機』平凡社新書、２０２１年、12-15頁。

(25) 種子法の廃止や種苗法の改定は、グローバル種子企業への「便宜供与」として批判されている。前掲、鈴木、50頁。

(26) 農林水産省のＨＰを参照。

(27) 農林水産省「令和2年度食料自給力指標について」。

(28) 冨田沓子「バッタの大発生と気候危機――アフリカからの報告」『世界』２０２０年12月号、１８８-１９１頁。

(29) レスター・Ｒ・ブラウン『カウントダウン――世界の水が消える時代へ』枝廣淳子監訳、海象社、２０２０年。

(30) 日本土壌肥料学会編『世界の土・日本の土は今――地球環境・異常気象・食料問題を土からみると』農文協、２０１５年、など。

(31) 大量の食料を他国から輸入するだけの経済力を日本が維持していくのかどうかも怪しいが、たとえ経済力があったとしても、食料事情の厳しい世界において経済力で食べものを買い集めるべきではない。

(32) 現在の日本においても、必要な食べものを得られない子ども・保護者は少なくない。そのことも忘れてはならない。「過去1年の間に、お金が足りなくて、家族が必要とする食料が買えないことがありましたか」という質問に対して、中学生の保護者の11・3％が「あった」と回答している。内閣府政策統括官（政策調整担当）『令和３年 子供の生活状況調査の分析報告書』、２０２１年、26頁。

第3章

(1) 日本繊維輸入組合「日本のアパレル市場と輸入品概況２０２１」。

(2) Textile Exchange, *Preferred Fiber & Materials: Market Report 2020.*

(3) オーガニックコットンであれば温室効果ガスの排出を50%くらい抑えることができるとされている。Mckinsey & Company, *Fashion on Climate: How the Fashion Industry Can Urgently Act to Reduce Its Greenhouse Gas Emission*, 2020, 13.

(4) Ellen MacArthur Foundation, *A New Textiles Economy: Redesigning Fashion's Future*, 2017, 20.

(5) Quantis, *Measuring Fashion: Insights from the Environmental Impact of the Global Apparel and Footwear Industries Study*, 2018.

(6) Mckinsey & Company, op.cit.

(7) Quantis, op.cit.

(8) Mckinsey & Company, op.cit.

(9) Ellen MacArthur Foundation, op.cit.

(10) 永田佳之編著『気候変動の時代を生きる――持続可能な未来へ導く教育フロンティア』山川出版社、２０１９年、62-63頁。

(11) 環境省「ファッションと環境に関する調査」。https://www.env.go.jp/policy/sustainable_fashion/index.html。

(12) Ellen MacArthur Foundation, op.cit., 18.

(13) Ibid., 19.

(14) エリザベス・L・クライン『シンプルなクローゼットが地球を救う――ファッション革命実践ガイド』加藤輝美訳、春秋社、２０２０年、１１２頁。

(15) 前掲、環境省。

(16) 同前。

(17) 仲村和代・藤田さつき『大量廃棄社会――アパレルとコンビニの不都合な真実』光文社新書、２０１９年、51頁。

(18) 「おそろいTシャツ」は、保護者の経済的負担にもつながる。田中智子・丸山啓史・森田洋編著『隠れ保育料を考える――子育ての社会化と保育の無償化のために』かもがわ出版、２０１８年、22頁。

(19) 環境保護団体がTシャツを販売することには疑問がある。本当にTシャツが必要なら、ファストファッションの店舗でTシャツを購入するより、環境保護団体を支援したほうがよさそうだ。しかし、環境保護活動を支えるために、必要以上に衣類を購入するのであれば、環境は保護されないのではないだろうか。

(20) 学校教育に必要な物品を保護者・家庭が負担するという仕組みには問題がある。日本国憲法の第26条には、「義務教育は、これを無償とする」とある。

(21) 多忙等の理由があるはずなので、雑巾を購入する保護者をここで非難するつもりはない。

(22) 山口昌伴は、100円ショップで売られている雑巾について、「それは布束にすぎず正しい雑巾ではない」と述べ、「出自の正しい雑巾が消えたこと」を、「衣の文化の始末体系(エコシステム)の喪失」ととらえている。山口昌伴『ちょっと昔の道具から見直す住まい方』王国社、2008年、115頁。

(23) 一つの衣服を着る回数を2倍にすれば、衣類によるCO_2排出量を44%削減できる、という指摘もある。Ellen MacArthur Foundation, op.cit., 73.

(24) 齊藤孝浩『アパレル・サバイバル』日本経済新聞出版社、2019年、168-171頁。

(25) 再販売が衣類の寿命を1・7倍にするという指摘もある。Mckinsey & Company, op.cit., 15.

(26) 前掲、齊藤、245頁。

(27) 同前、172頁。

(28) エリザベス・L・クライン『ファストファッション——クローゼットの中の憂鬱』鈴木素子訳、春秋社、2014年、247頁。

(29) 田村有香「衣料品のリペア(「お直し」)行動の実態アンケート調査結果」『京都精華大学紀要』第42号、2013年、54-73頁。

(30) 「よっこいしょういち」と言いながら椅子に腰かけるギャグのもとになった人物である。

(31) 横井庄一『明日への道——全報告グアム島孤独の28年』文藝春秋、1974年。

(32) もっとも、衣服の修繕をするためには、そのための技能だけでなく、時間的余裕が求められる。また、修繕の技能を習得するためにも、時間が必要だ。こうしたことについては、第10章で考えたい。

(33) 安井清子『わたしのスカート』(『たくさんのふしぎ』第236号)福音館書店、2004年。

(34) 山口昌伴は、『わたしのスカート』の作者である安井と交流があり、安井から聞いた話と自らの見聞をもとに、モン族のスカートについて記している。前掲、山口、118-121頁。山口は、「スカートでもブラウスでも麻なら麻の種子をまき、絹なら蚕の種子（卵）から孵化させる順序が必ず要る」と書いたうえで、「スカート一着分の畑を『ここがおまえのスカートの畑』といわれて女の子は喜んだが、私は魂消《たまげ》た」と述べ、「当然の道理に魂消るほど、私たちは衣の本道から、もう隔離されきっている、と知った」と語っている。

(35) 紙おむつは、紙でできているわけではない。かなりの部分がプラスチックであり、紙おむつは化学製品と言える。

(36) 石谷二郎「オムツ――生と死の間際の必需品」天野正子・石谷二郎・木村涼子『モノと子どもの昭和史』平凡社、2015年、30頁。

(37) 日本衛生材料工業連合会のHPによる。乳幼児用の紙おむつの生産量は、2017年には約160億枚に達し、それから2020年にかけては減少傾向にある。なお、大人用紙おむつの生産量は、2010年代を通して増加しており、2020年には約87億枚に及んでいる。

(38) 環境省「使用済紙おむつの再生利用等に関するガイドライン」、2020年。

(39) 同前。

(40) 紙おむつを使うよりも布おむつを使うほうが温室効果ガスの排出量が少ないとは限らないという指摘もあるが、乾燥機を使わず、洗濯を適切に行えば、布おむつの環境負荷を小さくできる。ジョージーナ・ウィルソン＝パウエル『これってホントにエコなの？――日常生活のあちこちで遭遇する〝エコ〟のジレンマを解決』吉田綾監訳、東京書籍、2021年、185頁。

(41) 前掲、石谷。

(42) 同前。

(43) 松本香織『ふんどし育児――布一枚、紐一本。超シンプルおむつライフのすすめ』春秋社、2013年。

(44) Quantis, op.cit.

(45) マレーナ・エルンマン／ベアタ・エルンマン／グ

レタ・トゥーンベリ／スヴァンテ・トゥーンベリ『グレタ たったひとりのストライキ』羽根由訳、海と月社、2019年、202-204頁。

(46) 中嶋亮太『海洋プラスチック汚染――「プラなし」博士、ごみを語る』岩波書店、2019年、41頁。

(47) 前掲、クライン『シンプルなクローゼットが地球を救う』、91頁。

(48) 前掲、クライン『ファストファッション』、171頁。

第3章【合わせて考えたい】

(1) 長田華子『990円のジーンズがつくられるのはなぜ？――ファストファッションの工場で起こっていること』合同出版、2016年。

(2) 伊藤和子『ファストファッションはなぜ安い？』コモンズ、2016年。

(3) 前掲、長田、140頁。

(4) 前掲、伊藤、27頁。

(5) 同前、111頁。

(6) 前掲、長田、146-151頁。

(7) 前掲、伊藤、110頁。

(8) 前掲、長田、140頁。

第4章

(1) 環境省「IPCC『土地関係特別報告書』の概要」、2020年。「食料システム」のCO_2排出量については、2015年に世界のCO_2排出量の34%を占めていたという指摘もある。Crippa, M., Solazzo, E., Guizzardi, D., Monforti-Ferrario, F., Tubiello, F. N., & Leip, A., "Food Systems are Responsible for a Third of Global Anthropogenic GHG Emissions," *Nature Food*, 2, 2021, 198-209.

(2) 井出留美『食料危機――パンデミック、バッタ、食品ロス』PHP新書、2021年、71-72頁。もっと多くの食べものが捨てられているという推定も発表されている。井出留美『食べものが足りない！――食料危機問題がわかる本』旬報社、2022年、40頁。

(3) 前掲、環境省。

(4) シュテファン・クロイツベルガー／バレンティ

ン・トゥルン『さらば、食料廃棄――捨てない挑戦』長谷川圭訳、春秋社、2013年、71頁。農林水産省の推計によると、2019年度の「食品ロス量」は570万トンである。このことについて、消費者庁のホームページは、「食品ロスを国民一人当たりに換算すると〝お茶碗約1杯分(約124g)の食べもの〟が毎日捨てられていることになる」と説明している。

(5) 前掲、環境省。

(6) 山ノ下麻木乃「人類の土地利用が気候変動に与えた影響」FoE Japan 編『気候変動から世界をまもる30の方法――わたしたちのクライメート・ジャスティス!』合同出版、2021年、54頁。

(7) J・ロックストローム/M・クルム『小さな地球の大きな世界――プラネタリー・バウンダリーと持続可能な開発』武内和彦・石井菜穂子監修、谷淳也・森秀行ら訳、丸善出版、2018年、146頁。

(8) 農薬や化学肥料の費用が農家を圧迫するという問題もある。

(9) 農林水産省『平成24年度 食料・農業・農村白書』、2013年、266頁。

(10) デイビッド・モントゴメリー『土・牛・微生物――文明の衰退を食い止める土の話』片岡夏実訳、築地書館、2018年、35頁。

(11) 2001年の時点において、日本の輸入食料のフード・マイレージは、韓国・米国の約3倍、英国・ドイツの約5倍、フランスの約9倍となっている。中田哲也『フード・マイレージ[新版]――あなたの食が地球を変える』日本評論社、2018年、116-117頁。

(12) レスター・R・ブラウン『カウントダウン――世界の水が消える時代へ』枝廣淳子監訳、海象社、2020年、6頁。

(13) 井出留美『捨てられる食べものたち――食品ロス問題がわかる本』旬報社、2020年、28頁。

(14) 沖大幹『水の未来――グローバルリスクと日本』岩波新書、2016年、105頁。

(15) 藤井一至『土 地球最後の謎――100億人を養う土壌を求めて』光文社新書、2018年、208-209頁。

（16）井田徹治『追いつめられる海』岩波書店、2020年、87-103頁。
（17）同前、98頁。
（18）山本智之『温暖化で日本の海に何が起こるのか——水面下で変わりゆく海の生態系』講談社、2020年、220-221頁。
（19）松本成夫「私たちの食が日本の土壌と環境を壊している」日本土壌肥料学会編『世界の土・日本の土は今——地球環境・異常気象・食料問題を土からみると』農文協、2015年、101頁。
（20）石坂匡身・大串和紀・中道宏『人新世の地球環境と農業』農文協、2020年、126-128頁。
（21）鈴木宣弘『農業消滅——農政の失敗がまねく国家存亡の危機』平凡社、2021年、125頁。
（22）前掲、松本、108-110頁。
（23）FAO, *Tackling Climate Change Through Livestock: A Global Assessment of Emissions and Mitigation Opportunities*, 2013.
（24）GRAIN & IATP, *Emissions Impossible: How Big Meat and Dairy Are Heating Up the Planet*, 2018, 5.
（25）農林水産省「知ってる？ 日本の食料事情——日本の食料自給率・食料自給力と食料安全保障」、2015年。
（26）前掲、モントゴメリー、186-222頁。
（27）ポール・ホーケン編著『ドローダウン——地球温暖化を逆転させる100の方法』江守正多監訳、山と溪谷社、2021年、143-148頁（管理放牧）。
（28）森高哲夫「マイペース型経営は家族農業のモデル——牛にも人にも地球にも優しい酪農に取り組む」農民運動全国連合会編『国連家族農業10年——コロナで深まる食と農の危機を乗り越える』かもがわ出版、2020年、93-98頁。
（29）80種類の気候変動対策を整理したポール・ホーケンらは、「植物性食品を中心にした食生活」を、4番目に効果の大きい対策として位置づけている。前掲、ホーケン、82-86頁。
（30）Ipsos, *How Do Great Britain and the World View Climate Change and Covid-19?*, 2020.
（31）前掲、井出『食料危機』、90頁。

（32）FAO & GDP, *Climate Change and the Global Dairy Cattle Sector: The Role of the Dairy Sector in a Low-carbon Future*, 2019.
（33）ジョージーナ・ウィルソン＝パウエル『これってホントにエコなの？――日常生活のあちこちで遭遇する〝エコ〟のジレンマを解決』吉田綾監訳、東京書籍、２０２１年、42頁。
（34）エリーズ・ドゥソルニエ『牛乳をめぐる10の神話』井上太一訳、緑風出版、２０２０年、１７４頁。
（35）佐藤章夫『牛乳は子どもによくない』ＰＨＰ新書、２０１４年。
（36）同前、92‐94頁。
（37）同前、１１４‐１１７頁。
（38）前掲、ドゥソルニエ、69‐95頁。
（39）前掲、佐藤、１２５頁。
（40）ドゥソルニエも同様のことを述べている。前掲、ドゥソルニエ、47‐68頁。
（41）ドゥソルニエは、「学校牛乳事業は、大抵がネスレのような酪農部門を持つ多国籍企業の後援を受け、多くの国に広がった」と述べている。前掲、ドゥソルニエ、15頁。
（42）厚生労働省「令和元年国民健康・栄養調査報告」、２０２０年。
（43）日本の学校給食の歴史を語るなかで、藤原辰史は、「占領期以来の給食の普及が、１９６０年代以降の小麦製品や乳製品の消費量の増加を下支えしていたことは、やはり否定できないのではないだろうか」と述べている。藤原辰史『給食の歴史』岩波新書、２０１８年、１６６頁。
（44）Lal, R., "Soil Carbon Sequestration Impacts on Global Climate Change and Food Security," *Science*, 304, 2004, 1623-1627.
（45）前掲、モントゴメリー。
（46）同前、71頁。
（47）同前、１７３頁。
（48）同前、３１３頁。
（49）同前、２５９頁。
（50）前掲、ホーケン。
（51）クレメンス・G・アルヴァイ『オーガニックラベルの裏側――21世紀食品産業の真実』長谷川圭訳、

春秋社、2014年。
(52) 同前、85頁
(53) 同前、78頁。
(54) 同前、130頁。
(55) 前掲、モントゴメリー、158頁。
(56) 同前、22頁。
(57) 同前、36頁。
(58) デイビッド・モントゴメリー『土の文明史――ローマ帝国、マヤ文明を滅ぼし、米国、中国を衰退させる土の話』片岡夏実訳、築地書館、2010年。
(59) 中澤健一「持続可能な農業を取り戻したい」FoE Japan編『気候変動から世界をまもる30の方法――わたしたちのクライメート・ジャスティス!』合同出版、2021年、145頁。
(60) 同前、144頁。
(61) 中嶋亮太『海洋プラスチック汚染――「プラなし」博士、ごみを語る』岩波書店、2019年、41-42頁。
(62) 香坂玲・石井圭一『有機農業で変わる食と暮らし――ヨーロッパの現場から』岩波ブックレット、2021年、38頁、など。
(63) 仲西えり「持続可能な社会へ――イタリアで広がる有機給食」『食べもの通信』2020年7月号、36-37頁。
(64) 吉田太郎『コロナ後の食と農――腸活・菜園・有機給食』築地書館、2020年、96頁。
(65) チョー・ヨンジ「韓国 危機の時代の変化――中小農家を支援し、持続可能な食料システムを実現する政策」農民運動全国連合会編『国連家族農業10年――コロナで深まる食と農の危機を乗り越える』かもがわ出版、2020年、103頁。
(66) 大江正章「ソウル市の学校給食における有機農産物導入政策から学ぶこと」『農業と経済』2020年9月号、42-48頁。
(67) 箕輪弥生「有機食材の学校給食を実現――成功の鍵は生産者との結びつき」『食べもの通信』2020年4月号、14-15頁、など。
(68) 鮫田晋「学校給食のお米すべてを有機米にする」『農業と経済』2020年9月号、49-53頁。
(69) 秋津元輝・岩橋涼「公共調達としての学校給食の可能性――有機農産物導入の意義と試み」『農業と

経済』2020年9月号、6–16頁。

(70) 前掲、吉田、68–81頁。

第4章【合わせて考えたい】

(1) マーク・ホーソーンは、鶏・豚・牛・魚介類など、畜産利用される動物たちの状況を簡潔に説明している。マーク・ホーソーン『ビーガンという生き方』井上太一訳、緑風出版、2019年、26–32頁。また、井上太一は、動物実験、動物園と水族館、ペット産業の実情と合わせて、食用利用される肉用牛・乳用牛・豚・肉用鶏・産卵鶏・魚介類の現状を述べている。井上太一『動物倫理の最前線——批判的動物研究とは何か』人文書院、2022年、23–72頁。

(2) 枝廣淳子『アニマルウェルフェアとは何か——倫理的消費と食の安全』岩波ブックレット、2018年。

(3) スナウラ・テイラーは、障害者の解放と動物の解放を同時追求する立場から、能力主義(ableism)と種差別(speciesism)との関連を問題にしている。スナウラ・テイラー『荷を引く獣たち——動物の解放と障害者の解放』今津有梨訳、洛北出版、2020年。

第5章

(1) 2010年において、建てものは、世界のエネルギー消費の32%を占め、エネルギー関連の温室効果ガス排出量の19%を占めていたとされる。IPCC, *Climate Change 2014: Mitigation of Climate Change: Summary for Policymakers*, 2014.

(2) 文部科学省「木の学校づくり——その構想からメンテナンスまで(改訂版)」、2019年、7頁。

(3) 同前、8頁。

(4) 環境省「2020年度(令和2年度)の温室効果ガス排出量(確報値)について」。

(5) 気候ネットワークのプレスリリース(2022年6月13日)より。なお、残り3事業所は、石炭火力発電所である。

(6) 経済産業省・資源エネルギー庁の『エネルギー白書2021』において、石炭の用途別消費量をみると、近年では、「電気業」が最も多くの石炭を消費しているものの、「鉄鋼」のための消費量も「電気業」に近い大きさであることがわかる（110頁）。しかし、石炭火力発電の廃止が気候変動対策として重視されている一方で、鉄鋼業の抜本的縮小はあまり議論されていないように感じられる。

（7）ポール・ホーケン編著『ドローダウン——地球温暖化を逆転させる100の方法』江守正多監訳、山と溪谷社、2021年、298頁。

（8）砂をめぐる問題については、以下の書籍を参照している。ヴィンス・バイザー『砂と人類——いかにして砂が文明を変容させたか』藤崎百合訳、草思社、2020年。石弘之『砂戦争——知られざる資源争奪戦』角川新書、2020年。

（9）UNEP, *Sand and Sustainability: Finding New Solutions for Environmental Governance of Global Sand Resources*, 2019.

（10）文部省『木の学校づくり——その構想からメンテナンスまで』丸善株式会社、1999年。

（11）前掲、文部科学省。

（12）同前。

（13）文部科学省「公立学校施設における木材利用状況に関する調査結果について」、2022年。

（14）たとえば、次のようなものがある。ポール・ホーケン編著『ドローダウン——地球温暖化を逆転させる100の方法』山と溪谷社、2021年、377-379頁（木造建築）。堅達京子・NHK取材班『脱炭素革命への挑戦——世界の潮流と日本の課題』山と溪谷社、2021年、252-253頁（CO_2を蓄える木造高層ビル）。田中優『地球温暖化——電気の話と、私たちにできること』扶桑社新書、2021年、151-177頁（森林資源を活用した「炭素貯金」）。

（15）藤森隆郎『林業がつくる日本の森林』築地書館、2016年、175-176頁。

（16）同前、174頁。

（17）前掲、文部科学省、4-6頁。

（18）藤森隆郎は、「木は学習の場に最適である」と述べている。前掲、藤森、183頁。

（19）同前、56-57頁。

（20）2021年1月に公表された中央教育審議会答申

『令和の日本型学校教育』の構築を目指して」においても、そのことが指摘されている。

(21) 林野庁『令和2年度 森林・林業白書』、2021年。

(22) 一方で、林野庁が公表している木材自給率は、最低であった2002年の18・8%から回復してきているものの、2020年において41・8%である。

(23) 田中淳夫『絶望の林業』新泉社、2019年、76頁。

(24) 三浦秀一は、石油を用いる木材乾燥が大型船による木材の輸送よりも多くのエネルギーを使う傾向を指摘し、日本の木材が「はるばる欧州から輸入される木材よりエネルギー負荷の大きなもの」にもなることを述べている。三浦秀一『研究者が本気で建てたゼロエネルギー住宅――断熱、太陽光・太陽熱、薪・ペレット、蓄電』農文協、2021年、186頁。

(25) 岩井吉彌『山村に住む、ある森林学者が考えたこと』大垣書店、2021年、など。

(26) 前掲、田中、116頁。

(27) 同前、201頁。

(28) 前掲、岩井、37頁。

(29) 文部科学省「再生可能エネルギー設備等の設置状況に関する調査結果(概要)」、2021年。

(30) 千葉市は、2019年の台風・大雨による被害をふまえて、すべての公民館・市立学校に太陽光発電設備と蓄電池を導入する計画を策定した。

(31) 文部科学省「環境を考慮した学校施設づくり事例集」、2020年。

(32) 加藤やすこは、太陽光発電や風力発電の問題点をまとめている。加藤やすこ『再生可能エネルギーの問題点』緑風出版、2022年。

(33) ギヨーム・ピトロンは、風力発電機がアルミニウム・鉄・銅・ガラス・コンクリートを大量に必要とすることに言及しつつ、「地球温暖化との闘い」のために採掘される金属が膨大な量に達することを述べている。ギヨーム・ピトロン『レアメタルの地政学――資源ナショナリズムのゆくえ』児玉しおり訳、原書房、2020年、166頁。

(34) 岡部徹は、太陽光発電装置を「レアメタルの塊」と表現している。岡部徹「レアメタル――資源の現況と今後の活用法」『學士會会報』第934号、2019年、57頁。

(35) World Bank Group, *Minerals for Climate Action: The Mineral Intensity of the Clean Energy Transition*. World Bank Publications, 2020.
(36) IEA, *The Role of Critical Minerals in Clean Energy Transitions*, 2021.
(37) 前掲、岡部、60頁。
(38) 前掲、ピトロン、61頁。
(39) 前掲、岡部、63頁。
(40) ピトロンは、「エネルギー転換とデジタル転換は最も裕福な社会階層のためのものである」として、「実際の環境負荷を貧しく人目につかない地域に負わせる」ことを批判している。前掲、ピトロン、62頁。
(41) 前掲、岡部、58頁。
(42) 太陽光発電や風力発電には銅が用いられているが、銅の採掘によっても地域の環境破壊や住民の健康被害が生じている。前掲、岡部、60-61頁。
(43) ヨルゴス・カリス/スーザン・ポールソン/ジャコモ・ダリサ/フェデリコ・デマリア『なぜ、脱成長なのか――分断・格差・気候変動を乗り越える』上原裕美子・保科京子訳、NHK出版、2021年、24頁。
(44) マーク・ボイル『無銭経済宣言――お金を使わずに生きる方法』吉田奈緒子訳、紀伊國屋書店、2017年、337頁。
(45) 文部科学省「公立学校施設のトイレの状況について」、2020年。
(46) 沖大幹『水の未来――グローバルリスクと日本』岩波新書、2016年、123頁。
(47) 『月刊下水道』2020年12月号。
(48) 前掲、ボイル、234頁。
(49) 日本における下肥の歴史については、以下の書籍を参照している。永井義男『江戸の糞尿学』作品社、2016年。屎尿・下水研究会『トイレ――排泄の空間から見る日本の文化と歴史』ミネルヴァ書房、2016年。湯澤規子『ウンコはどこから来て、どこへ行くのか――人糞地理学ことはじめ』ちくま新書、2020年。
(50) 戦後の日本において、東京都の糞尿を原料にした

「みやこ肥料」など、下水処理場の汚泥を有機肥料として活用する取り組みはなされてきた。「みやこ肥料」は途絶えたが、下水汚泥が肥料に使われていないわけではない。
(51) 江戸時代後期の作家である滝沢馬琴の一家も、全員が寄生虫を抱えていたそうだ。前掲、永井、160-164頁。
(52) 石谷二郎「回虫——身体のなかの生きモノ」天野正子・石谷二郎・木村涼子『モノと子どもの昭和史』平凡社、2015年、291-309頁。
(53) 同前。
(54) ロブ・ダン『わたしたちの体は寄生虫を欲している』野中香方子訳、飛鳥新社、2013年、13頁。
(55) 同前、13頁。
(56) デイビッド・モントゴメリーとアン・ビクレーも、人間にとっての微生物の重要性を強調している。デイビッド・モントゴメリー/アン・ビクレー『土と内臓——微生物がつくる世界』片岡夏実訳、築地書館、2016年。
(57) ロブ・ダン『家は生態系——あなたは20万種の生き物と暮らしている』今西康子訳、白揚社、2021年、107頁。
(58) 同前、295-297頁。
(59) 同前、328頁。
(60) 同前、108頁。
(61) 石谷二郎は、戦後の日本において子どもの体内の回虫が急激に減少したこと、子どものアレルギーが急激に増加したことに触れながら、「無菌社会」を求める流れを批判し、「寄生虫主義」を提唱している。前掲、石谷。
(62) 通常は低濃度であるが、さまざまな化学物質が人糞のなかに確認されている。また、抗生物質を投与された動物の糞を肥料に用いた結果、土壌から抗生物質が発見されたという報告もある。デイビッド・モントゴメリー『土・牛・微生物——文明の衰退を食い止める土の話』片岡夏実訳、築地書館、2018年、294頁、299頁。
(63) F・H・キング『東アジア四千年の永続農業——中国・朝鮮・日本(上・下)』杉本俊朗訳、農文協、2009年。

(64) 同前（上巻）、34頁。
(65) 同前、35頁。
(66) 同前、35頁。
(67) 同前、25頁。
(68) 同前、195–196頁。
(69) 同前、197頁。
(70) 同前、29頁。
(71) デイビッド・モントゴメリーも、キングの著述を紹介しながら、「アジアの農業」に注目している。前掲、モントゴメリー、280–301頁。

第6章

(1) 内閣府のHP（https://www8.cao.go.jp/cstp/society5_0/）。
(2) 児美川孝一郎「GIGAスクールというディストピア――Society5.0に子どもたちの未来は託せるか?」『世界』2021年1月号、41–53頁。
(3) 加藤やすこ「GIGAスクールで子どもの電磁波被ばくが増える?」『食べもの通信』2021年5月号、8–10頁。
(4) 森夏節「IT機器がもたらす環境負荷」『酪農学園大学紀要（人文・社会科学編）』第32巻第1号、2007年、23–30頁。
(5) 学校等における省エネルギー対策に関する検討会「学校等における省エネルギー推進のための手引き――省エネのすすめ方・つづけ方」、2019年。
(6) デイビッド・ファリアーも、「インターネットのエネルギー消費」を問題にしている。デイビッド・ファリアー『FOOTPRINTS（フットプリント）――未来から見た私たちの痕跡』東郷えりか訳、東洋経済新報社、2021年、156–158頁。
(7) Malmodin, J. & Lundén, D., "The Energy and Carbon Footprint of the Global ICT and E&M Sectors 2010–2015," *Sustainability*, 10(9), 2018.
(8) Freitag, C., Berners-Lee, M., Widdicks, K., Knowles, B., Blair, G. S. & Friday, A., "The Real Climate and Transformative Impact of ICT: A Critique of Estimates, Trends and Regulations," *Patterns*, 2, 2021.

（9）Belkhir, L. & Elmeligi, A., "Assessing ICT Global Emissions Footprint: Trends to 2040 & Recommendations," *Journal of Cleaner Production*, 177, 2018, 448–463.

（10）Forti, V., Baldé, C.P., Kuehr, R., Bel, G., *The Global E-waste Monitor 2020: Quantities, flows and the circular economy potential.* United Nations University (UNU)/United Nations Institute for Training and Research (UNITAR) – co-hosted SCYCLE Programme, International Telecommunication Union (ITU) & International Solid Waste Association (ISWA), Bonn/Geneva/Rotterdam, 2020.

（11）エルンスト・フォン・ワイツゼッカーらは、ＩＣＴ分野が資源利用の急速な増加をもたらしてきたことを指摘しつつ、「ＩＣＴとデジタル技術によってもたらされる全ての良いことにもかかわらず、持続可能性への直接的影響を考慮すると、最も主要な影響が否定的なものであることに疑いはありません」と述べている。エルンスト・フォン・ワイツゼッカー／アンダース・ワイクマン編著『Come On! 目を覚まそう！——環境危機を迎えた「人新世」をどう生きるか？』林良嗣・野中ともよ監訳、明石書店、２０１９年、87頁。

（12）シャンタル・プラモンドン／ジェイ・シンハ『プラスチック・フリー生活——今すぐできる小さな革命』服部雄一郎訳、ＮＨＫ出版、２０１９年、２５１–２５３頁。

（13）プラスチックをめぐる問題については、主に以下の書籍を参照している。枝廣淳子『プラスチック汚染とは何か』岩波ブックレット、２０１９年。中嶋亮太『海洋プラスチック汚染——「プラなし」博士、ごみを語る』岩波書店、２０１９年。堅達京子・ＮＨＫＢＳ1取材班『脱プラスチックへの挑戦——持続可能な地球と世界ビジネスの潮流』山と溪谷社、２０２０年。

（14）前掲、中嶋、7頁。

（15）Neufeld, L., Stassen, F., Sheppard, R. & Gilman, T., *The New Plastics Economy: Rethinking the Future of Plastics*, 2016.

(16) プラスチックの問題と気候変動の問題との関係に着目したものとして、渡邊睦美「プラスチック問題と気候危機、2Rが解決の鍵――Reuse（再使用）・Refill（詰め替え）」『アジェンダ――未来への課題』第69号、2020年、33-45頁。
(17) Neufeld et al., op.cit.
(18) 環境省「プラスチックを取り巻く国内外の状況」、2019年。
(19) ポール・ホーケン編著『ドローダウン――地球温暖化を逆転させる100の方法』江守正多監訳、山と溪谷社、2021年、303頁。
(20) 環境省「2020年度（令和2年度）の温室効果ガス排出量（確報値）について」。
(21) 困るのは、「粗品」や「おまけ」として、使わないティッシュペーパーを受け取ってしまうことだ。
(22) ポケットティッシュは、小学生のポケットには収まりにくい。小学生にティッシュペーパーを携帯させるのは合理的でないように感じる。私自身は、小学生の頃、「清潔検査」のためにハンカチとポケットティッシュを机の中に常備していたが、それらを実用してはいなかった。
(23) 保育施設で使用されるペーパータオルにも注意を払う必要がある。子どもたちが当たり前のことのように紙で手を拭き、数秒のうちに紙をゴミ箱に捨てている姿を見ると、私は心が痛む。紙が浪費されていること以上に、紙の使い捨てに無頓着になるような教育がされていることに対して、強い疑問を感じる。
(24) 安藤生大・齊藤将人・鈴木基之「トイレットペーパーのカーボンフットプリント（CFP）の試算――富士市の家庭紙工場の例」『紙パ技協誌』第69巻第8号、2015年、86-92頁。
(25) トイレットペーパー、ティッシュペーパー、ペーパータオルの消費は、米国やインドネシアなど、世界各地の森林に損害を与えている。Skene, J., *The Issue with Tissue: How Americans Are Flushing Forests Down the Toilet*. Natural Resources Defense Council, 2019.
(26) Ibid., 16.
(27) ジョージーナ・ウィルソン＝パウエル『これって

ホントにエコなの？——日常生活のあちこちで遭遇する〝エコ〟のジレンマを解決』吉田綾監訳、東京書籍、２０２１年、76頁。

(28) Skene, J., op.cit., 16.

(29) 湯澤規子『ウンコはどこから来て、どこへ行くのか——人糞地理学ことはじめ』ちくま新書、２０２０年、１８５頁。

(30) 屎尿・下水研究会『トイレ——排泄の空間から見る日本の文化と歴史』ミネルヴァ書房、２０１６年、78-79頁。

(31) マーク・ボイル『無銭経済宣言——お金を使わずに生きる方法』吉田奈緒子訳、紀伊國屋書店、２０１７年、２９８-２９９頁。

(32) 前掲、湯澤、１７２-１７５頁。

(33) IEA, *Tracking Transport 2020.*

(34) Ibid.

(35) 国土交通省「運輸部門における二酸化炭素排出量」。https://www.mlit.go.jp/sogoseisaku/environment/sosei_environment_tk_000007.html

(36) ２０２０年に新型コロナウイルス感染症が広がるなかで中学校等の修学旅行が中止になり、代替行事として周遊フライトが実施されることがあった。

(37) アジア・太平洋戦争後の日本における子ども文化を主題にした次の書籍が参考になる。野上暁『子ども文化の現代史——遊び・メディア・サブカルチャーの奔流』大月書店、２０１５年。

(38) 古屋雄作『うんこ夏休みドリル 小学1年生』文響社、２０２０年。

(39) 熊崎実佳「車の少ない社会をめざして——ドイツ・フライブルク市の取り組み」FoE Japan 編『気候変動から世界をまもる30の方法——わたしたちのクライメート・ジャスティス！』合同出版、２０２１年、１３１-１３５頁。

(40) 前掲、ボイル、１０９頁。

(41) 前掲、ボイル、１０８頁。

第6章【合わせて考えたい】

(1) 田中智子・丸山啓史・森田洋編著『隠れ保育料を考える——子育ての社会化と保育の無償化のために』かもがわ出版、２０１８年。

（2）柳澤靖明・福嶋尚子『隠れ教育費——公立小中学校でかかるお金を徹底検証』太郎次郎社エディタス、2019年。

第7章

（1）2021年の日本では、「あと4年、未来を守れるのは今」と訴える取り組みが展開された。

（2）Ipsos, *How Do Great Britain and the World View Climate Change and Covid-19?*, 2020.

（3）UNDP, *People's Climate Vote*, 2021.

（4）2021年の国際調査の結果をみると、国際的な気候変動対策が自国の経済に「良い影響をもたらす」と考える人の割合は、17か国のなかで日本が2番目に低く（19％）、韓国（46％）・英国（37％）・米国（32％）などを大きく下回っている。日本においては、「悪い影響をもたらす」と考える人の割合のほうが高い（30％）。Pew Research Center, *In Response to Climate Change, Citizens in Advanced Economies Are Willing to Alter How They Live and Work*, 2021.

（5）Pew Research Center, *Global Concern about Climate Change, Broad Support for Limiting Emissions*, 2015.

（6）国立環境研究所が2016年に実施した調査の結果をみても、世界の環境問題についての責任に関しては、「先進国により責任がある」という回答が37・3％であるのに対し、「途上国により責任がある」という回答が7・3％、「双方に同じくらいの責任がある」という回答が45・6％となっている。国立環境研究所「環境意識に関する世論調査報告書2016」。

（7）Pew Research Center, 2015, op.cit.

（8）教育学部に在籍する大学生を対象として2021年に実施した調査においても、同様の結果が示されている。「気候変動対策には生活様式の大幅な変容が必要だ」について、「そう思う」と答えた学生は51・9％である。一方で、「科学技術によって気候変動の問題を解決することができる」について、「そう思う」と答えた学生が40・5％に及んでいる。丸山啓史「気候変動に関する教員養成学部学生の知識や意識の実態」『京都教育大学環境教育研究年報』第30

号、２０２２年、17頁。
（9）Ipsos, op.cit.
（10）Ibid.
（11）前掲、国立環境研究所。
（12）国立環境研究所「ライフスタイルに関する世論調査報告書２０１５」。
（13）日本財団「18歳意識調査『第21回――気候変動』詳細版」、２０２０年。
（14）前掲、丸山。
（15）教育学部の学生の70・2％が、「これまでの学校教育のなかで気候変動についての基本的なことは学んできた」について、「そう思う」と回答している。前掲、丸山。
（16）Ipsos, op.cit.
（17）内閣府「『地球温暖化対策に関する世論調査』の概要」、２０１６年。
（18）内閣府「『気候変動に関する世論調査』の概要」、２０２１年。
（19）全国地球温暖化防止活動推進センター「大学生を対象とした地球温暖化対策に係る普及啓発活動による対象者の意識・行動変容に関する調査研究 年次レポート」、２０２０年。
（20）前掲、日本財団、16頁。
（21）丸山啓史「日本の人々の気候変動に関する意識と学習の課題」『京都教育大学紀要』№１３９、２０２１年、31頁。
（22）平田仁子「日本における気候変動・地球温暖化に対する意識」『環境情報科学』49巻2号、２０２０年、50頁。
（23）同前、50頁。
（24）UNICEF, *Unless We Act Now: The Impact of Climate Change on Children*, 2015, 66-67.
（25）UNICEF, *The Climate Crisis is a Child Rights Crisis: Introducing the Children's Climate Risk Index*, 2021, 118.
（26）OHCHR, *Analytical Study on the Relationship between Climate Change and the Full and Effective Enjoyment of the Rights of the Child*, 2017.
（27）国連子どもの権利委員会が依拠する子どもの権利

条約では、第12条において、「締約国は、自己の見解をまとめる力のある子どもに対して、その子どもに影響を与えるすべての事柄について自由に自己の見解を表明する権利を保障する。その際、子どもの見解が、その年齢および成熟に従い、正当に重視される」とされている。

(28) 丸山啓史「国連子どもの権利委員会の総括所見にみる『気候変動と子ども』——世界の問題状況と日本の位置」『京都教育大学紀要』№.139、2021年、35-46頁。

(29) 三つの要求の一つである「公正な政策決定のプロセス」に関しても、「性別や年齢の偏りを自覚しメンバー構成を公正にすることを求めます」と述べられている。

(30) 公害教育などを研究している古里貴士は、学習指導要領において「一人一人の児童又は生徒が（中略）持続可能な社会の創り手となることができるようにすること」が学校に求められていることに言及しながら、「環境問題に対しては大人世代がまず責任を持つべき問題であるにもかかわらず、『持続可能な社会の創り手』の育成という名の下に、教育を通じて、その責任を子ども・若者に転嫁してしまうことにもなりかねない」と述べている。古里貴士「『持続可能な発展（開発）』と『教育』の結節点：共同学習」民主教育研究所編『民主主義教育のフロンティア』旬報社、2021年、102頁。

(31) 前掲、丸山「国連子どもの権利委員会の総括所見にみる『気候変動と子ども』」。

(32) アクシャート・ラーティ編『気候変動に立ちむかう子どもたち——世界の若者60人の作文集』吉森葉訳、太田出版、2021年。

(33) 同前、27頁。

(34) 同前、222頁。

(35) 同前、91-93頁。

(36) 同前、192頁。

(37) 文部科学省「文部科学統計要覧・文部統計要覧（令和3年度)」。

(38) UNESCO, *Getting Climate-Ready: A Guide for Schools on Climate Action*, 2016.

(39) 気候変動教育をめぐる近年の動向に関しては、次の文献を参照している。永田佳之編著『気候変動の時代を生きる――持続可能な未来へ導く教育フロンティア』山川出版社、２０１９年。永田佳之「気候変動教育の現在――国際的な動向および国内外の理論と実践」『開発教育』67号、２０２０年、20-29頁。
(40) UNESCO, op.cit., 12.
(41) Ibid., 7.
(42) 文部科学省「環境を考慮した学校施設づくり事例集」、２０２０年。
(43) ユヴァル・ノア・ハラリ『サピエンス全史――文明の構造と人類の幸福』柴田裕之訳、河出書房新社、２０１６年、69頁。
(44) 同前、70頁。
(45) ジェイムス・スーズマン『「本当の豊かさ」はブッシュマンが知っている』佐々木知子訳、ＮＨＫ出版、２０１９年。
(46) スーズマンは、ホモ・サピエンスの歴史の大半が狩猟採集によって形づくられていることに触れながら、「どれほど長いあいだ持ちこたえているかが持続可能性の根本的な尺度だとしたら、狩猟採集は全人類史で発展した経済手法で最も持続可能」なものであると述べている。前掲、スーズマン、72-73頁。
(47) アンドレ・ゴルツ『エコロジスト宣言』高橋武智訳、技術と人間、１９８０年、50-51頁。
(48) 同前、51頁。
(49) 丸山啓史「『発達論』の現代的課題」『教育』２０２２年1月号、54頁。
(50) マーク・ボイル『無銭経済宣言――お金を使わずに生きる方法』吉田奈緒子訳、紀伊國屋書店、２０１７年、３６３頁。
(51) 同前、３６３頁。
(52) 同前、３６４頁。
(53) ジュリエット・Ｂ・ショア『プレニテュード――新しい〈豊かさ〉の経済学』森岡孝二監訳、岩波書店、２０１１年、１１５頁。

第7章【合わせて考えたい】

(1) 丸山啓史「子ども・障害者・高齢者の人権と気候変動――国連人権高等弁務官事務所の報告書から」『障害者問題研究』第49巻第3号、２０２１年、68-

73頁。

(2) OHCHR, *Analytical Study on the Promotion and Protection of the Rights of Older Persons in the Context of Climate Change*, 2021.

第8章

(1) 熊崎実佳は、「電力分野において節電が重要なように、交通分野に関しても、手段を替えるだけではなく、移動そのものを減らさなくてはいけません。そのためには仕事や買い物など、日々の用事が家の近くでできる必要があります」と述べている。熊崎実佳「車の少ない社会をめざして――ドイツ・フライブルク市の取り組み」FoE Japan編『気候変動から世界をまもる30の方法――わたしたちのクライメート・ジャスティス!』合同出版、2021年、134頁。

(2) 永田豊「電気自動車によるCO_2削減のための電源構成」室町泰徳編『運輸部門の気候変動対策――ゼロエミッション化に向けて』成山堂書店、2021年、52頁。

(3) 斎藤幸平も、レアメタルをめぐる問題に着目しながら、「電気自動車の『本当のコスト』」を指摘している。斎藤幸平『人新世の「資本論」』集英社新書、2020年、82-85頁。

(4) 岡部徹「自動車に不可欠なレアアース資源の現状と課題」『自動車技術』2020年9月号。

(5) IEA(世界エネルギー機関)の報告書は、電気自動車には従来の自動車の6倍の重要鉱物(レアメタル等)が用いられるとしている。IEA, *The Role of Critical Minerals in Clean Energy Transitions*, 2021, 26.

(6) ギヨーム・ピトロン『レアメタルの地政学――資源ナショナリズムのゆくえ』児玉しおり訳、原書房、2020年、31頁。

(7) 同前、39-40頁。

(8) 多くの土地が駐車場にされているという問題もある。ジョン・アーリは、「駐車場による土地の占有は、何と言っても占有するのが自動車だけであるから、途方もない無駄遣いである」と述べている。ジョン・アーリ『モビリティーズ――移動の社会学』吉原直

樹・伊藤嘉高訳、作品社、2015年、182頁。
(9) IEA, *Global Land Transport Infrastructure Requirements*, 2013.
(10) マレーナ・エルンマン／ベアタ・エルンマン／グレタ・トゥーンベリ／スヴァンテ・トゥーンベリ『グレタ たったひとりのストライキ』羽根由訳、海と月社、2019年、165頁。
(11) ケイティ・アルヴォード『クルマよ、お世話になりました』堀添由紀訳、白水社、2013年、233頁。
(12) 2010年代の日本は毎年500万台近い自動車を輸出していた。外国での交通事故のなかにも、日本の自動車会社が関与した自動車によるものが少なからず含まれているだろう。
(13) WHO, *Global Status Report on Road Safety 2018*, 2018.
(14) マイク・フェザーストン「イントロダクション」マイク・フェザーストン／ナイジェル・スリフト／ジョン・アーリ編著『自動車と移動の社会学』近森高明訳、法政大学出版局、2010年。
(15) 前掲、アルヴォード、177頁。なお、アルヴォードは、「クルマはアメリカで1924年までに年間2万人以上を殺害し、そのほぼ半分は子どもであった」とも述べている(41頁)。
(16) 内閣府「令和3年版交通安全白書」、2021年。
(17) 加藤久道『交通事故は本当に減っているのか?――「20年間で半減した」成果の真相』花伝社、2020年。
(18) 仲尾謙二『自動車 カーシェアリングと自動運転という未来――脱自動車保有・脱運転免許のシステムへ』生活書院、2018年、226-228頁、など。
(19) 上岡直見『自動運転の幻想』緑風出版、2019年。
(20) 道路の路面標示も、マイクロプラスチックの発生源である。
(21) 枝廣淳子『プラスチック汚染とは何か』岩波ブックレット、2019年、67頁。
(22) 藤井聡『クルマを捨ててこそ地方は甦る』PHP新書、2017年、68-73頁。
(23) 今井博之「クルマ社会が子どもにもたらす害」仙

田満・上岡直見編『子どもが道草できるまちづくり——通学路の交通問題を考える』学芸出版社、2009年、32-36頁。

(24)同前、36-41頁。

(25)前掲、藤井、172-176頁。

(26)同前、43-44頁。

(27)同前、37-43頁。

(28)谷口綾子「クルマ依存社会からの脱却」仙田満・上岡直見編『子どもが道草できるまちづくり——通学路の交通問題を考える』学芸出版社、2009年、157頁。

(29)「移動」に着目した研究を行ってきた社会学者のジョン・アーリは、「歩くことは、移動システムのなかで最も『平等主義的』である」と述べている。前掲、アーリ、134頁。障害児者のことを考えると、歩くことが完全に「平等主義的」であるとは言えないが、自動車が「平等主義的」でないことの認識は重要だろう。

(30)アルヴォードは、「現代のコミュニティ」について、「運転しない人は市民権を剥奪されたごとく扱われる」と述べている。前掲、アルヴォード、18頁。

(31)同前、155頁。

(32)今井博之は、「小児歩行者への交通安全教育については、今日では効果なし、あるいは、あったとしてもごく限られた価値しかないことが明らかになっている」と述べている。前掲、今井、48頁。

(33)前掲、藤井、27頁。

(34)子どもが馬や乗りものをよけないのは、「大人からだいじにされることに慣れている」からであるように見えた。渡辺京二『逝きし世の面影』平凡社ライブラリー、2005年、390-392頁。渡辺は、19世紀後半の日本について、「街路はたんに人が通りすぎるところではなかった。授乳から行商人の呼び売りにいたるまで、暮らしがそこで展開されいとなまれる場所であった」と述べている(209頁)。

(35)仙田満『子どもとあそび——環境建築家の眼』岩波新書、1992年、78頁。

(36)杉田聡・今井博之『クルマ社会と子どもたち』岩波ブックレット、1998年、25-29頁。

(37)仙田満「はじめに——道を子どもたちに返そう」

仙田満・上岡直見編『子どもが道草できるまちづくり――通学路の交通問題を考える』学芸出版社、２００９年、３頁。

(38) 宇沢弘文『自動車の社会的費用』岩波新書、１９７４年、１６３-１６４頁。

(39) 自動車を批判するウルリッヒ・ブラントとマークス・ヴィッセンも、「走っている車が危険で、停車している車が場所を取っているため、子どもたちが道で遊べないことを自然なものとして受け容れている」という状態に言及し、「問題がもはや問題とみなされなくなっているということ」に目を向けている。ウルリッヒ・ブラント／マークス・ヴィッセン『地球を壊す暮らし方――帝国型生活様式と新たな搾取』中村健吾・斎藤幸平監訳、岩波書店、２０２１年、１４９-１５０頁。

(40) アンソニー・エリオットとジョン・アーリは、地球の温暖化や石油の枯渇に触れながら、多くの人が自動車や飛行機で激しく移動するような社会は「人類の歴史におけるごく短い期間に過ぎなかったこと」が明らかになると論じている。アンソニー・エリオット／ジョン・アーリ『モバイル・ライブズ――「移動」が社会を変える』遠藤英樹監訳、ミネルヴァ書房、２０１６年、１７３頁。

(41) 前掲、アルヴォード、90-91頁、など。

(42) 日本自動車工業会『日本の自動車工業２０２１』、２０２１年。

(43) 鶴原吉郎『ＥＶと自動運転――クルマをどう変えるか』岩波新書、２０１８年、32頁。

(44) アンドレ・ゴルツ『エコロジスト宣言』高橋武智訳、技術と人間、１９８０年、１０５-１０６頁。

(45) 同前、１０７頁。

第8章【合わせて考えたい】

(1) 宇沢弘文『自動車の社会的費用』岩波新書、１９７４年、62頁。

(2) 同前、59頁。

第9章

(1) Clark, H. et al., “A Future for the World’s Children? A WHO-UNICEF-*Lancet* Commis-

sion," *Lancet*, 2020. この報告は、子どもたちにとっての脅威として気候変動の問題にも目を向けており、一人あたりのCO_2排出量をもとに、各国の持続可能性（sustainability）を評価している。それによると、日本の持続可能性は、180か国のなかで159位である。

(2) ジャーナリストのアリッサ・クォートは、子どもたちを「顧客」にしていく企業の戦略を描いている。アリッサ・クォート『ブランド中毒にされる子どもたち——「一生の顧客」を作り出す企業の新戦略』古草秀子訳、光文社、2004年。

(3) カレ・ラースンは、人びとが子どもの頃から「消費宗教に組みこまれて」いく状況を描写している。カレ・ラースン『さよなら、消費社会——カルチャー・ジャマーの挑戦』加藤あきら訳、大月書店、2006年、63-64頁。

(4) 加藤理「モダニズムと子ども用品の誕生」永井聖二・加藤理編『消費社会と子どもの文化』学文社、2010年、43頁。

(5) 同前、33頁。

(6) 同前、42頁。

(7) 神野由紀『子どもをめぐるデザインと近代——拡大する商品世界』世界思想社、2011年、109頁。

(8) 同前、86頁。

(9) 野上暁『子ども文化の現代史——遊び・メディア・サブカルチャーの奔流』大月書店、2015年。

(10) 前掲、神野、202-210頁。

(11) 同前、210頁。

(12) ジュリエット・ショアは、「祝日の歴史を学び、その知識を友人や家族と共有すれば、費用のかかる『伝統』が強要するいくらかのことを取り除くのに役立つ」と述べながら、「祝い事を脱商業化する」ことを提案している。ジュリエット・B・ショア『浪費するアメリカ人』森岡孝二監訳、岩波書店、2000年、250-253頁。

(13) 前掲、神野、214-219頁。

(14) 前掲、ショア、139-142頁。

(15) ジョージーナ・ウィルソン＝パウエルも、膨大な量の「喜ばれないプレゼント」によって生じる環境負荷を問題にしており、プレゼントを手作りすることや、贈り相手の名前で慈善団体に寄付することなどを提案している。ジョージーナ・ウィルソン＝パウエル『これってホントにエコなの？——日常生活のあちこちで遭遇する〝エコ〟のジレンマを解決』吉田綾監訳、東京書籍、2021年、126頁。

(16) 前掲、ショア、241頁。

(17) 天野恵美子は、米国での学校内マーケティングについて、実態や課題を整理している。天野恵美子『子ども消費者へのマーケティング戦略——熾烈化する子どもビジネスにおける自制と規制』ミネルヴァ書房、2017年、124-144頁。

(18) ジュリエット・B・ショア『子どもを狙え！——キッズ・マーケットの危険な罠』中谷和男訳、アスペクト、2005年、127-135頁。

(19) 同前、135頁。

(20) 前掲、天野、131-134頁。

(21) 前掲、ショア『子どもを狙え！』、159頁。

(22) 同前、159頁。

(23) ナオミ・クライン『新版 ブランドなんか、いらない』松島聖子訳、大月書店、2009年、106頁。

(24) 前掲、天野、130頁。

(25) ケヴィン・モーガン／ロバータ・ソンニーノ『学校給食改革——公共食と持続可能な開発への挑戦』杉山道雄・大島俊三共編訳著、筑波書房、2014年、216頁。

(26) 前掲、クライン、109頁。

(27) 同前、184頁。

(28) 前掲、ショア『子どもを狙え！』、168頁。

(29) 同前、169頁。

(30) 前掲、神野、192頁。

(31) 同前、196-199頁。

(32) 同前、199頁。妖怪かまいたちは、1匹目が人を転ばし、2匹目が切りつけ、3匹目が薬を塗る。消費させることで問題を作り、問題を抑えるために消費させるのは、「かまいたち作戦」だ。もちろん、この「かまいたち作戦」は、大人に対しても展開される。以前、田舎のコンビニで、「酒・タバコ・薬」という大きな看板を見かけた。

(33) カルビーや日本マクドナルドなどの企業による食育運動について、藤原辰史は批判的な言及を行っている。藤原辰史「食は教育の課題なのか――食育基本法をめぐる考察」佐藤卓己編『学習する社会の明日』岩波書店、2016年、186頁。

(34) 政治学者のベンジャミン・バーバーは、保育園や幼稚園を対象とするマーケティングが米国で展開されている状況を批判的に指摘している。ベンジャミン・R・バーバー『消費が社会を滅ぼす?!――幼稚化する人びとと市民の運命』竹井隆人訳、吉田書房、2015年、321-322頁。

(35) 商品の消費を減らすためには、使う物を作ることだけでなく、使う物を修理することも大切だ。おもちゃを修理する「おもちゃ病院」のような取り組みもある。瀬口亮子『「脱使い捨て」でいこう!――世界で、日本で、始まっている社会のしくみづくり』彩流社、2019年、140-142頁、など。

(36) ジュリエット・B・ショア『プレニテュード――新しい〈豊かさ〉の経済学』森岡孝二監訳、岩波書店、2011年、125頁。

(37) 前掲、ショア『浪費するアメリカ人』、238-239頁。

(38) 同前、238頁。

(39) 津止正敏「障害児とおもちゃライブラリー」藤本文朗・津止正敏編『放課後の障害児――障害者の社会教育』青木書店、1988年、36-58頁、など。

(40) 現代の日本においては、衣服や玩具だけでなく、傘やランドセルなど、さまざまなものが「女の子向け」と「男の子向け」に分けられている。子ども用品が男女別に分けられることは、性(ジェンダー)に関する固定観念を温存・強化する点でも問題であるが、子ども用品の共有をより難しくするという点でも問題である。ショアも、「玩具を性別で区別する風潮」を批判的にとらえている。前掲、ショア『子どもを狙え!』、76頁。

(41) ナオミ・クラインは、気候変動の問題を論じるなかで、「今すぐ消費を減らすこと」の必要性を指摘しつつ、「需要サイドでの排出量削減が必要な規模で行われるためには(中略)まじめな都市生活者の努力だけではとうてい足りない」として、「包括的な政策や計画が必要である」と述べている。ナオミ・クライン『これがすべてを変える――資本主義 vs. 気候

変動（上・下）』幾島幸子・荒井雅子訳、岩波書店、２０１７年、１２４-１２５頁。

(42) ジェイソン・ヒッケルは、環境危機を克服する社会への移行を構想するなかで、５つの具体的課題の筆頭に「計画的陳腐化を終わらせること」を挙げている。Hickel, J., *Less is More: How Degrowth Will Save the World*. William Heinemann, 2020, 207-210. セルジュ・ラトゥーシュらも、「製品寿命の短さは、消費社会の象徴となっています」と述べ、「製品寿命の人為的操作」を問題にしている。セルジュ・ラトゥーシュ／ディディエ・アルパジェス『脱成長のとき――人間らしい時間をとりもどすために』佐藤直樹・佐藤薫訳、未來社、２０１４年、36-40頁。

(43) 前掲、天野、１１８頁。

(44) 近年の日本では、公立中学校等に飲料の自動販売機を設置する動きがある。熱中症対策を口実にしたものだ。企業活動・経済活動によって地球温暖化が引き起こされ、それによって熱中症の危険性が増し、そのことが企業活動・経済活動の拡大に利用される、という構図に見える。

(45) ラースンは、「企業による公告（あるいは商業メディアの存在）は、生物としての人類をモルモットとした唯一にして最大の心理学的実験プロジェクトだ」と述べている。前掲、ラースン、21頁。

(46) 前掲、天野、３-５頁。

(47) 同前、１５５頁。

(48) 同前、５頁。

(49) 藤原辰史『戦争と農業』インターナショナル新書、２０１７年、１２８頁。

(50) ジュリエット・ショアは、「企業が形づくる子どもの世界を排すること」を提言しつつ、「企業の影響を排除するには、それに代わるものが必要」であることを述べている。ショアは、「帰宅後の勉強やスポーツ、課外活動、アウトドアの遊びなど、テレビ以外に熱中できるもの」が多いことで子どものテレビ視聴が抑制されるという例を挙げている。前掲、ショア『子どもを狙え！』、２９９-３０５頁。

第9章【合わせて考えたい】

（1）ベンジャミン・R・バーバー『消費が社会を滅ぼす?!——幼稚化する人びとと市民の運命』竹井隆人訳、吉田書房、2015年、195頁。

（2）同前、56頁。

第10章

（1）ジュリエット・B・ショア『プレニテュード——新しい〈豊かさ〉の経済学』森岡孝二監訳、岩波書店、2011年、103-104頁、など。

（2）Nässén, J. & Larsson, J., "Would Shorter Working Time Reduce Greenhouse Gas Emissions? An Analysis of Time Use and Consumption in Swedish Households", *Environment and Planning C: Government and Policy*, 33, 2015, 726-745.

（3）Fitzgerald, J. B., Schor, J. B. & Jorgenson, A. K., "Working Hours and Carbon Dioxide Emissions in the United States, 2007-2013", *Social Force*, 96, 2018, 1851-1874.

（4）4 Day Week Campaign, *Stop the Clock: The Environmental Benefits of a Shorter Working Week*, 2021.

（5）Frey, P., *The Ecological Limits of Work: On Carbon Emission, Carbon Budgets and Working Time*. Autonomy Research Ltd, 2019.

（6）Antal, M. et al., "Is Working Less Really Good for the Environment? A Systematic Review of the Empirical Evidence for Resource Use, Greenhouse Gas Emissions and the Ecological Footprint", *Environmental Research Letters*, 16, 2021.

（7）気候変動の問題に関しても、労働時間の短縮が有効な対策になることが指摘されてきた。ナオミ・クライン『これがすべてを変える——資本主義vs.気候変動（上・下）』幾島幸子・荒井雅子訳、岩波書店、2017年、129頁、など。

（8）セルジュ・ラトゥーシュ『経済成長なき社会発展は可能か?——〈脱成長〉と〈ポスト開発〉の経済学』中野佳裕訳、作品社、2010年、230頁。

(9) セルジュ・ラトゥーシュ／ディディエ・アルパジェス『脱成長のとき――人間らしい時間をとりもどすために』佐藤直樹・佐藤薫訳、未來社、2014年、85頁。
(10) ヨルゴス・カリス／スーザン・ポールソン／ジャコモ・ダリサ／フェデリコ・デマリア『なぜ、脱成長なのか――分断・格差・気候変動を乗り越える』上原裕美子・保科京子訳、NHK出版、2021年、113-115頁。
(11) 同前、113頁。
(12) 同前、115頁。
(13) ジュリエット・ショアは、「時間消費的でストレスの多い仕事はあらたな消費圧力を形成する。職場での労働時間が長くなると、時間と手軽さを重視するようになる。買う余裕のある人は、調理済み食品や持ち帰り用食品を購入したり外食したりする。また、ベビーシッターや会計士や掃除人を雇う。こういう人たちの友だちも同様に忙しいため、(若かったころそうしていたように) 空港まで車に乗せていって欲しいと頼むかわりに、タクシーを利用する。長い週末はホテルを取り、娯楽や、マッサージや、すべてから逃れるバケーションによってストレスを和らげる」と述べている。ジュリエット・B・ショア『浪費するアメリカ人――なぜ要らないものまで欲しがるか』森岡孝二監訳、岩波書店、2000年、163頁。
(14) ジュリエット・B・ショア『子どもを狙え！――キッズ・マーケットの危険な罠』中谷和男訳、アスペクト、2005年、40頁、など。
(15) バーバラ・ポーコック『親の仕事と子どものホンネ――お金をとるか、時間をとるか』中里英樹・市井礼奈訳、岩波書店、2010年、101-102頁。
(16) 丸山啓史『私たちと発達保障――実践、生活、学びのために』全障研出版部、2016年、123-124頁。丸山啓史「4時間労働の社会」『クレスコ』2017年9月号、10-11頁。
(17) ポール・ラファルグ『怠ける権利』田淵晋也訳、平凡社、2008年、37頁。
(18) J・M・ケインズ『ケインズ説得論集』山岡洋一訳、日本経済新聞社、2010年、215頁。

(19) 同前、214頁。
(20) アンドレ・ゴルツ『労働のメタモルフォーズ——働くことの意味を求めて』真下俊樹訳、緑風出版、1997年、351頁。
(21) アンドレ・ゴルツ『エコロジー共働体への道——労働と失業の社会を超えて』辻由美訳、技術と人間、1985年、146頁。
(22) マーシャル・サーリンズ『石器時代の経済学』山内昶訳、法政大学出版局、1984年。
(23) 同前、18頁。
(24) 同前、8頁。
(25) サーリンズは、「農業の到来とともに、人々はいっそうはげしく労働しなければならなかったはずである」と述べている。前掲、サーリンズ、50頁。
(26) ジュリエット・ショアー『働きすぎのアメリカ人——予期せぬ余暇の減少』森岡孝二・成瀬龍夫・青木圭介・川人博訳、窓社、1993年、59-66頁。
(27) 同前、61-63頁。
(28) 同前、67頁。江戸時代に休日が増加したと考えられる日本についても、「近代に入って労働時間が長時間化した」と推定されている。2008年、77-81頁。武田晴人『仕事と日本人』ちくま新書、2008年、77-81頁。
(29) 前掲、ショアー、62頁。
(30) デヴィッド・グレーバー『ブルシット・ジョブ——クソどうでもいい仕事の理論』酒井隆史・芳賀達彦・森田和樹訳、2020年、岩波書店、27頁。
グレーバーは、労働時間の大規模な削減が「地球温暖化にブレーキをかける最も効果的な方法である」と述べている（254頁）。
(31) 同前、47頁。
(32) セルジュ・ラトゥーシュは、「宣伝広告、ツーリズム、自動車産業、農業関連ビジネス、生物工学など」の縮小が労働量の減少につながると述べている。前掲、ラトゥーシュ、232頁。また、斎藤幸平は、「マーケティング、広告、パッケージングなどによって人々の欲望を不必要に喚起すること」の禁止に言及しつつ、「コンサルタントや投資銀行も不要である。深夜のコンビニやファミレスをすべて開けておく必要はどこにもない。年中無休もやめればいい」と述べ、「必要のないものを作るのをやめれば、社会全体の総労働時間は大幅に短縮できる。労働時間を短縮しても、意味のない仕事が減るだけなので、社会の実質的な繁栄は維持される」と指摘している。斎藤幸平『人新世の「資本論」』集英社新書、2020年、303頁。

(33) もちろん、なくすべき労働に従事している人の生活は保障されなければならない。

(34) セルジュ・ラトゥーシュ『脱成長』中野佳裕訳、白水社、2020年、104頁。

(35) ただし、多くの人が自分たちで田畑の世話をして自給するようになれば、農の「仕事」は増えても、金銭的報酬に結びつく「労働」は減っていく。

(36) マーク・ボイル『ぼくはテクノロジーを使わずに生きることにした』吉田奈緒子訳、紀伊國屋書店、2021年、286頁。

(37) マーク・ボイル『ぼくはお金を使わずに生きることにした』吉田奈緒子訳、紀伊國屋書店、2011年、106-111頁。

(38) ボイルは、「ぼくらが愛用するようになった文明の利器は、洗濯機や食器洗い機にしろ、自動車にしろ、工業化社会の産物であって、公害や環境破壊と切りはなすことができない」と述べている。そして、「スローな生活には、たしかに時間がかかる」としながら、「長い目で見て真に持続可能な生活を送りたければ、こうするしかない」と述べている。前掲、ボイル『ぼくはお金を使わずに生きることにした』、110頁。

(39) 仮に「4時間労働の社会」が実現したとしても、必ずしも暇をもてあますことにはならない。賃労働を中心とする「労働」の時間が減っても、生活のためにするべきことは多い。幸か不幸か、「死ぬほど退屈」という悩みは生まれにくそうだ。

(40) 気候危機・環境危機を克服するためだけでなく、真に豊かな暮らしを実現するためにも、自由時間のあり方を問う必要がある。アンドレ・ゴルツは、「労働時間の短縮は、もしそれが物質的または非物質的な消費にあてられる時間を増大させるという結果だけを生むとすれば、解放的効果をもたらさない。労働時間の短縮は、それに並行して、経済と商品にもとづく活動の領域を縮小し、それに代えて、好み、歓び、適性、情熱、愛などから、それ自体のために行なわれる活動の領域を拡大させるときにのみ、解放をもたらす目的でありうる」と述べている。前掲、ゴルツ『エコロジー共働体への道』、103-104頁。また、セルジュ・ラトゥーシュとディディエ・アルパジェスも、「仕事を減らすことによって解放された時間を、意味のあるものにすること」を重視しており、「使い捨てのどうでもよい製品を生産したり消費したりすることよりも、人との社会的な繋がりを大切にする」ことを説いている。前掲、ラトゥーシュ/アルパジェス、86-88頁。

(41) ジョージーナ・ウィルソン＝パウエルは、レジャースポーツの環境負荷を指摘している。ジョージーナ・ウィルソン＝パウエル『これってホントにエコなの？——日常生活のあちこちで遭遇する〝エコ〟のジレンマを解決』吉田綾監訳、東京書籍、2021年、176-177頁。

(42) ヨルゴス・カリスらは、「炭素排出に対する課金・課税が設定されれば、環境負荷の大きいレジャー産業は魅力が薄れる。その一方で、環境負荷の少ないフェスティバルやスポーツのイベントならば、誰かと一緒に楽しい時間を過ごすという文化的基盤を築いていくことができる」と述べている。前掲、カリスら、115頁。

(43) 前掲、ショアー、234-235頁。

(44) 同前、233頁。

(45) ナオミ・クライン『地球が燃えている——気候崩壊から人類を救うグリーン・ニューディールの提言』中野真紀子・関房江訳、大月書店、2020年、311頁。

(46) ジョージ・リッツァは、「今日、ほとんど場合、人々は休暇や外出時間をひとつ以上の消費の殿堂またはその付近で過ごそうと思っている。その理由のひとつは実行可能な代案がないことである」と述べ、「若い夫婦が雨の日に折り畳み式の乳母車に子供を乗せて出かけようと思ったとき、ショッピングモールの代わりになるような場所があるだろうか」と問いかけている。ジョージ・リッツァ『消費社会の魔術的体系——ディズニワールドからサイバーモールまで』山本徹夫・坂田恵美訳、明石書店、2009年、

332頁。
(47) 前掲、ポーコック、61頁。
(48) 同前、44-45頁。
(49) 同前、65頁。
(50) 同前、82頁。
(51) ただし、保護者の労働時間が短くなれば、毎日10時間に及ぶような保育は基本的には不要になるだろう。
(52) アンドレ・ゴルツも、一律・固定的な就労時間を前提にしない労働時間短縮を論じている。前掲、ゴルツ『労働のメタモルフォーズ』、324-332頁。
(53) マーク・ボイルは、「将来直面することになる気候変動やピークオイルが、高名な科学者たちの警告するとおり尋常でないレベルの問題だとしたら、穏当な方法で解決できるわけがないではないか」と述べている。前掲、ボイル『ぼくはお金を使わずに生きることにした』、31頁。また、グレタ・トゥーンベリは、気候危機の現状を示したうえで、「科学は訴えている。私たちはいまこそ、不可能に見えることに着手しなければならないと。悲しいことに、これはもはや比喩ではない」と述べている。グレタ・トゥーンベリ「序文」オーウェン・ガフニー／ヨハン・ロックストローム『地球の限界――温暖化と地球の危機を解決する方法』戸田早紀訳、河出書房新社、2022年、11頁。

第10章【合わせて考えたい】

(1) 中野円佳『「育休世代」のジレンマ――女性活用はなぜ失敗するのか？』光文社新書、2014年。
(2) 主に女性が育児や介護を担う現状を固定的に考えているわけではない。女性を含め、すべての人が無理なく家族等をケアすることのできる社会を考えたい。
(3) 濱口桂一郎は、「子供を抱えて働く女性が例外ではなくむしろ通常の存在であるような時代になればなるほど、そういう(中略)通常の労働者が無理なくたどれる道筋がノーマル」になる必要があると述べている。濱口桂一郎『働く女子の運命』文春新書、2015年、236頁。また、田中弘美は、「男性稼ぎ主モデル」に代わる「稼得とケアの調和モデル」

を論じるなかで、「女性のライフパターンが男性に近づくのではなく、男性のライフパターンを女性に近づけるという実践戦略」を重視している。田中弘美『「稼得とケアの調和モデル」とは何か――「男性稼ぎ主モデル」の克服』ミネルヴァ書房、２０１７年、１６５頁。

終章

（1）Jackson, T., *Prosperity without Growth (second edition)*. Routledge, 2017, 84–102.

（2）マーヤ・ゲーペル『希望の未来への招待状――持続可能で公正な経済へ』三崎和志・大倉茂・府川純一郎・守博紀訳、大月書店、２０２１年、１０９頁、１１３-１１４頁。

（3）同前、81頁。

（4）同前、80-81頁。

（5）斎藤幸平『人新世の「資本論」』集英社新書、２０２０年、70-73頁。

（6）同前、68-69頁。

（7）Hickel, J., *Less is More: How Degrowth Will Save the World*. William Heinemann, 2020. なお、ヒッケルは、経済成長がより多くのエネルギー需要を引き起こすとして、現在のような経済成長を続けていては1・5度以下または2度以下に気温上昇を抑えるのに十分な速さで「再エネ１００％」を実現することはできないと指摘している（１３７頁）。

（8）情報やサービスのような非物質的な「商品」に依拠した経済成長であれば資源消費量が増えないかというと、そう単純な問題でもない。セルジュ・ラトゥーシュは、「非物質的財の生産が無視できない直接的・間接的な物質的効果を常に有していること」を指摘し、「経済成長と生態系に対する負荷のデカップリングは現実的選択ではなくむしろ神話である」と述べている。セルジュ・ラトゥーシュ『脱成長』中野佳裕訳、白水社、２０２０年、17頁。

（9）ブラントとヴィッセンは、「資本主義的関係のもとで自然の消費を成長から絶対的に切り離すことができるという想定は、単なる無謀な願望にすぎない」と述べている。ウルリッヒ・ブラント／マークス・

ヴィッセン『地球を壊す暮らし方——帝国型生活様式と新たな搾取』中村健吾・斎藤幸平監訳、岩波書店、2021年、178頁。また、ヨルゴス・カリスらも、「国全体、そして地球全体の経済成長は、やはりエコロジカル・フットプリントの増大と切り離せない」と述べている。ヨルゴス・カリス/スーザン・ポールソン/ジャコモ・ダリサ/フェデリコ・デマリア『なぜ、脱成長なのか——分断・格差・気候変動を乗り越える』上原裕美子・保科京子訳、NHK出版、2021年、30頁。

(10) 気候変動対策を求める議論のなかで経済成長の追求が批判されることは珍しくない。ナオミ・クラインは、「破滅的な温暖化を回避するためにすべきこと」は、「成長か、さもなくば死か」という「今日の経済モデルの中核にある根本原則」と対立するととらえている。ナオミ・クライン『これがすべてを変える——資本主義 vs.気候変動(上・下)』幾島幸子・荒井雅子訳、岩波書店、2017年、27頁。そして、「現在の成長を基盤にした経済モデルを『グリーン』にさえすればいい」という主張を批判しつつ、「むやみやたらに経済成長を進めようとする論理」に立ち向かう必要があると述べている(119頁)。また、ノーム・チョムスキーは、気候危機をめぐる議論のなかで、「利益追求が原動力である限り、人類には希望が無い」と述べ、「利益目的の生産活動を基盤とする社会経済制度自体が、すべてをなげうってでも成長を続けよという至上命令も含め、もはや持続不可能となっている」と語っている。ノーム・チョムスキー/ロバート・ポーリン『気候危機とグローバル・グリーンニューディール』早川健治訳、那須里山舎、2021年、141頁、161頁。

(11) 前掲、ゲーペル、99頁。ゲーペルは、「自然が経済成長の高まりに耐えられず、ましてや回復など見こめないとなれば、物質的な豊かさを縮小するほかありません」とも述べている(128頁)。

(12) E・F・シューマッハー『スモール・イズ・ビューティフル——人間中心の経済学』小島慶三・酒井懋訳、1986年、39-40頁。シューマッハーは、「限定された目標に向かっての『成長』はあってもよいが、際限のない、全面的な成長というものはありえない」

と述べている（43頁）。
(13) アンドレ・ゴルツ『エコロジスト宣言』高橋武智訳、技術と人間、1980年、12頁、25頁。
(14) 前掲、ラトゥーシュ『脱成長』、14頁。
(15) セルジュ・ラトゥーシュ『〈脱成長〉は、世界を変えられるか？――贈与・幸福・自律の新たな社会へ』中野佳裕訳、作品社、2013年、57頁。
(16) セルジュ・ラトゥーシュ／ディディエ・アルパジェス『脱成長のとき――人間らしい時間をとりもどすために』佐藤直樹・佐藤薫訳、未來社、2014年、20頁。
(17) 前掲、ラトゥーシュ『脱成長』、9頁、など。
(18) 脱成長論に批判的な議論を展開しているロバート・ポーリンは、ゼロ成長やマイナス成長と脱成長とを混同しているようだ。ポーリンの批判は、少なくとも本書で取り上げている脱成長論には当てはまらない。前掲、チョムスキー／ポーリン、200-204頁。
(19) ラトゥーシュは、「脱成長プロジェクトは（中略）南側諸国にとって突飛な考えではない」と述べている。前掲、ラトゥーシュ『脱成長』、83頁。
(20) 前掲、カリスら、20頁。
(21) ジョン・アーリは、脱成長について、「そのような劇的な方向転換が起こらない限り、地球システムはもはや止められない地球規模の気候変動に向かっているように思われる」と述べている。ジョン・アーリ『〈未来像〉の未来――未来の予測と創造の社会学』吉原直樹・高橋雅也・大塚彩美訳、作品社、2019年、222頁。また、脱成長について、「ここでの主なイノベーションは、化石燃料をほかのエネルギー形態に置き換えるのではなく、化石燃料エネルギーの『需要』を変えることである」と説明している（225頁）。
(22) セルジュ・ラトゥーシュ『経済成長なき社会発展は可能か？――〈脱成長〉と〈ポスト開発〉の経済学』中野佳裕訳、作品社、2010年、245頁。
(23) 同前、248頁。
(24) 前掲、ラトゥーシュ『〈脱成長〉は、世界を変えられるか？』、68頁。
(25) 同前、92頁。

(26) 脱成長をめざすことが必然的に脱資本主義に結びつく一方で、脱資本主義をめざすことも脱成長への接近を促すと言えよう。資本主義後の社会を論じるデヴィッド・ハーヴェイは、経済成長を求めない未来社会を展望している。なお、当然、その社会においては生態系の保全が最大限に尊重され、日常生活はゆったりとしたものになる。デヴィッド・ハーヴェイ『資本の〈謎〉――世界金融恐慌と21世紀資本主義』森田成也・大屋定晴・中村好孝・新井田智幸訳、作品社、２０１２年、３９１-３９５頁。

(27) 前掲、斎藤、２０６頁。

(28) ショラル・ショルカル『エコ資本主義批判――持続可能社会と体制選択』森川剛光訳、月曜社、２０１２年、１９４頁。

(29) 同前、２１０頁。

(30) 同前、１９４頁。なお、ショルカルは、「産業社会は、本質的に再生不可能な資源にもとづいている」と述べ（１８０頁）、（資本主義社会だけでなく）「あらゆる種類の産業社会」とエコロジーとの間には矛盾があるとして（２５４頁）、社会主義の社会を「脱産業社会」として構想している（19頁）。ショルカルは、「我々が持続可能性という目標を追求しようとするならば、そもそも今日の生産諸力の大部分は破棄されなければならない」と述べている（２５８頁）。

(31) ミシェル・レヴィー『エコロジー社会主義――気候破局へのラディカルな挑戦』柘植書房新社、２０２０年、９頁、１０３頁。

(32) デヴィッド・ハーヴェイは、「環境災害は、『惨事便乗型資本主義』にとっては莫大な利益を上げる豊かな機会になる。無防備な弱者が餓死したり、居住環境の大規模な破壊によって死者が出たりしても、資本は必ずしも悩みはしない」と指摘し、「資本は利潤追求のためであれば、人々を殲滅することもけっして厭わない」と述べている。デヴィッド・ハーヴェイ『資本主義の終焉――資本の17の矛盾とグローバル経済の未来』大屋定晴・中村好孝・新井田智幸・色摩泰匡訳、作品社、２０１７年、３２９頁。

(33) 資本主義について論じるモイシェ・ポストンは、「商品化が全面的となる社会においては、環境に配慮することと、富と社会的媒介の形態としての価値が命じてくることの間に、根本的な緊張関係が存在する」と指摘し、「資本主義の枠組みにおいては、この社会における拡大の様式を抑制することで、昂進する環境破壊に基本的に対応しようとする試みはすべて、長期的にはおそらく無効であるだろう」と述べている。モイシェ・ポストン『時間・労働・支配――マルクス理論の新地平』白井聡・野尻英一監訳、筑摩書房、2012年、499頁。

(34) ただし、環境破壊は、資本主義社会に特有の問題ではない。古代の文明も土壌劣化を引き起こして衰退することがあった。デイビッド・モントゴメリー『土の文明史――ローマ帝国、マヤ文明を滅ぼし、米国、中国を衰退させる土の話』片岡夏実訳、築地書館、2010年。また、人類は1万年以上前から多くの生物種を絶滅に追いやってきており、ユヴァル・ノア・ハラリはホモ・サピエンスを「史上最も危険な種」と呼んでいる。ユヴァル・ノア・ハラリ『サピエンス全史――文明の構造と人類の幸福（上・下）』柴田裕之訳、河出書房新社、2016年、86–101頁。

(35) ジェイソン・W・ムーアは、「資本主義が気候変動に対して何らかの有効な仕方で対処できるとはおよそ考えられない。なぜならば、気候変動は従来の生産主義的なモデルに根本的な異議をつきつけるものだからだ」と述べている。ジェイソン・W・ムーア『生命の網のなかの資本主義』山下範久監訳、東洋経済新報社、2021年、496頁。ムーアは、「炭坑を閉じれば、温暖化を一日遅らせることはできる。だが、炭坑をもたらした関係を終わらせれば、温暖化そのものを止めることができる」とも述べている（323頁）。

(36) FAO, *The State of Food Security and Nutrition in the World: Transforming Food Systems for Food Security, Improved Nutrition and Affordable Healthy Diets for All*, 2021.

(37) ナオミ・クライン『地球が燃えている――気候崩壊から人類を救うグリーン・ニューディールの提言』中野真紀子・関房江訳、大月書店、2020年、320頁。

(38)同前、327頁。
(39)同前、98頁。
(40)同前、100頁。
(41)ミシェル・レヴィーは、気候危機を問題視しながら「エコ社会主義」を主張するなかで、「現在のエネルギーを、風力エネルギーや太陽エネルギーのような汚染を引き起こさない再生可能なエネルギーによって置き換えること」を重視している。前掲、レヴィー、51頁。しかし、本書の序章や第5章でも触れたように、風力発電や太陽光発電は、環境の汚染・破壊につながる可能性が高い。
(42)ミシェル・レヴィーは、「エコ社会主義社会では、高架や地下の公共交通が大きく拡張され、無料になるとともに、歩行者には保護レーンが用意される」と述べている。前掲、レヴィー、86頁。しかし、公共交通はどうして地上の高いところや地中の深いところを通るのだろう(地表が混みあっているのだろうか)。高架を建設したり地下を掘削したりすることの環境負荷はどのように考慮されているのだろう。「エコ社会主義社会」においても、自動車が道の中央を走り、歩行者は「保護レーン」に追いやられるのだろうか。
(43)ウィリアム・モリス『ユートピアだより』川端康雄訳、岩波文庫、2013年。セルジュ・ラトゥーシュは、モリスを「脱成長の先駆者」と呼んでいる。前掲、ラトゥーシュ『〈脱成長〉は、世界を変えられるか?』、243-261頁。
(44)ウィリアム・モリス『素朴で平等な社会のために――ウィリアム・モリスが語る労働・芸術・社会・自然』城下真知子訳、せせらぎ出版、2019年、224頁。
(45)モリスは、未来の社会について、「大半の機械について言えば、人々が使用することは可能だが、あまり使いたいと思わないかもしれない。たとえば、旅行に行きたいと思っても、現在のように――現在は、荷物があるために鉄道を使っているが――必ずしも鉄道を使わなければならないということはない。個人の好みの赴くままに、馬車に揺られてもいいし、ロバの背中に乗って旅行してもいい」と述べている。前掲、モリス『素朴で平等な社会のために』、217

頁。また、「未来の教育」に関しては、「基礎的な生活上の技としては、大工か、鍛冶仕事を学ぶべきだろうし、多くの人が、馬の蹄鉄の打ち方、羊の毛の刈り方、畑を耕し収穫する方法を修得すべきだろう（自由になれば、人はすぐに、農業に機械を使わなくなると思うからだ）」と述べている（218頁）。

(46) モリスは、次のように述べている。「社会主義に反対する人たちは、しばしば、社会主義の社会では、どうすれば贅沢品を調達できるのだと言ったりする。はっきり答えよう。そんなものは調達できないし、できなくてけっこうだ。なぜなら、そんなものは欲しくないし、持つ気もないのだから」。前掲、モリス『素朴で平等な社会のために』、213頁。

(47) ヘレナ・ノーバーグ＝ホッジ『増補改訂版　懐かしい未来――ラダックから学ぶ』鎌田陽司監訳、ヤマケイ文庫、2021年。

(48) 同前、152頁。

(49) マーク・ボイル『ぼくはお金を使わずに生きることにした』吉田奈緒子訳、紀伊國屋書店、2011年、276頁。

(50) マーク・ボイルは、次のようにも述べている。「ある種の環境運動や対抗文化運動はひどく道を誤っている（中略）。消費をへらすだけでも大きな効果があると主張しながら、複雑なテクノロジーを必要とするライフスタイルに（ぼくの友人らも含めて）しがみついているのだ。これだけは『どうにも手ばなせない』と言って。清らかで健全な地球と、大規模工業化が必要な製品との両方を、いったいどうやって手にしようというのか、ぼくにはわからない」。マーク・ボイル『無銭経済宣言――お金を使わずに生きる方法』吉田奈緒子訳、紀伊國屋書店、2017年、62頁。また、「改良主義者（一般的な意味での）は往々にして、産業社会がもたらす無数の病弊をさまざまに嘆いてみせるくせに、産業化なしには存在しえない現代文明の利器にことごとく執着する」とも述べている。マーク・ボイル『モロトフ・カクテルをガンディーと――平和主義者のための暴力論』吉田奈緒子訳、ころから、2020年、267頁。

(51) セルジュ・ラトゥーシュは、「江戸文化を規定していた自然界の秩序と調和する生活の中にある様々な考えと脱成長の思想との間の近似性」に触れながら、「失われた世界に対するノスタルジー」が社会を脱成長に向かわせる要因になり得ることを述べている。前掲、ラトゥーシュ『〈脱成長〉は、世界を変えられるか?』、9-10頁。

(52) 前掲、ラトゥーシュ『脱成長』、116頁。ラトゥーシュは、「汚染の外部費用(温室効果、気候変動)を内部化すれば、多くの活動が再ローカル化されるだろう」とも述べている(119-120頁)。温室効果ガスを廃棄物として大気中に投棄することが許されなくなれば、大量の移動・輸送に立脚する経済は変革を迫られるはずだ。

(53) 前掲、ラトゥーシュ『経済成長なき社会発展は可能か?』、177-178頁。

(54) ヘレナ・ノーバーグ=ホッジ『ローカル・フューチャー――〝しあわせの経済〟の時代が来た』辻信一監訳、ゆっくり堂、2017年、など。

(55) 前掲、ノーバーグ=ホッジ『懐かしい未来』、50頁。

(56) 前掲、ノーバーグ=ホッジ『ローカル・フューチャー』、15頁。

(57) マーク・ボイルは、「100%ローカル経済」を理想に掲げており、「100%ローカル経済モデルでは、地元でとれる原材料、すなわち居住地の徒歩圏内(地元の原材料でできた馬車で行ける範囲なども含む)の産品を使用して、あらゆるニーズを満たす。靴底から、火起こし用の弓ギリを作るための切断工具にいたるまで、すべてだ」と述べている。前掲、ボイル『無銭経済宣言』、91頁。

(58) 前掲、シューマッハー、46頁。

(59) 前掲、ノーバーグ=ホッジ『懐かしい未来』、96頁。

(60) 前掲、ボイル『ぼくはお金を使わずに生きることにした』、17頁。

(61) ショルカルは、「エコ社会主義において、経済的活動はかなりの程度まで脱中央集権化され、経済単位は小さくなり、地域的かつローカルな共同体は自給自足によって自律的になる」と述べている。前掲、ショルカル、277頁。

(62) 土地や生きものとの関係のなかで暮らしを成り立たせていく営みに関して、産業としての「農業」と区別して、「農」という表現を用いている。

(63)デイビッド・モントゴメリー『土・牛・微生物――文明の衰退を食い止める土の話』片岡夏実訳、築地書館、2018年、32–33頁、など。
(64)尾関周二は、今後の社会を構想するなかで、「これまでの福祉国家をバージョンアップさせた『環境福祉平和国家』が形成されることが当面重要」だとしつつ、その「環境福祉平和国家」について、「〈農〉の復権を主たる課題の一つにすべき」と述べている。尾関周二『21世紀の変革思想へ向けて――環境・農・デジタルの視点から』本の泉社、2021年、336頁。農を重視する尾関の視点は重要だろう。ただし、尾関は、デジタル技術に期待を寄せ、「自然共生型農工デジタル社会」を展望している(306–310頁)。デジタル機器の製造・使用・廃棄にともなう環境負荷を考えると、その展望には疑問がある。
(65)言うまでもなく、ここで考えている農は、殺虫剤・除草剤や化学肥料を多用するものではない。大型農業機械もビニールハウスも使わない農を想定している。
(66)石渡博明は、安藤昌益の生涯や思想の概略をまとめている。石渡博明『安藤昌益の世界――独創的思想はいかに生まれたか』草思社、2007年。
(67)環境再生型農業にとっての不耕起の重要性を考えると、現代においては、田畑や森林の世話を象徴する語として「耕」をとらえたほうがよいだろう。文字通りに耕すことが大切なのではない。
(68)安藤昌益研究会編『安藤昌益全集 第2巻』農山漁村文化協会、1984年、98–104頁。
(69)福岡正信『緑の哲学 農業革命論――自然農法 一反百姓のすすめ』春秋社、2013年、20頁。福岡は、「自然を離れた人間環境はなく、生活の基盤を農耕におかねばならぬ」と述べ、「国民皆農論は、万人は神の庭に還って耕す責任があり、碧空を仰いで歓びを享受する権利をもつことに立脚する」と語っている(51–52頁)。
(70)宇根豊『農本主義のすすめ』ちくま新書、2016年、248頁。
(71)前掲、ノーバーグ＝ホッジ『ローカル・フューチャー』、70頁。
(72)United Nations, *World Urbanization Pop-*

ulation Prospects: The 2018 Revision, 2018. 1950年には世界人口の30％が都市で暮らしていたが、2018年には世界人口の55％が都市で暮らすようになった。2050年までに都市人口は25億人も増加し、2050年には都市人口の割合が68％に達すると予測されている。

(73) ワイツゼッカーとワイクマンは、都市化が資源消費を増大させることに言及している。エルンスト・フォン・ワイツゼッカー／アンダース・ワイクマン編著『Come On! 目を覚まそう！——環境危機を迎えた「人新世」をどう生きるか？』林良嗣・野中ともよ監訳、明石書店、2019年、63頁。

(74) ヴィンス・バイザーは、砂の消費が「世界中でかつてないほど加速している主な要因」は「都市の数と規模の爆発的な増加」だと述べている。ヴィンス・バイザー『砂と人類——いかにして砂が文明を変容させたか』藤崎百合訳、草思社、2020年、18頁。

(75) 街路樹を豊かにすることで気候変動の悪影響を軽減しようとする都市の例もみられる。藤井英二郎・海老澤清也・當内匡・水眞洋子『街路樹は問いかける——温暖化に負けない〈緑〉のインフラ』岩波ブックレット、2021年。

(76) マーク・ボイルは、「都市の生活モデル」を「本質的に持続不可能」なものとみなしている。前掲、ボイル『ぼくはお金を使わずに生きることにした』、104頁。

(77) 前掲、モリス『ユートピアだより』。

(78) 永幡嘉之は、集落単位での自給自足による持続的な生活が1960年代以降の日本において崩れたこと、「物流の自由化によって、地域内で完結していた資源利用の枠が消失」したことの問題性に触れつつ、「資源利用の究極の見本は（中略）『地域で自給自足の資源利用が行われていた時代』の里山の利用方法にある」と述べている。永幡嘉之『里山危機——東北からの報告』岩波ブックレット、2021年、34-35頁、43頁。

(79) 軍隊についての正確なデータを入手することの難しさも一因になっていると考えられる。Fort, J. & Straub, P., The 'Carbon Boot-Print': *United States and European Military's Impact on*

Climate Change. International Peace Bureau, 2019, 3.

（80）ただし、和田武は、軍事活動と地球温暖化の関係に注目している。和田武『環境と平和——憲法９条を護り、地球温暖化を防止するために』あけび書房、２００９年。また、田中優は、地球温暖化の問題に関して、「戦争は街や環境を破壊して人の命を奪うだけで、何も生み出しません。それどころか、石油を奪うために石油を大量に消費して二酸化炭素を排出します。戦後も復興のためにまた二酸化炭素を排出します。戦争をしていない状態でも、維持や訓練のために二酸化炭素を出しています」と語り、「戦争に反対しない環境運動には意味がない」と述べている。田中優『地球温暖化——電気の話と、私たちにできること』扶桑社新書、２０２１年、57–58頁。

（81）Parkinson, S., "The Carbon Boot-print of the Military", *Responsible Science*, 2, 2020, 20.

（82）Belcher, O., Bigger, P., Neimark, B. & Kennelly, C., "Hidden Carbon Costs of the 'Everywhere War': Logistics, Geopolitical Ecology, and the Carbon Boot-print of the US Military", *Trans Inst Br Geogr*, 45, 2020, 65–80.

（83）Crawford, N., *Pentagon Fuel Use, Climate Change, and the Costs of War*. Brown University, 2019.

（84）Ibid., 15.

（85）日本の軍需企業も温室効果ガスを排出していることを忘れてはならない。前掲、和田、70頁。

（86）Fort & Straub, op.cit., 2.

（87）しかも、「地球温暖化対策関係予算案の額」は、森林環境保全整備事業（８３８億円）などを「２０３０年までに温室効果ガスの削減に効果があるもの」とみなして算出されている。また、「対策・施策の主たる目的・効果が地球温暖化対策でないもの」まで「結果として温室効果ガスの削減に資するもの」として数え足されている。

（88）デイビッド・ウォレス・ウェルズは、「オーガニック食品を食べるのはたしかに良いことだ。しかし気候変動を食いとめることが目標であれば、投票行動のほうがはるかに重要だ」と語り、「気候変動の危機に対処するには、（中略）意識の高い消費行動をはるかに超えたレベルで、政治に関与しなくてはならない」と述べている。デイビッド・ウォレス・ウェルズ『地球に住めなくなる日――「気候崩壊」の避けられない真実』藤井留美訳、NHK出版、2020年、215-217頁。

(89) ケイト・ラワースは、「税制及び規制の改革や、変革を後押しする出資」などを例に挙げながら、「国が環境再生的な経済設計を推し進めるためにできることはたくさんある」として、「長く続いてきた非環境再生的な経済設計の時代に終止符を打つには、国の役割が鍵を握る」と述べている。ケイト・ラワース『ドーナツ経済学が世界を救う――人類と地球のためのパラダイムシフト』黒輪篤嗣訳、河出書房新社、2018年、271頁。

(90) 前掲、ゲーペル、156頁。

(91) ゲーペルは、オンラインショッピングでの返品にともなう環境負荷を抑えるための手数料を例に挙げながら、「市場だけでは料金についての合意形成はできません。国家によるルールづくりが必要なのです」と指摘し、「それができるのは国家のほかにだれもいないのです」と述べている。前掲、ゲーペル、153-154頁。

(92) デヴィッド・ハーヴェイは、「国家権力を握り、それを根本的に変革し、その立憲的・制度的枠組みをつくり直すこと、このことなしに、反資本主義的社会秩序が建設されうるというのは、とうていありえないことである」と述べている。前掲、ハーヴェイ『資本主義の終焉』、317頁。

●著者

丸山 啓史（まるやま・けいし）

1980年 大阪府生まれ
東京大学大学院教育学研究科博士課程修了、博士（教育学）
京都教育大学准教授
子どもの権利条約 市民・NGOの会 共同代表

単著に、『私たちと発達保障――実践、生活、学びのために』（全障研出版部、2016年）、など。編著に、『障害のある若者と学ぶ「科学」「社会」――気候変動、感染症、豪雨災害』（クリエイツかもがわ、2022年）、など。
最近の論文に、「国連子どもの権利委員会の総括所見にみる『気候変動と子ども』――世界の問題状況と日本の位置」『京都教育大学紀要』第139号（2021年）、「気候変動を止めるための社会変革の道筋――『再生可能エネルギーへの転換』の危うさ」『唯物論研究年誌』第26号（2021年）、「子ども・障害者・高齢者の人権と気候変動――国連人権高等弁務官事務所の報告書から」『障害者問題研究』第49巻第3号（2021年）、など。

気候変動と子どもたち
懐かしい未来をつくる大人の役割

2022年8月10日　初版第1刷発行

著　者―丸山 啓史
発行者―竹村 正治
発行所―株式会社かもがわ出版
〒602-8119　京都市上京区堀川通出水西入
TEL：075-432-2868　FAX：075-432-2869
振替　01010-5-12436

印刷所―シナノ書籍印刷株式会社

ISBN978-4-7803-1234-8 C0036